规模湖羊场精细化饲养管理技术及装备

叶均安　何世山　主编

中国农业科学技术出版社

图书在版编目(CIP)数据

规模湖羊场精细化饲养管理技术及装备／叶均安，何世山主编. -- 北京： 中国农业科学技术出版社， 2018.5

ISBN 978-7-5116-3512-9

Ⅰ.①规… Ⅱ.①叶… ②何… Ⅲ.①绵羊-精准农业-饲养管理 Ⅳ.①S826

中国版本图书馆 CIP 数据核字(2018)第 035427 号

责任编辑　闫庆健
文字加工　李功伟
责任校对　贾海霞
出 版 者　中国农业科学技术出版社
　　　　　北京市中关村南大街 12 号　邮编:100081
电　　话　(010)82106632(编辑部)　　(010)82109702(发行部)
　　　　　(010)82109709(读者服务部)
传　　真　(010)82106625
网　　址　http://www.castp.cn
经 销 者　各地新华书店
印 刷 者　浙江海虹彩色印务有限公司
开　　本　710mm×1000mm　1/16
印　　张　16.25
字　　数　280 千字
版　　次　2018 年 5 月第 1 版　2018 年 5 月第 1 次印刷
定　　价　85.00 元

规模湖羊场
精细化饲养管理技术及装备

主　　编　叶均安　何世山

副 主 编　任　丽　杨金勇　罗学明

编写人员　(以姓氏笔画为序)

王建浩　叶均安　任　丽　孙红霞

杨　怡　杨金勇　何世山　林　嘉

罗学明　项继忠　周　烈　俞坚群

徐欢根　施秋芬　褚玲娜　韩扬云

序

随着畜牧业结构调整和美丽乡村建设推进，肉羊产业加快转型升级，尤其是南方地区，其发展速度及消费规模更为突出，同时也赋予了养羊业更多的功能。羊肉营养价值高、具有保健功能；经济上具有投资少、周转快的特点，并为食品加工业、皮革制造业等提供原材料，促进区域经济发展；发展养羊业可以就地解决部分农村劳动力；可以消纳区域农作物秸秆、食品工业副产物，是美丽城乡建设的环保产业；也可以成为休闲农业、传承农业文化的重要载体。随着产业发展和科技理念创新，肉羊养殖业与种植、食品加工、餐饮、旅游等产业间融合更加紧密，大大延伸和拓展肉羊全产业链，成为有效促进农民增收的新型业态。

湖羊是我国南方地区的特定绵羊品种，拥有众多优秀种质特性。利用其多羔性，可实现羊肉快速生产；利用其成熟早，可生产优质羔羊肉；利用其耐粗饲，可实现低投入高产出；利用其耐湿热、又耐寒冷、抗病力强的种质特性，实现在国内不同区域的遍地开花结果。湖羊历来是我国培育绵羊多羔新品系的优秀母本，尤其是近十年来，广泛引入大江南北用于羊肉生产，均表现出优异的生产业绩。因此，对湖羊这一品种既要精心保护，又要大力开发利用。

《规模湖羊场精细化饲养管理技术及装备》一书是作者立足于浙江湖羊产业现状，针对湖羊规模化生态化产业化发展态势，结合生产实际编写的实用参考书，本书系统介绍了湖羊的种质特性、精细化饲养管理技术，对湖羊产业发展模式进行了探索性论述。这是一本产学研结合、具有较强实战性的湖羊养殖技术专著，对于从事肉羊养殖者及产业融合发展探索者也具有较高的参考价值。

浙江省畜牧兽医局 吴新民

2018 年 5 月 5 日

前　言

在浙江省畜牧业结构调整中，湖羊是重点扶持、发展的地方特色畜种。新建规模羊场不断涌现，湖羊养殖业正处于一个关键的战略转型期和机遇发展期。养殖模式已由农户散养逐渐向规模化、生态化方向转变，经营模式由传统畜牧业向产业融合转型升级，饲养方式由粗放型向精细化发展，湖羊产业呈现蓬勃发展态势。但同时也面临众多挑战，如湖羊种质资源保护及利用，粗饲料供给与优化利用，产业链发展模式等。

《规模湖羊场精细化饲养管理技术及装备》一书参考了国内产业界对湖羊的研究成果，总结了湖羊养殖中的先进经验，分析了湖羊产业发展过程中存在的问题，提出了以区域资源和环境条件为基础，因地制宜地发展湖羊产业的养殖新技术以及打造新颖产业形态的发展模式。

全书共9章，分别为湖羊品种特征、羊场设施与装备、湖羊选育及种质资源利用、湖羊消化生理及营养需要、粗饲料周年均衡供给技术、湖羊日粮配制及加工技术、湖羊疾病控制与保健、湖羊饲养管理技术、湖羊产业链发展模式。全书内容力求结合湖羊产业发展的实际需要，体现理论通俗化、技术实用化、产业模式前瞻性等理念。希望本书的出版对湖羊种质资源保护与利用、生态高效养殖经营及可持续发展，起到抛砖引玉的作用；对肉羊产业的发展提供有益参考。

本书的成稿得到了浙江众多规模湖羊场的鼎力支持，引用了同行专家的有关研究成果，在此，笔者对所有提供图景的湖羊养殖企业以及引用其资料的有关作者表示由衷感谢。

由于编者水平有限，书中难免存在差错和不足之处，敬请广大读者给予批评指正。

编者
2018 年 2 月

目录

第一章　湖羊品种的特征

一、起源与分布

当代有关养羊学论著中，湖羊是以高繁殖力而著名的绵羊品种。湖羊最初写成胡羊，后来改写成湖羊是其被驯育成地方良种的体现和结果。江浙地区的湖羊祖先，源于北方草原，属于蒙古羊系统，从生活在干旱、寒冷的蒙古草原上的蒙古羊演变成适应南方高温高湿环境的湖羊，这与史上气候变化、人口迁徙密切相关。据竺可桢《中国近五千年来气候变迁的初步研究》表明，自公元前 800 年以来，中国历史上经历了三次温暖期和寒冷期，公元前 770~公元初（春秋战国~东汉）为温暖期，公元初~600 年（东汉~隋）为寒冷期，公元 600~1000 年（唐朝~五代十国）为温暖期，公元 1000~1200 年（两宋）为寒冷期，公元 1200~1300 年（宋末~元朝）为温暖期，公元 1400~20 世纪（明~清）为寒冷期。根据蒙古羊的生理特征分析，最适合蒙古羊向南迁徙的时代是中国大地普遍降温的寒冷期。因此，最有可能促成湖羊育成的时代是魏晋南北朝和两宋时期。这两个时期，既是历史上气温大幅度下降的年代，又是北方少数民族大举向中原和江南地区侵入的年代，作为少数民族移居中原、江南的必需品——蒙古羊，随之迁徙到中原和江南一带，应是顺理成章的事。到了唐代，蒙古羊经历气温逐渐由冷转暖的缓慢演变过程、风土驯化、自然和人工选择相互作用，逐渐适应中原地区变得温暖潮湿的环境条件。不过，当时江南地区的气候特征，比中原更为温暖潮湿。因此，源于北方草原地区的蒙古羊继续南迁的可能性较小。然而到了宋代，由于气温又开始大幅度下降以及战乱纷起等自然与社会因素的交互作用，促使生活在中原地区的蒙古羊，随南宋迁都临安开始第二波迁徙，到达江南一带，并适应当地的气候条件，并经过长期圈养和选育，形成了湖羊独特的品质特性。因此，湖羊良种形成时间应该是在南宋及以后时期（郭永立等，1998）。

来源于中原的蒙古羊，最先饲养于浙江湖州的长兴、安吉等地，然后逐渐扩展到江浙两省交界的太湖流域，经长期风土驯化、人工选择而成为我国特有的、世界闻名的南方高温高湿地区稀有绵羊品种。

21世纪以前，湖羊主要分布在太湖流域的浙江、江苏等地，尤其是浙江的嘉兴、湖州、杭州地区最为集中。近十几年来，随着国内产业界同仁对湖羊优良品质特性的不断推介，湖羊已引至国内大部分省区饲养，北至新疆维吾尔自治区（以下简称新疆）、内蒙古自治区（以下简称内蒙古），南至福建、江西。同时，希望通过本书的介绍，将湖羊推向更广阔的范围，为"三农"建设服务作出更大贡献。

二、外貌体型特征

传统意义上的湖羊就是一个肉用绵羊品种，仅仅是20世纪中期因其华丽的白色羔皮而被分类成羔皮绵羊并且沿用至今，但已失去实际经济意义，又返璞归真。

湖羊初生羔羊毛色洁白、背部花纹呈波浪型，光润亮丽，是有别于其他绵羊品种的独有遗传印记，也是鉴定纯种湖羊等级的重要体貌特征（图1-1）。

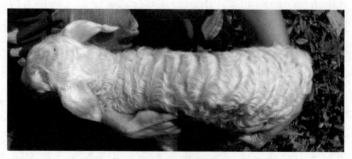

图1-1　湖羔羊外貌（林嘉供稿）

生后1~2天内宰剥的羔皮，质轻柔软，制成饰品华丽尊贵，是我国历史上曾有过的出口商品。自20世纪80年代，有人试图将湖羊改造成毛用羊，80年代后期又试图将其改造成"肉用羊"。随之而来的是某些区域饲养的湖羊或多或少地导入了其他绵羊品种的基因，以此改良湖羊的毛用性或肉用性。因此，不同地区饲养的湖羊外貌体型特征已存在较大差异。如个别区域导入小尾寒羊基因试图改良纯种湖羊的肉用性。由于小尾寒羊也含有蒙古羊血统，除去头上有角或角痕外，是体型外貌与湖羊最接近的绵羊品种，因此，其杂种后代也貌似湖羊；在个别区域也将小尾寒羊或其他绵羊品种甚至是杜泊羊与湖羊的杂种后代，当作湖羊而推广。

湖羊有其独特的品质优点，但也有其不足的一面。各地根据产业需要进行因地制宜的杂交组合，其本身无可厚非，因为湖羊本身也是从蒙古羊演变过来的，而且通过杂交育种也有可能形成新的绵羊品种，应该乐成其事。但是，日积月累，使人们对纯种湖羊的外貌体型特征趋于模糊，从畜禽遗传资源保护来讲，应该引起人们的高度重视。为此，结合图例对浙江地区纯种湖羊的外貌体型特征进行比较描述，以供参考。

1. 综述

成年湖羊头型狭长清秀，鼻梁稍隆起，眼大突出、眼球乌黑光亮有神，耳大下垂、公、母羊均无角，性情温顺、厌争斗。颈细长，体躯偏狭长，后躯稍高，背腰较平直，腹微下垂，四肢纤细而高，体格中等、体态匀称优美。短脂尾，呈扁圆形，尾尖短小上翘。全身被毛白色。公羊颈略粗壮，体型大，前躯发达，胸宽深。母羊乳房发达、丰满、呈两个半球状，多数羊长有一大一小两对乳头，泌乳大乳房上的乳头横向大腿内侧（图1-2）。

图1-2 成年湖羊（汤志宏供稿）

2. 头型要点

湖羊公、母羊均无角。指的是头上摸不到些微的栗状角痕。如果能见到栗状角痕或能摸到栗状突起，就只能称为杂种湖羊了。因此，头上无角是鉴别纯种成年湖羊的最基本特征之一。湖羊颈细长、头小而狭长趋于等腰三角形，鼻稍隆起而狭细，如瓜子脸，害羞厌斗。湖羊与毛用绵羊的杂合体，头型趋于等边三角形，眼小而珠略黄，耳小趋平展而灵活。湖羊与小尾寒羊的杂合体，头型与湖羊近似、但难免角痕，角根粗硬、呈栗状突起，鼻隆起而平宽，颈趋粗短（图1-3）。

3. 尾型要点

湖羊属短脂尾，呈扁圆形。指的是外看型似饼，翻起观之呈半圆。呈扁圆形是湖羊有别于其他短脂尾绵羊品种的标志性特征。在头上无角痕的前提

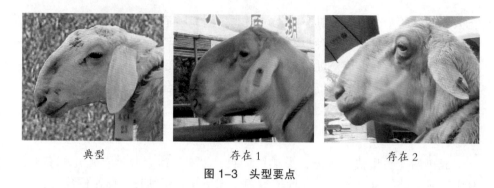

典型　　　　　　　　存在1　　　　　　　　存在2

图1-3　头型要点

下，尾型是鉴定成年湖羊品种纯度的标志性外型特征。近几年来，由于湖羊与其他绵羊品种混杂，不同地区的湖羊尽管头上无角痕，但在尾型上出现了巨大差异。如湖羊与毛用绵羊的杂种后代，尾型呈上大下细的棒槌状；因小尾寒羊的尾脂呈椭圆形、尾尖上翻内扣、下端有纵沟，湖羊与小尾寒羊的杂交后代，尾型尾基特宽、呈长方形、中间呈尾沟，尾尖特粗长、因上翘而裸露无毛腹面（图1-4）。

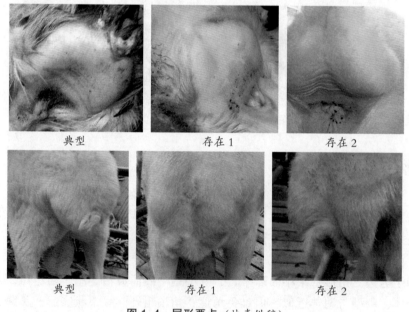

典型　　　　　　　　存在1　　　　　　　　存在2

典型　　　　　　　　存在1　　　　　　　　存在2

图1-4　尾形要点（林嘉供稿）

4. 躯体要点

湖羊背腰较平直、后躯略高于前躯，肢细高、躯狭长，体态清秀，侧视略成长方形。纯种湖羊的躯体特征体现了蒙古系绵羊品种的基本特点（表1-1）。

表 1-1　20 世纪 60 年代初蒙古羊、寒羊、湖羊成年母羊体尺（cm）

品种	测定羊(只)	体高	体斜长	胸围	胸深	胸宽	管围	十字部宽
蒙古羊	112	64.3	69.8	83.4	30.7	/	8.0	17.7
寒羊	120	66.7	68.4	73.6	28.8	15.7	6.9	15.4
湖羊	247	60.3	69.8	76.4	28.4	15.4	6.7	16.6

注：引自付寅生等，1964

　　湖羊与毛用绵羊的杂交后代，其体躯、四肢都趋短，腹部四肢及阴囊毛密而长，阴囊下垂，夏季天热时更甚。湖羊与小尾寒羊的杂交后代，一般体形较大，骨骼较粗，四肢较长（图 1-5）。

典型　　　　　　　　　　存在 1　　　　　　　　　　存在 2

图 1-5　躯体要点

三、湖羊的生长发育

　　动物的生长发育不仅受遗传的影响，还取决于环境因素，因此，遗传、营养、饲养管理等都会影响到生长性状的表现。张高振等（2009）根据 140只（公母各半）出生至 6 月龄湖羊的实测体重数据，以 Von Bertalanffy 模型研究了湖羊早期的生长发育规律，表明早期公、母羊理论最大日增重可以达到725g 和 715g；公羊达到最大日增重的时间要晚于母羊。在浙江湖羊生产实践中，生长期湖羊最高的日增重也可以达到 500g 以上。早期生长快是湖羊的重要特征。

1. 不同出生类型羔羊初生重及 60 日龄体重（表 1-2）

　　根据出生类型不同，羔羊的初生重随着同胞数的增加而下降。同胞中公羔的体重均大于母羔。一般双羔同胞中公羔体重 3.61kg±0.68kg、母羔体重3.51kg±0.46kg；三羔同胞中公羔体重 2.93kg±0.54kg、母羔体重 2.61kg±0.53kg；四羔同胞中公羔体重 2.42kg±0.63kg、母羔体重 1.86kg±0.41kg。羔羊初生重与母羊的个体、日粮营养水平等因素有关，不同的湖羊场存在一定差异。湖羊品质中最显著的特征是早期生长快。繁殖上的多羔性是湖羊的品种优势，对于产单羔母羊来讲，是个弱势小群体，在生产上也是被坚决淘汰的群体，因此，对其后代的表现就失去了相应的关注价值。湖羊的生长性能与其初生重密切相关，随着饲养技术的进步，双羔公羊 60 日龄体重可以达到 18.8kg±2.13kg，母羊 17.6kg±1.57kg，日增重分别达到 253g 和 235g；三羔公羊60 日龄体重可以达到 17.1kg±2.34kg，母羊 15.4kg±1.48kg，日增重分别达到236g 和213g；四羔公羊 60 日龄体重可以达到 15.6kg±1.85kg，母羊 13.9kg±2.48kg，日增重分别达到220g 和201g。在适宜的补饲条件下，60 日龄前湖羊日增重达到 200g 以上是很容易实现的目标。

表 1-2　不同出生类型羔羊初生重及 60 日龄体重（kg）

出生类型	性别	样本数	初生重	60 日龄体重	日增重（g）
2 羔	公	52	3.61±0.68	18.8±2.13	253
	母	47	3.51±0.46	17.6±1.57	235
3 羔	公	46	2.93±0.54	17.1±2.34	236
	母	59	2.61±0.53	15.4±1.48	213
4 羔	公	12	2.42±0.63	15.6±1.85	220
	母	12	1.86±0.41	13.9±2.48	201

注：数据提供者：杭州正兴牧业有限公司，罗学明，2015

2. 6 月龄、12 月龄和成年种用湖羊体重与体尺（表 1-3）

6 月龄种用公、母羊平均体重分别可以达到 38.0kg±3.25kg 和 32.5kg±2.24kg。在浙江地区饲养管理较好的湖羊场，6 月龄肉用湖羊体重可以达到成年体重的 80%，因此，6 月龄肉用公、母羊的体重分别达到 45kg、40kg 以上也是件轻而易举的事。对于有肥羔羊肉市场需求的区域来讲，利用湖羊进行肥羔羊肉生产是一个快捷、高效的途径（表 1-3）。

3. 湖羊的体重、体尺及肉用性能的进步

周岁种用公、母羊平均体重分别可以达到 61.5kg±5.30kg 和 47.2kg±2.84kg，体高分别达到 74.5cm±2.35cm 和 68.8cm±1.63cm。2 岁种用公、母羊平均体重分别可以达到 76.3kg±3.00kg 和 48.9kg±3.76kg，体高分别达到75.4cm±3.30cm 和70.4cm±1.10cm（表 1-4）。

周岁种用母羊的体重与体尺指标基本接近 2 岁母羊，而周岁公羊体重、体尺与 2 周岁公羊尚存在较大生长空间，尤其是体重，周岁公羊的体重仅为 2

岁公羊的 80.8%（表 1-5）。

表 1-3　6 月龄、12 月龄和成年种用湖羊体尺及体重

项目	公羊			母羊		
	6 月龄	12 月龄	成年	6 月龄	12 月龄	成年
样本数(只)	20	24	19	45	45	46
体重(kg)	38.0±3.25	51.6±4.89	65.8±16.1	32.5±2.24	37.8±2.70	53.5±5.44
体高(cm)	65.3±2.48	70.0±2.90	77.2±12.9	61.3±2.96	63.5±3.03	66.7±3.31
体长(cm)	73.0±5.83	98.2±4.63	105.6±16.4	66.7±4.84	89.8±7.11	92.0±4.76
胸围(cm)	79.8±4.95	87.5±3.31	95.7±15.7	74.7±2.71	79.8±3.72	90.7±3.35

注：数据提供者：浙江华丽牧业有限公司（原种场），白慧琴，2015

表 1-4　1 岁和 2 岁湖羊体尺及体重

项目	公羊			母羊		
	1 岁	2 岁	1 岁/2 岁	1 岁	2 岁	1 岁/2 岁
样本数(只)	16	12		40	32	
体重(kg)	61.7±5.30	76.3±3.00	80.8	47.2±4.50	48.9±3.76	96.5
体高(cm)	74.5±2.35	75.4±3.30	98.9	68.8±1.65	70.4±1.10	97.7
体长(cm)	85.2±2.82	90.7±4.32	93.9	76.1±5.26	79.5±2.65	95.7
胸围(cm)	99.7±2.21	103.7±4.27	96.1	89.5±3.25	90.3±3.80	99.1

注：数据提供者：俞坚群，2006 年

表 1-5　湖羊体重、体尺及肉用性能的进步

项目	体重（kg）		体高（cm）		体长（cm）		胸围（cm）		屠宰率（%）	净肉率（%）	骨肉比
	公	母	公	母	公	母	公	母			
2006	76.3	48.9	75.4	70.4	90.7	79.5	103.7	90.3	49.1	41.4	1:5.44
80 年代初	52.5	37.2	67.5	60.0	71.8	68.3	75.6	71.6	49.0	39.1	1:4.30
60 年代初 *				60.3		69.8		76.4			

注：数据提供者：俞坚群，2006 年；引自付寅生等，1964

　　根据已有的记载，20 世纪 60 年代初湖羊母羊的体尺与 80 年代初基本一致。2006 年湖羊的体重、体尺显著高于 80 年代的，湖羊体重指标提高 31.4%~41.1%；体高、体长、胸围指标分别提高 11.0%~15.9%、22.5%~13.9% 和 34.4%~25.6%（俞坚群，2006 年）；湖羊的肉用性能得到了显著进步。

自 2003 年开始浙江省农业厅与湖州市南浔区政府联合举办湖羊赛羊会。从历届湖羊赛羊会获奖种公羊体重、体尺统计结果看，2003 年至 2012 年间获奖种公羊的体重、体尺指标呈上升趋势。但 2015 年参加第五届湖羊赛羊会的 6 头优秀成年种公羊的平均体重 99.9kg、体高 81.5cm、胸围 110.8cm、体斜长 85.8cm。其中杭州正兴牧业有限公司参赛的种公羊体重 116.4kg、体高 85.7cm、胸围 113.5cm、体斜长 91.0cm。另外，在浙江某些种羊场还拥有成年母羊平均体重达到 65kg 以上的优秀群体，个别种羊场甚至育成 80kg 左右母羊群体。近十几年来浙江地区各种羊场在湖羊肉用性状选育方面已取得了巨大进步，由此带动了浙江地区湖羊整体生产性能的不断提高（表 1-6、图 1-6）。

表 1-6　浙江省历届湖羊赛羊会获奖种公羊体重、体尺统计

	样本数	体重（kg）	体高（cm）	体斜长（cm）	胸围（cm）
第一届（2003 年）	10	78.1±5.37	76.0±3.86	81.3±4.39	96.5±3.24
第二届（2006 年）	10	86.9±5.67	79.7±2.99	86.3±1.86	103.4±3.87
第三届（2009 年）	10	89.5±8.53	76.5±2.34	86.9±2.40	104.7±3.64
第四届（2012 年）	10	92.5±6.19	80.8±3.02	85.8±2.67	104.8±3.71
第五届（2015 年）	10	90.9±15.9	79.2±4.44	84.1±5.13	106.1±7.22

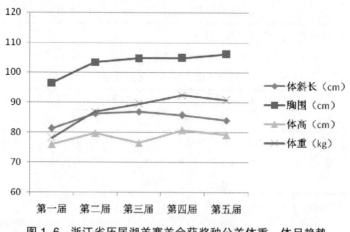

图 1-6　浙江省历届湖羊赛羊会获奖种公羊体重、体尺趋势

4. 湖羊的年龄鉴别

湖羊的年龄也是评定湖羊经济价值和种用价值的重要指标。根据产羔记录是确定湖羊年龄的最精确方法，在缺乏记录的情况下，可根据门齿的变化

鉴别湖羊的年龄。

根据湖羊牙齿长出的先后顺序，可将其分为乳齿和永久齿（恒齿）。湖羊最先长出的是乳齿，随着湖羊的生长发育，乳齿逐渐脱落，更换成永久齿，永久齿在采食咀嚼过程中不断磨损。根据乳齿与永久齿的更换、永久齿的磨损程度，可以判断湖羊的年龄。

湖羊生长至 3~4 周龄出齐乳齿，俗称原口牙，周岁内不换牙。乳齿呈白色，齿小而薄，齿颈明显，齿间空隙大，齿根插入齿槽较浅，附着不稳，排列不齐。

随着乳门齿的不断磨损、到一定程度时，由中间乳门齿开始脱落、换生永久齿。周岁至一岁半（18 月龄）湖羊长出 2 枚永久齿，即最中间的一对门齿，叫钳齿，俗称对牙。永久齿呈乳黄色，齿大而厚，齿颈不明显，齿间无空隙，齿根插入齿槽较深，附着很稳定，排列整齐。

两岁湖羊长出第二对永久齿，叫内中间齿，门齿 4 枚，俗称四齿。三岁湖羊长出第三对永久齿，叫外中间齿，门齿 6 枚，俗称六齿。四岁湖羊长出第四对永久齿，叫隅齿，门齿 8 枚，所有乳齿被永久齿更换，俗称新满口。随之永久齿又逐渐磨损，最后脱落。磨损次序先中间后两侧，因此，湖羊五岁时的四对门齿齐平，俗称老满口。湖羊 6~7 岁时四对永久门齿呈"六斜、七歪"状，俗称漏水。湖羊八岁时，钳齿开始脱落，俗称破口。

湖羊三四周龄原口牙，一周岁内不换牙，岁半一对牙，两岁两对牙，三岁三对牙，四岁长齐、新满口，五岁磨平、老满口，六岁斜、七岁歪，八岁掉牙呈破口（图 1-7）。

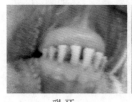 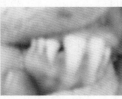 

乳牙　　　　　　对牙　　　　　　二对牙　　　　　　三对牙

图 1-7　年龄辨别

四、湖羊的繁殖与育羔性能

高繁殖力是湖羊优异的品质特性。浙江地区规范种羊场对于产单羔的母羊实行坚决淘汰，产三羔母羊坚决留下。由于初生母羊及二胎以上经产母羊因营养与健康等原因，在繁殖母羊群体中难免会存在产单羔的母羊，但比例一般可控制在 7% 左右；优秀母羊随着胎次的增加，表现为每胎产羔数的增加，即越生越会生，每胎能生 4、5 只的也占一定比例。通过选育，一般二胎母羊群的产羔率均在 230% 以上；三胎母羊群的产羔率可以达到 260% 以上，其产单羔比例 6% 左右、双羔比例 41% 左右、三羔比例 43% 左右、四羔比例 10% 左右。产活羔数达到 95% 以上。最优秀的母羊群产羔率可高达 320.6% （王元兴，2003）。引入北方地区的湖羊产羔率优于浙江地区。

性成熟早、四季发情。由于湖羊具有早期生长快的特点，因此，体现在性成熟也早，公羊 4~5 月龄性成熟；母羊 6 月龄体重可达到 30kg 以上，即可以配种，平均受胎日龄 150 天左右，可实现当年生、当年配、当年产羔。湖羊发情不受气候环境的影响，一年四季均能发情。在南方地区，夏季气温高，当环境温度高于 30℃时，将对母羊的泌乳性能、羔羊的健康造成危害，易形成僵羊。因此，在南方地区应尽量避免在 7~8 月的高温季节产羔，这可以通过繁殖计划得到有效控制。如果产房具有湿帘等降温设施，则四季均可以配种、繁殖。在夏季温度较低的北方地区就不存在这一问题。

湖羊母性好、泌乳力高。湖羊具有一胎多羔的优异品质，并体现会生也会带羔的优良母性行为；而良好的母性行为在养羊生产中至关重要，因为羔羊的死亡多发生在出生后的第一周内，有研究表明，50% 羔羊的死亡发生在出生后 24h 以内，30% 的是在出生后的 1~3 天，这与母羊的母性行为优劣有较大关系。经产湖羊的母性行为要优于初产母羊，母羊群体中，95% 以上的经产母羊能舔舐初生羔羊身体，羔羊寻找乳房时，能够将乳头提供给羔羊。但也有个别抛弃羔羊、拒绝哺乳等母性行为较差的母羊，生产中应注意观察，并作为留种指标，淘汰母性行为差的母羊。由于母湖羊只有 2 个泌乳乳头，一般一胎带 2 只羔羊，若一胎 3 羔以上，可以挑其中较强壮的羔羊寄养给其他母羊，通过短期人工训练，其他母羊均能接受寄养的羔羊。随着湖羊选育业绩及饲养技术的进步，一母带三羔也是可行的。

何锡昌（1959）报道，在常规条件下，湖母羊 5 个月平均泌乳量 109.3L，最高达 147.8L，最高日泌乳量达 1.84L；在饲喂适量精料条件下，5 个月最高泌乳量 184.5L，最高日泌乳量达 2.32L（图 1-8）。张力等（1988）研究表明，双羔母湖羊 80 天泌乳量为 101.7kg，泌乳高峰期出现在产后 13.6 天、泌乳量达 1.56kg。随着技术的进步，目前母湖羊平均日泌乳量达到了 1.9kg，最高日泌乳量可达 4.8kg，4 个月平均泌乳量达到 229.8kg；湖羊乳汁极浓稠，其中的粗蛋白、粗脂肪含量为牛奶的两倍。初生羔羊至 15 日龄，平均日增重可以达到 150g 以上，由此，也表明母羊泌乳力高的品质特性。若将湖羊开发成乳用羊也是可以探索的产业发展途径（表 1-7）。

图 1-8　泌乳期湖羊（汤志宏供稿）

表 1-7　不同乳样成分比较（%）

乳样	干物质	粗蛋白	脂肪	乳糖	灰分
湖羊乳	21.56	6.58	8.36	5.65	0.97
一般绵羊乳	16.96	5.15	6.14	4.73	0.94
山羊乳	13.12	3.76	4.07	4.54	0.75
牛乳	12.25	3.50	3.40	4.60	0.75
水牛乳	19.59	6.10	7.47	4.15	0.87
人乳	12.42	2.01	3.74	6.37	0.30

注：摘自何锡昌（1959）

五、湖羊的适应性能

浙江地处副热带季风湿润气候区，季风显著，四季分明，光照较多，雨量丰沛，空气湿润，雨热季节变化同步。浙江年平均气温 15~18℃，夏季平均气温 24~28℃，极端最高气温 33~43℃；冬季平均气温 3~9℃，极端最低气温−7.4~−2.2℃；全省雨日 41~62 天，年平均雨量在 980~2000mm，平均相对湿度均在 80%以上。年平均日照时数 1710~2100h。湖羊在此环境条件下生生不息，造福一方。

浙江又是一个"七山一水二分田"的省份，粮食自给率较低，用于发展畜禽的饲料粮基本从外省或国外购入，在饲料粮的争享中湖羊处于弱势地位。而以人工收割野杂草的传统已不能适应规模湖羊养殖的需要，由此，目前浙江湖羊的主要饲料来源于区域废弃农作物秸秆资源，如花生藤、稻草、油菜秆、蚕沙、茭白鞘叶、芦笋茎叶、笋壳、瓜蔓、菜叶、甚至竹叶等，这些资源都成为了湖羊的当家口粮，若能享受新鲜玉米秸秆的湖羊在浙江算是有福气的群体了。一方水土养育了一方湖羊，经长期的风土驯化，形成了湖羊特耐粗饲、不挑食的优异品质，吃啥都能长也能生；如果你给它的日粮中增加些精料，它带给你的即是惊喜。随着技术进步，浙江的废弃农作物秸秆资源的饲用性在不断提高，湖羊的福利也在不断得到改善，善待湖羊也是人类文明进步的一个方面。

湖羊的祖先来自于北方的大草原，在它的基因里本身蕴藏着耐寒的记忆，浙江已有大批的湖羊引至新疆、陕西等大西北，表现优秀。据说在严寒季节曾有因管理疏忽导致湖羊耳朵冻成冰棒的极端事件，及时发现、给予温暖，湖羊依然能站起来，并回报人类，可见其强大的生命力。因此，湖羊去内蒙古老家及东北三省理应能适应当地的气候环境。

有人认为浙江是绵羊生活区域的最南端，而且早先在浙江也有人认为湖羊的养殖区域不宜越过钱塘江，但是现在湖羊的养殖区域已遍及浙江大地，而且已有较多的浙江湖羊引入福建、在当地繁衍后代。有学者研究过不同绵羊品种在江西清江的耐热性能，湖羊完全能适应当地夏季长时间的 36.5℃高温环境，表现卓越（王宝理等，1991）。笔者相信，湖羊的养殖区域将不断突破人们的传统观念，在不远的将来，浙江的湖羊也有可能出现在广东、广西，甚至海南等地，并适应当地的自然环境而生生不息，造福于人类。

六、湖羊的肉用性能

对于肉用羊品种，人们着重关注的是其屠宰率、净肉率、骨肉比及其肉的质地、嫩度、风味、多汁性和化学成分含量等经济性状。以下是已有研究报道中有关湖羊肉用性能的参数，以供与其他肉用羊品种的比较、参考。

1. 湖羊的屠宰性能

俞坚群（2006）对不同性别的湖羊进行了屠宰性能测定：公羊屠宰率、净肉率、骨肉比分别为 50.4%、42.1% 和 1:5.48；母羊则分别为 47.9%、40.4% 和 1:5.41。将该结果与 20 世纪 80 年代初测定的相应数据比较：屠宰率提高0.36%；净肉率提高 4.25%；骨肉比提高 26.5%（表 1-8）。

2. 湖羊的肉质性状

羊肉是肉羊业生产的主产品，其质地、嫩度、风味、多汁性和化学成分含量是其重要的食用品质特性。有研究表明，肌肉肌纤维的组织学特性与肉

表 1-8 湖羊的屠宰性状 (kg)

项目	样本数	宰前体重	胴体重	净肉重	骨重	屠宰率 (%)	净肉率 (%)	骨肉比
公	33	51.7±3.74	26.1±2.10	22.0±1.98	4.01±0.23	50.4	42.4	1:5.48
母	47	50.4±4.11	24.1±2.67	20.3±2.10	3.76±0.24	47.9	40.4	1:5.41
平均	80	51.1	25.1	21.2	3.89	49.2	41.4	1:5.44

注：数据提供者：俞坚群，2006 年

品质地和嫩度直接关联，是影响肉质的结构基础；而肌肉内脂肪的含量影响肉品的风味及感观满意程度。随着肌纤维直径的增大，肌肉的细嫩度相应降低，同时，肌束内肌纤维愈细，肌纤维密度就愈大，当肌间脂肪沉积后，则肌肉表面纹理呈天鹅绒状，肉质就越细嫩，味美且多汁。

由此，各国学者以研究肌肉组织学性状及肌内脂肪含量评判羊肉的优劣。孙杰等（2008）分析比较了均为 12 月龄特克塞尔羊、中国美利奴新疆军垦型、湖羊的背最长肌组织学性状，结果表明：湖羊肌纤维直径最大、肌纤维最粗，为 $34.1\mu m \pm 7.52\mu m$，且肌纤维密度最低，为 357.5 ± 77.5 根/mm²，相对于特克塞尔羊、中国美利奴新疆军垦型羊，12 月龄湖羊的肉品质最差。这一结果与传统上把湖羊肉质评价为鲜嫩多汁相去甚远。其原因何在？（表 1-9）

表 1-9 12 月龄不同绵羊品种背最长肌组织学性状

品 种	肌纤维直径（μm）	肌纤维密度（根/mm²）
特克塞尔羊	30.3±5.51	636.1±63.1
中国美利奴新疆军垦型	31.4±1.39	536.5±19.4
湖羊	34.1±7.52	357.5±77.5

注：数据提供者：孙杰等，2008

孙伟等（2011）以性别、日龄、品种等为影响因子，较系统地评定了湖羊背最长肌组织学性状。研究表明：性别因素对湖羊肌纤维直径和密度均存在显著影响，各生长阶段母羊的肌纤维嫩度均优于公羊。年龄因素对肌纤维直径及肌纤维密度存在极显著影响，随着日龄的增加，湖羊的肌纤维直径随之增大、肌纤维密度也随之下降，因此，随着年龄的增长湖羊肌纤维嫩度呈下降趋势；肉用绵羊品种均具有相似规律。品种因素对 90 日龄湖羊与陶赛特羊的肌纤维直径不存在显著影响；但对肌纤维密度影响显著，湖羊的肌纤维密度显著高于陶赛特羊，因此，湖羊肉质嫩度更好些。湖羊肌肉具有良好的质地和组织结构，肌纤维细腻适中而分布均匀。见表1-10、表1-11、表1-12。

表1-10　湖羊不同生长阶段和不同性别的背最长肌直径　（μm）

项目	2日龄	30日龄	60日龄	90日龄	120日龄	180日龄
公羊	7.60±0.14	9.63±0.22	12.2±0.23	14.5±0.43	20.3±0.92	27.3±0.91
母羊	7.19±0.23	9.36±0.23	11.0±3.23	13.9±0.19	20.0±0.26	26.2±0.74

表1-11　湖羊不同生长阶段和不同性别的背最长肌纤维密度　（根/mm²）

项目	2日龄	30日龄	60日龄	90日龄	120日龄	180日龄
公羊	4647±133	4347±48	3743±758	3629±92	3093±22	1871±130
母羊	4781±19	4524±106	4349±58	3875±59	3287±151	2068±139

表1-12　90日龄湖羊、陶赛特羊背最长肌组织学性状

品种	品种	肌纤维直径（μm）	肌纤维密度（根/mm²）
公羊	湖羊	14.5±0.43	3629±92
	陶赛特	15.0±1.19	3413±74
母羊	湖羊	13.9±0.19	3875±59
	陶赛特	14.9±1.46	3568±81

由于生长发育规律不同，不同绵羊品种的肌内脂肪沉积存在较大差异，但一般均随着日龄增长，肌内脂肪的累积随之增加。乔永等（2006）研究了湖羊肌内脂肪沉积规律，发现湖羊肌内脂肪随年龄的增长而上升，在4月龄以前，各部位肌内脂肪的沉积速度都比较慢，到5月龄时，各部位肌内脂肪含量都极显著增加（$P<0.01$），达到相对较高的水平，6月龄时与5月龄相比都有增加，但差异不显著（$P>0.05$），表明4~5月龄是湖羊羔羊肌内脂肪沉积的重要时期。黄治国等（2006）研究发现，随着月龄（0~4月龄）的增加，雄性哈萨克羊背最长肌的肌内脂肪含量持续上升，而新疆细毛羊的肌内脂肪含量几乎没有变化。表明哈萨克羊在生长发育早期，肌肉就已经开始蓄积脂肪了，而新疆细毛羊在120日龄以前还没有明显的脂肪上升，表明肌内脂肪的沉积在不同品种的羊中表现出很大差异，这可能与品种之间发育的快慢有关。曾勇庆等（2000）对12月龄和18月龄小尾寒羊不同部位肌内脂肪的研究发现，随年龄的增加，小尾寒羊背最长肌和股二头肌肌内脂肪含量都显著上升，但不同部位之间没有明显差异，而且小尾寒羊12和18月龄肌内脂肪含量的平均值都明显低于6月龄湖羊，表明湖羊有比小尾寒羊更显著的积蓄

肌内脂肪的能力，并且在不同部位肌内脂肪的沉积速度也不相同，如腿肌肌内脂肪含量在湖羊羔羊的各个时期都明显低于背最长肌和腰大肌。

湖羊在4~5月龄就快速实现了肌内脂肪的较高沉积，从侧面也说明了湖羊早期生长快的品质特性。180日龄公湖羊背最长肌直径、纤维密度分别为27.3μm±0.91μm、1871根/mm²±130根/mm²；而12月龄湖羊背最长肌直径、纤维密度分别为34.1μm±7.52μm、357.5根/mm²±77.5根/mm²。从背最长肌组织学性状分析，12月龄的湖羊已是相当"老"了。从湖羊早期各生长阶段的背最长肌组织学性状变化及肌内脂肪沉积规律来讲，湖羊最适的屠宰时间以6月龄为宜；以养殖投入产出比最大化来讲，湖羊的最佳屠宰体重在40~50kg为宜；浙江地区湖羊养殖实践中，在中等营养条件下，6月龄湖羊的体重一般均可达到40kg。如果肥育技术到位，是比较容易达到肥羔羊肉所要求的肌肉表面纹理呈天鹅绒状，膻味淡薄，肉质鲜嫩，美味多汁的产品特点。由于民俗及食肉习惯，不同地区对羊肉的质地、风味要求各不相同，如果对肉质嫩度相对要求不高，可将湖羊的养殖期适当延长，但是对于湖羊来说，养至12月龄屠宰，那是太长久了，这不符合湖羊成熟早所体现的肉质生成规律。

湖羊肉瘦肉多、脂肪少、肉质鲜嫩、易消化、膻味淡、胆固醇含量低，是一绿色肉食产品，符合高蛋白、低脂肪的动物食品现代消费观念的发展方向。彭永佳（2014）对湖羊肌肉分析结果表明，水分含量为73.3%±1.06%，粗蛋白含量为20.6%±0.31%，粗脂肪含量为4.8%±0.21%。

湖羊肌肉中的脂肪酸组成主要以油酸（18:1），棕榈酸（16:0）和硬脂酸（18:0）三种脂肪酸含量最高，占总脂肪酸含量的72.4%~76.3%。其中多不饱和脂肪酸亚油酸（18:2），亚麻酸（18:3），花生四烯酸（20:4），二十碳五烯酸(20:5)和二十二碳六烯酸（22:6）等，占总脂肪酸含量的8.2%~10.1%。单不饱和脂肪酸14:1，16:1，18:1等，占总脂肪酸的45.7%~46.9%，且以18:1含量最高（34.4%~36.1%）。饱和脂肪酸14:0，16:0，18:0和20:0，占总脂肪酸的44.2%~45.1%。

湖羊皮下脂肪中也以油酸（C18:1），硬脂酸（C18:0）和棕榈酸（C16:0）含量最多。多不饱和脂肪酸占4.2%~4.6%，单不饱和脂肪酸含量占29.2%~30.3%，饱和脂肪酸占总脂肪酸含量65.2%~66.6%。

从营养价值分析，湖羊肌肉中的脂肪酸组成优于皮下脂肪中的脂肪酸组成。为湖羊肥羔羊肉生产提供了营养价值依据。

第二章　规模湖羊场设施与装备

规模湖羊场一旦投资建成，再重新进行整改就将耗费大量人力、物力和财力，因此，在选址建设前，应充分考虑羊场地址的地形地貌、气候环境、资源供给、交通道路、基础设施配置等各方面因素；对羊场内的管理区、生活区、生产区、饲料贮存加工区、病羊隔离治疗区、羊粪收存区等各功能区块应科学合理地布局，做到紧凑高效、整齐有序、纵横成行、间隔适宜、物流顺畅，体现科学性、实用性和可操作性；以确保防疫安全、生产高效。下面以存栏3000头湖羊规模描述相应的设施与装备。

一、羊场选址与布局

1. 选址

国家在标准化畜禽养殖场建设要求中，规定规模牧场所处位置应距离生活饮用水源地、居民区和主要交通干线、其他畜禽养殖场及畜禽屠宰加工、交易场所500m以上。为了保护水源，规模湖羊场理应距离生活饮用水源地500m以上；为了规模湖羊场的自身防疫，距离主要交通干线、其他畜禽养殖场及畜禽屠宰加工、交易场所500m以上也是非常正确。一般规模猪场、牛场、家禽场在养殖过程中产生的粪尿，易散发大量臭气，污染空气环境，因此，必须距离居民区500m以上。但规模湖羊场在养殖过程中很少有臭气产生、也没有污水外流，在距离规模湖羊场50m外，几乎感受不到湖羊场产生的异味。实际上，这也是湖羊优秀品质的一个特点。

规模湖羊场应建在地势较高，排水良好，通风干燥，向阳透光之地；同时，区域内拥有丰富的秸秆资源，交通便捷。饲养3000头湖羊要求有相对平整的土地或坡地，面积约20亩。浙江地处副热带、季风暴雨频发，水淹羊场、粪污横流也曾经有过，尽管是偶遇，但新建湖羊场理应要以防万一，避免不必要的损失。

2. 基础设施

标准化羊场建设要求水源稳定、水质良好；浙江地区经济、社会发展水平相对较高，广大农村已实现自来水供给，湖羊饮水与人同源。如果新建羊场无自来水供给，则要配置 2 个各 5m³ 的水塔及净化设施，饮用前要用漂白粉消毒处理水源，2 个水塔隔天轮流使用，不能将残留大量漂白粉的水直接让湖羊饮用，以避免消毒剂对湖羊瘤胃微生物的损害、影响养殖效益。由于规模湖羊场常用铡草机、粉碎机、制粒机、饲料混合机、电瓶撒料车等机械设备，因此，规模湖羊场建设时，必须确保电力供应充足，一般要求有高压线路，电压等级为 10kV、线径 Φ35mm²。道路畅通、交通便利，至少 5t 以上的机动车可以顺畅进出。

规模湖羊场选址还应考虑区域种植业的品种特点，要有农牧结合发展湖羊养殖业的指导思想，湖羊养殖中必须保障一年四季草料的均衡供给，俗话说：兵马未动，粮草先行。未雨绸缪，必无后顾之忧。因此，新建规模湖羊场将地址选在周边种植玉米、茭白、芦笋或水稻区域，将为粗饲料的供给提供便利，就地解决粗饲料供给，降低湖羊养殖的饲料成本，提高养殖效益。同时，也解决了废弃农作物秸秆对环境的污染，实现农牧业的可持续协调发展，成为美丽乡村建设的贡献者。

3. 场区布局

为了确保防疫及生产安全，湖羊场必须砌围墙与外界隔离，围墙高度 1.5m 以上，墙体底部砖混实砌，上部用空心砖横砌、形成窗孔，以利通风。浙江面临东海，常年季风以东南风为主，因此，东南方是上风处，羊场建设应以座北朝南、沿东西轴建羊舍，有利于舍内冬暖夏凉。羊场管理、生活区置于上风处，并按照顺风向布置草料贮存场所、羊舍和粪污堆积区，即羊粪收存区、病羊隔离治疗区置于下风处（见示意图 2-1）。在场区门口要有消毒池及消毒清洗泵。

标准化湖羊场建设要求管理生活区、生产区及粪污处理区严格分开，可以用栅栏分隔，利于空气对流。由于规模湖羊场需要购入大量的饲料，运送物料的工具一般选用大型车辆，因此，从实际生产出发，饲料贮存、加工区也应该与生产区分开，尽可能避免外来大型车辆接近生产区，杜绝外来大型车辆穿越生产区，这有利于防疫安全及生产区的安静。

标准化湖羊场建设要求生产区母羊舍，羔羊舍，育成舍，育肥舍分开，其好处是有利于分阶段饲养技术的实施、提高管理及养殖效率。由于湖羊宜舍饲圈养，因此，湖羊养殖场不设运动场（图 2-1）。

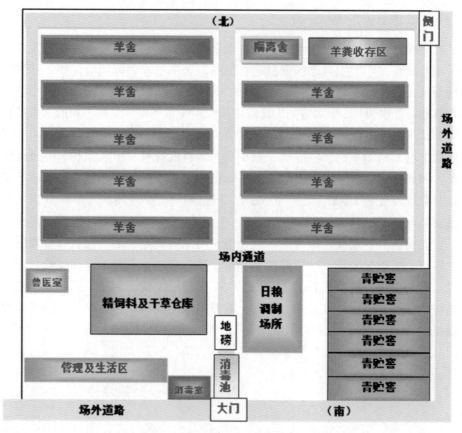

图 2-1　标准化规模湖羊场布局示意图（适用于南方地区）

20 亩用地规划：羊舍用地面积（含病羊隔离治疗舍）7 亩，生产区内通道及绿花带面积 7.5 亩，羊粪存放区 0.5 亩。青贮饲料区 756（30m×3.5m+0.7 墙）m²，干草饲料存放区 700m²，日粮调制区 300m²，兽医室 30m²，门卫、更衣消毒室 30m²，管理生活区 160m²，计 3 亩。饲料贮存加工区通道及绿花面积 2 亩（必要时可以减小这方面的用地面积）。

4. 净道和污道

规模湖羊场的合理布局，完全可以将生产区的净道、污道严格分开。净道是指饲料输送至羊舍的通道，污道是指羊粪输出通道。饲料输送由生产区中间通道向两侧羊舍运送。原则上羊粪输出沿一个方向出、不走回头路，走生产区周边通道，并从侧门搬离，避免与净道交叉，从示意图可见，杜绝羊粪输出时走生产区中间的净道。目前浙江地区规模湖羊场一般采用离地平养、定期出粪的模式，对于老旧湖羊场来讲，若有净道与污道交叉、污染，出粪后应及时冲洗、清扫净道。

二、羊舍建造

1. 羊舍间距

标准化湖羊场的羊舍采用半封闭式建筑，羊舍间距 5m 左右，相对宽的羊舍间距有利于通风，并预留将来机械清粪车的通道；由于浙江地区畜牧用地有限，因此，羊舍间距不宜过宽。对于畜牧用地资源丰沛的地区，可以将羊舍间距设计为 7m 左右。

2. 羊舍建筑面积

一般羊舍标准按每只公羊 4m²、母羊 2m²、生长肥育羊 1m² 设计，但湖羊的养殖密度可以略高些。存栏 3000 头湖羊，可配置母羊 1000~1200 头、以本交繁殖模式配置公羊 40~50 头，公羊的配置数随饲养管理精细程度的提高而减少，若配置 15 头左右的公羊也能完成本交繁殖任务。若采用人工授精技术，配置公羊 10~13 头；母羊二年 3 胎，管理适当，可达到 1.7 胎/年，每只母羊年供羔羊至少 3 只以上，肉羊饲养 6~8 个月出栏。由此，公羊栏面积 160~200m²、母羊栏面积 2000~2400m²、肉羊栏面积 1800m² 左右，羊栏净面积共计 3960~4400m²。

羊舍内置宽度（不包括外墙占地宽度）6.6~7.6m，其中舍内过道 2.5m，两侧羊栏净宽各 2.0~2.5m，净长 4.0m；在离地平养模式下，如果是人工清粪，过宽的羊栏会增加清粪难度；如果将来有机械清粪设备，就不存在这个问题。

以每栋羊舍长度 66.3~82.8m（含隔栏墙占地）、每侧分 16~20 栏、每栏净长度 4.0m 计，每栏净面积 8~10m² 计，即每栋羊舍的栏位面积 256~400m²，存栏 3000 头湖羊需建 10~15 栋羊舍。

从土地利用效率来讲，将羊栏建成宽 2.5m，长 4.0m 较合适；以每头肉羊采食栏位 30~40cm 计，每栏可饲养 10~13 头肉羊。将舍内过道建成 2.5~3m，为将来机械撒料车的使用留下余地，随着劳动力成本的增加，提高规模湖羊场机械化生产程度是必然的趋势。

这些参数只是建议，仁者见仁，智者见智，仅供参考。

3. 羊舍建筑

羊舍建筑是规模湖羊场投资中所占比例最大的部分，也是核心部分。因羊粪收集方式不同分为传统集粪、定期清收和机械刮粪、随时收集。两种方式各有长处。

近几年来，传统集粪、定期清收是离地平养模式下的常规操作，一般 1~2 个月清收一次，这样的湖羊粪实际上已经过了发酵处理，集粪期间的羊尿也被逐日浓缩，笔者推测粪中的氮多以菌体蛋白的形式存在。由此，湖羊粪能被广大的种植业者所认可：湖羊粪肥力持久、作物产量高、产品口感佳，种植业者愿意出钱购买湖羊粪，这是养殖畜种中所独有的。规模湖羊场卖羊粪的收入基本可以抵消饲养员的用工支出；目前，在浙江已出现专门收集、运销湖羊粪的专业户。不足之处是清粪需要劳动力且工作强度相对较大尤其是夏天；但随着技术进步，类似于道路清扫车的清粪机械在不远的将来相信也会面世。

机械刮粪、随时收集是近几年来模仿奶牛养殖模式出现的新方式，其优势在于清粪可以少用劳动力、减轻劳动强度；若将每日清理的羊粪即用于种植肥料，由于羊粪中水分含量高，种植户接受程度相对较低，另外，其肥力、污染等许多方面尚需进一步观察。那么将每日清理出的羊粪进行发酵处理，则需要有较大的堆放、周转场地以及相关设备，影响有限的畜牧用地利用效率。参见图 2-2。

图 2-2　堆粪场

笔者的观点偏向于传统集粪、定期清收的方式建筑羊舍，因为前辈创造的传统方式有其好的一面，至关重要的一点是羊粪能成为规模湖羊场增收的一部分，但其存在的不足完全可以通过技术创新得以完善。

羊舍建筑应坚持冬暖夏凉、结实耐用、价廉物美的原则。羊舍建筑包括屋顶结构、墙体结构、羊栏结构、集粪设施、饲喂设施、饮水设施、消毒喷淋及保暖、降温设施等方面。

（1）羊舍屋顶结构。传统的羊舍房顶采用木梁、瓦片结构。屋顶坡度，即屋架中央高度与跨度之比必须大于 1/5，便于积雪滑落。由于南方地区冬天温度相对较高，只要挡住两边墙的侧风，即可保持舍内相对暖和。瓦片结构的房顶可以随时散发舍内产生的异味，保持舍内空气清新。这一结构可以实现羊舍冬暖夏凉的目标。在建筑时要注意屋檐的长度（图2-3中的红线部分），由于浙江地区多雨、季风猛烈，相对长的屋檐，可以减少雨水被吹入舍内，建议屋檐长度25cm左右。必要时可在屋檐口安装集雨槽，以避免下滴雨水沾入粪中，有利于雨污分离。

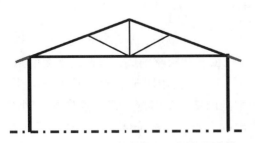

图2-3　房顶结构示意（项继忠供稿）

随着建筑工业材料的发展，有些羊舍采用框架结构的彩钢板屋顶。在冬季保暖较好的情况下，舍内会积聚一定量的氨气等，因此，建议在屋顶的南坡建虎窗，以利舍内氨气等异味的散发；或增加建筑高度，但会增加投资。在夏天同样墙体结构下，彩钢板屋顶的舍内舒适度比木梁、瓦片结构的要差些。见图2-4。

图2-4　彩钢板屋顶（孙丽东、胡志宏供稿）

（2）墙体结构。南方地区现代湖羊养殖的基本模式为离地平养，羊床离地高度为0.8m左右，羊床距屋顶人字横梁为2.2m左右，因此，羊舍的墙高一般为3m左右。在羊床上方的约0.4m墙体用砖混实砌，然后用空心水泥砖横砌6层，再用砖混实砌约0.6m。形成窗格式墙体，其好处一是能确保夏天通风降温，二是横向季风很难能将雨水带过窗格，确保羊床干燥。实现夏天羊舍的凉爽干燥。

图 2-5　墙体结构（项继忠供稿）

（3）羊栏结构。羊栏是湖羊终生活动的场所，从动物福利来讲，是人类善待动物体现。湖羊离地平养的床位由漏孔板材铺成，目前最常用的是竹条用钢筋串成的漏孔羊床，竹条间距约 1cm；使用期 5~10 年，比木条漏孔羊床结构、实用性更合理些。也有用钢丝网铺设的羊床，但必须将钢丝网固定，否则因湖羊胆小易惊，常引发舍内巨大噪音，不符合湖羊养殖的基本原则。最近出现定制塑钢胶板漏孔羊床，平滑、耐用而不易粘羊粪，可能是将来发展的方向。见图 2-6。

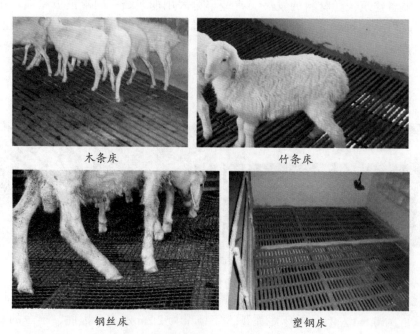

木条床　　　　　　　　　　竹条床

钢丝床　　　　　　　　　　塑钢床

图 2-6　羊栏结构

食槽位置影响湖羊采食的舒适度，湖羊头部与躯体保持基本平行的体位下采食，是比较适宜的槽位高度。图 2-6 中的栏杆与羊床距离 40cm、距食槽地面20cm，食槽地面与羊床落差约20cm。食槽挡壁可砌至约16cm高，以免机械布料时，将饲料撒入羊床。采食舒适度方面的研究有待进一步深入。羊栏间用5寸墙实砌分隔，高1.1m，可减少栏间湖羊的影响，尤其是公羊。见图2-7。

图 2-7 羊床与槽位 (项继忠供稿)

早期湖羊场的羊床与舍内过道平行，没有落差，因此，一般在羊栏外专设食槽，但增加喂料机撒料难度，有碍机械化操作效率。见图2-8。

图 2-8 早期湖羊场食槽

（4）集粪设施。目前浙江地区湖羊养殖一般采用离地平养、定期清粪的模式。清粪时的劳动强度与羊栏宽度有关，羊栏越宽，清粪时劳动强度越大。将羊床下的集粪结构建成锅底式或斜坡式，有利于减轻清粪时的劳动强度。羊舍建造时将舍内过道侧建成斜坡是较好的办法，使羊粪滚落至近出粪口。在清粪口筑一条3~5cm高的挡坝及一个集尿管道口（图2-9画线处），可以避免清粪后几天的羊粪滚出及羊尿渗出，并可挡住雨水。

为了减少清粪用工及清粪劳动强度，目前已有新建的规模湖羊场采用自动括粪设施，其基本原理是电机通过钢索牵引括粪板而实现清粪。也有在羊床下安装输送带，实现定时清粪。

锅底式　　　　　　　　　斜坡式　　　　　　　　集尿管道

图 2-9　集粪设施

（5）饮水设施。根据外形结构及出水机械原理，家畜自动饮水器分杯式、鸭嘴式及乳头式。羊栏内一般不用乳头式自动饮水器。较早建的规模湖羊场常用鸭嘴式自动饮水器，每个饮水器可确保 10~15 只湖羊的饮水，但其缺点是饮水器附近的羊床因羊只饮水时漏水而潮湿，俗话说：羊脚一日湿，三天不长膘。尽管有些夸张，但也是有些道理的。杯式自动饮水器克服了鸭嘴式自动饮水器的缺点，可保持羊床干燥清洁，是目前最适合规模湖羊场选用的饮水器，但应考虑安装的高度及防护设施，避免羊粪掉入、污染水质。浙江海涛公司在栏外安装水槽，通过水位控制器、加压冲水器供水。见图 2-10。

图 2-10　杯式、鸭嘴式自动饮水器及饮水槽（吴关富供稿）

（6）消毒喷淋设施。目前浙江地区的规模湖羊场在羊舍内一般不配置固定的消毒喷淋设施，若要消毒时，常用背包式喷雾器人工消毒。从长远发展来讲，在羊舍内配置固定的消毒喷淋设施，对羊舍进行定期消毒，可提高规模羊场的自动化管理水平，确保湖羊安全生产。见图 2-11。

（7）保温设施。尽管浙江地区冬季极端寒冷天气较少见，但 10 摄氏度以下湿冷的持续时间也有 3~4 个月之久，从动物福利及养殖效益来讲，冬季对羊舍进行保暖是非常必要的。冬季对羊舍进行保暖既可以减少湖羊能量消耗、提高饲料转化效率，又可以确保湖羊健康生长。

舍外可以用塑料膜或帆布进行遮挡，用手动卷帘器收放，是个简单易行的措施，可以减少冬季贼风钻壁洞。在生猪养殖中，为了确保仔猪健康生长，

图 2-11 消毒喷淋设施（缪蓉供稿）

提高仔猪成活率，用电热毯、电热床等隔栏保暖育仔的技术措施；对于冬季羔羊培育来说，也是一个可以借鉴的技术措施。见图 2-12。

图 2-12 羊舍保暖（周水良、严欣激供稿）

（8）湿帘降温系统。湿帘，别名水帘，呈蜂窝结构，由原纸或高分子材料加工而成。湿帘降温系统由湿帘主体、水井、潜水泵、水循环系统、轴流风机等组成。其降温原理是通过负压抽风、空气穿透湿帘后、水蒸发吸热，实现降温。其过程是在湿帘内完成，蜂窝状的纤维表面有层薄薄的水膜，当室外热空气被风机抽吸穿过纸内时，水膜上的水会吸收空气中的热量，使进入室内的空气凉爽，达到降温的效果。见图 2-13。

图 2-13 湿帘与风扇

南方地区规模湖羊场通过在产房安装湿帘降温系统可以实现夏季产羔、达到全年均衡生产。

(9) 钢构式养羊车间。随着技术进步及从业者经营管理观念的转变，羊舍建设形式也日趋新颖。如近年来钢构式养羊车间的出现就是一个新型羊舍建筑，其车间外形似常见的工业厂房，宽 20~30m，长 60m 左右，甚至更宽、更长，内设自动括粪装置、风机等设备。其直观的优点是在相同的空间中可以饲养更多的湖羊，土地利用效率有所提高。见图 2-14。

图 2-14　钢构式养羊车间（庞加忠供稿）

但是在畜牧业发展过程中，因集约化程度的不断提高，发生疫病的风险也随之增加，其中不乏毁灭性的案例。因此，在一定空间内相对高密度的集群养殖湖羊，对于防疫要时刻保持警惕。另外，由于每日清粪，清出的羊粪需要一个堆场，并进行无害化处理；从理论上讲，每日清的羊粪肥力不如离地平养模式下的积粪，需进行再发酵处理。因此，钢构式养羊车间模式的经济、生态、疫病风险等有待进一步综合分析评估。

三、机械装备

规模湖羊场的投资建设者及管理者应该要有机械化、自动化生产的意识，尽量减少羊场劳动用工人员，这是社会经济发展的必然趋势。从目前的技术层次来讲，规模湖羊场配置相应的机械装备，有利于提高机械化生产程度及养殖效率。根据湖羊场规模配置适宜性能、规格的铡草机（铡草揉丝机）、粉碎混合机、制粒机、全混合日粮搅拌机、喂料车、扫料车、秸秆捡拾打捆机、青贮包裹机、青贮液压打包机及青贮窖等装备、设施是有必要的。

1. 铡草机（铡草揉丝机）

铡草机。铡草机是青贮饲料调制、草料粗粉碎的必备机械。铡草机是通过高速转动的固定刀片将秸秆粗饲料切碎，通过调节刀片间距及转速可以控制饲草切碎的长度。由于刀片排列位置及刀片质量不同，不同厂家生产的铡草机的生产性能存在差异。规模湖羊场应根据场内实际情况配置动力适宜的铡草机。见图 2–15 和表 2–1。

图 2–15　铡草机

表 2–1　铡草机性能配置表

产品型号　　性能配置	9Z–9A 型	9Z–6A 型	9Z–4A 型
配用机电（kW）	15	7.5	5.5
配用柴油机（hp）	≥25	15~20	12~15
生产效率（t/h）	3~20	2.5~15	2~8
成品物料长度（mm）	12、18、25、35	12、18、25、35	17、22、34、44
使用外型尺寸（m）	2620×2140×4110	1968×2147×2756	1737×1575×2315
整机质量（kg）	800	400	280
链条输送带	√	√	√
适用羊场规模（只）	1000~3000	100~1000	< 100

铡草揉丝机。与铡草机的区别在于铡草揉丝机带有粉碎的功能，铡草机追求的是加工的数量，而铡草揉丝机追求的是加工的质量。因此，目前国内外高端的青贮原料收割、铡碎—体化机械均带有粉碎的功能，用铡草揉丝机加工青贮原料可获得更好的青贮质量，有利于提高湖羊对秸秆的采食量及消化率。

2. 粉碎、混合机

粉碎机。粉碎机主要用于粉碎饲料和各种秸秆粗饲料，其目的是要增加饲料表面积和调整饲料粒度。增加表面积，既可提高饲料适口性，在消化道内又易与消化液接触，有利于提高饲料消化率，更好地吸收饲料营养成分，提高饲料转化效率。调整饲料粒度既可减少湖羊咀嚼耗能，又便于饲料输送、贮存、混合及制粒，提高湖羊日粮配制效率及质量。

饲料粉碎有对辊式粉碎机、锤片式饲料粉碎机和齿爪式饲料粉碎机。规模湖羊场一般选用锤片式饲料粉碎机，是一种利用高速旋转的锤片来击碎饲料的机械。它具有结构简单、通用性强、生产率高和使用安全等特点。如9FQ40-20 型锤片式饲料粉碎机配置动力 7.5~11kW，外形尺寸 900mm×855mm×810mm，整机重量 164kg，筛片宽度 200mm、筛片包角 180 度，每小时生产效率 1042kg（在筛片孔径 2mm 粉碎玉米时）。湖羊用玉米等原料的粉碎可选用筛片孔径为 3mm，每小时的生产效率可以达到 2t 左右，可以满足规模湖羊场精饲料的粉碎加工需要。

随着机械加工技术的进步，目前较高效的粉碎机械为水滴式粉碎机，其外形为水滴状，由于水滴式粉碎机避免了粉碎室内环流层的形成，极大地降低了粉碎能耗、提高了粉碎效率。而在水滴式粉碎机基础上发展起来的超越粉碎机是目前最高效的粉碎机械，其特点是筛网面积更大，在饲料加工企业中被广泛应用。

筛片孔径。粉碎机粉碎饲料的粒度大小，取决于筛片孔径的大小，粉碎玉米时选用孔径为 3mm 的筛片较适宜，玉米粉碎过细，在高精料肥育肉羊时，因玉米在瘤胃中快速降解，易引发瘤胃 pH 快速下降，抑制瘤胃微生物生长，降低生产性能，严重的会导致瘤胃酸中毒，影响湖羊健康；过粗则会影响玉米的消化利用率，降低饲料转化效率。对秸秆饲料进行适度粉碎，可以减少湖羊咀嚼耗能，也便于粗饲料与其他饲料的均匀混合，对于湖羊来讲，选用孔径为 10~14mm 的筛片粉碎秸秆饲料是比较适宜的。如果加工以秸秆饲料为主的湖羊全价颗粒料，选用孔径为 8~10mm 的筛片粉碎秸秆饲料较好，过粗不易与其他原料均匀混合、制粒效率低；过细则减少秸秆饲料在瘤胃中的滞留时间，影响其消化率。如果加工以秸秆饲料为主的湖羊全混合日粮（TMR），选用孔径为 14mm 的筛片粉碎秸秆饲料较好。

粉碎混合机组。粉碎混合机是将粉碎机与混合机集成在一起的机组。规模湖羊场在加工精饲料时，除玉米、豆粕等量大原料外，尚需要加入石粉、磷酸氢钙、盐、预混料（维生素、微量元素）等量小或微量成分，通过加入混合机搅拌，能确保各种营养成分均匀分布于饲料中，实现精细化生产，提高饲料质量及养殖效益。手工搅拌饲料是很难达到机械加工质量的（图 2-16）。

图 2-16 粉碎机、粉碎混合机组及筛片

3. 全混合日粮搅拌机

全混合日粮搅拌机，简称 TMR（Total Mixed Ration）搅拌机，是根据湖羊在不同生产阶段的营养需要，按营养专家设计的日粮配方，用 TMR 搅拌机对日粮进行切割、搅拌、混合的一种先进饲料加工工艺，可保证湖羊所采食的每一口饲料营养的均衡性。

TMR 搅拌机根据搅龙的特点分为卧式和立式；根据动力源的不同又分牵引式、自走式和固定式。

卧式 TMR 搅拌机是由 2~3 根水平且平行布置的搅龙构成，优点是搅拌时间短，适合体积质量比差异大、松散和含水率相对较低的物料混合；设备外形通常较窄、较低，通过性好、易于装料。缺点是在处理切割大草捆时不如立式搅拌机效率高且搅龙容易磨损，受其工艺影响出料后会有少量剩料。在容积相同的情况下，卧式搅拌机的配套动力一般大于立式搅拌机。

立式 TMR 搅拌机是由 1~2 根垂直布置的搅龙构成，优点是可迅速打开并切碎大型圆、方形草捆，混合时间相对长些，适合含水率相对较高、黏附性好的物料混合。立式搅拌机使用寿命较长，圆锥形料箱无死角，卸料干净，不留余料。

自走式 TMR 搅拌机能完成除精料加工外的所有工作，即自动取料、自动称量、混合搅拌、运输和饲喂等，具有自动化程度高、效率高、视野开阔和驾驶舒适等优点，但缺点是制造成本高。

牵引式 TMR 搅拌机由拖拉机牵引作业，物料混合及输送的动力来自拖拉机动力输出轴和液压控制系统。该机可使搅拌和饲喂连续完成。适合于羊舍过道宽、高的大型规模场。

固定式 TMR 搅拌机以三相电动机为动力，常见机型为立桶式结构，通常安置在各种饲料储存相对集中、取运方便的地点，将各种精、粗饲料加工搅拌后，用手推车或小型电动撒料车运至畜舍进行饲喂。

目前南方地区部分规模湖羊场已配置 TMR 饲料搅拌机。随着劳动力成本增加、湖羊产业技术进步及生产经营人员对新技术、新装备认识的不断提高，南方地区规模湖羊场采用 TMR 饲料搅拌机加工湖羊全混合日粮是必然的发展趋势。

笔者建议南方地区规模湖羊场选用立桶固定式 TMR 搅拌机较合适，投资少、使用寿命长、实用性强，符合畜牧用地相对紧缺区域的特殊性。搅拌机容积的选择可以根据搅拌机每次搅拌量饲喂湖羊只数确定。容积 8m³ 的搅拌机每次搅拌量可以饲喂 1000~1500 只羊；容积 10m³ 的搅拌机每次搅拌量可以饲喂 1500~1800 只羊；容积 12m³ 的搅拌机每次搅拌量可以饲喂 1800~2000 只羊（图 2–17）。

图 2–17 卧式自走式、立桶固定式 TMR 搅拌机

4. 电动喂料车与扫料车

喂料车是与立桶固定式 TMR 饲料搅拌机相配套的机械化饲养装备。由水平搅龙与传送带连动实现快速喂料，结构简单、操作灵活；一栋饲养 300 只湖羊的羊舍用 5~10min 即可完成喂料工作。适用于规模湖羊场使用的喂料车动力源常用电瓶提供，即谓电动喂料车，一般为单侧布料，工作过程安静；车体狭长，过道宽 2.5m 的羊舍适合喂料车操作，可避免车轮碾压布下的饲料。2000 只规模湖羊场配置 2 辆电动喂料车即可在 1h 内完成喂料工作。

由于喂料车布料及湖羊拱食，部分饲料往往远离湖羊采食位置，传统饲养常用扫帚人工扫推，效率较低；采用扫料车推扫，快速高效。规模湖羊场配置 1 辆电动扫料车即可（图 2–18）。

图 2-18 电动喂料车、扫料车

5. 制粒机

制粒机根据模板型状分为平模制粒机和环模制粒机,湖羊场一般选用平模制粒机。平模制粒机以电动机为动力,带动平模作圆运动、同时擦动压辊互动,通过压辊与模板挤压,将饲料从平模孔中挤出,经切刀分段,形成大小均匀的颗粒。颗粒的大小取决于采用的平模孔径,同时,平模孔径越大、制粒机时产效率相应提高,但颗粒的成型性会相应降低,即易碎;平模孔径有 4.0mm、5.0mm、6.5mm、8.0mm、10mm 等很多规格。加工湖羊颗粒饲料选用平模孔径为 8.0mm 的较适宜,加工效率高、颗粒的成型性也可以满足湖羊场现加工现饲用的要求。

平模制粒机的时产性能与配置的电动机动力直接相关,电压 380V,配置 5.5kW 动力,时产颗粒饲料 200~300kg;7.5kW 动力,时产颗粒饲料 300~400kg;11kW 动力,时产颗粒饲料 400~600kg;22kW 动力,时产颗粒饲料 800~1200kg;30kW 动力,时产颗粒饲料 1200~1500kg。3000 头规模湖羊场配置 1 台 22kW 动力的平模制粒机可以满足生产需要。

平模制粒机一般用于羔羊补饲颗粒料、肉羊肥育颗粒料的加工;将粉碎的低质粗饲料与精料混合、制成湖羊全价颗粒料,又称颗粒 TMR,可极大地提高湖羊对低质粗饲料的采食量,降低饲养成本,是实现肉羊快速肥育的有效措施(图 2-19)。

图 2-19 颗粒机及平模(李正秋、陆琴月供稿)

6. 自走式秸秆捡拾打捆机

由于劳动力成本不断上涨，废弃农作物秸秆资源化利用的推进，近几年来，秸秆捡拾打捆机得到了快速发展，成为废弃农作物秸秆资源化高效利用的重要辅助生产机械。自走式秸秆捡拾打捆机由拖拉机提供动力的传动机构、捡拾机构、耙草机构、活塞冲压机构、打结机构等部分组成。经过捡拾、切割、压实、捆扎等机械动作，最后将牧草及农作物秸秆打成方捆或圆捆，实现秸秆捡拾、打捆过程机械化。相比较而言，打成方捆的秸秆捡拾打捆机更适宜些，方捆便于堆放及堆放空间的效率。根据需要，秸秆捡拾打捆机可以调节草捆的长度在 300~1200cm，草捆截面 350cm×470cm，草捆重量 10~30kg，每小时可打捆 180~240 个（图 2-20）。

图 2-20　自走式秸秆捡拾打捆机（方捆、圆捆）

7. 青贮打捆包裹机

青贮打捆包裹机是近十几年来国内外兴起的新颖青贮饲料机械化加工设备。该设备主体由打捆机和包膜机联动的机组，使用电压 380V，打捆机电机功率 5.5kW、包膜机电机功率 0.37kW，若用柴油机，功率 12hp 以上；理论时产效率 80~90 捆；青贮堡外型尺寸 52×52（cm）；因青贮原料不同，每捆重约 50~90kg；每捆包膜层数 2~6 层拉伸膜，拉伸膜层数越多，包裹越严密，但一般包 3 层较适宜（图 2-21）。

该设备的优点：机动性高。在田间有供电设施条件下，与铡草机配套，可以在田间就地调制青贮饲料；若无供电设施，则再配置一台柴油机，可随时随地调制。对于达不到用青贮窖贮存要求（数量、时间）的青贮原料，利用该设备就可以随时调制零散提供的废弃农作物青绿秸秆。

青贮打捆包裹机的裹包并不能达到完全密封，因此，要清楚适宜的贮存时间。贮存期间应注意鼠害，避免破包。开包饲用时应捡出捆扎麻绳，增加操作手续；拉伸膜若不能有效回收时，应注意避免二次污染问题。

图2-21　青贮打捆包裹机（杨圣天供稿）

8. 青贮液压打包机

青贮液压打包机是近几年研发的秸秆打捆机械，又可用作青贮饲料的捆包。其工作原理是将粉碎的原料通过输送带加入集料挤压箱（1）中，通过液压（2）挤压至箱体一端（压缩箱）成长方形块状，再由液压（3）将草块从压缩箱中推出，同时在出料口（4）分别预套塑料袋、编织袋，随草块推出包上塑料袋、扎口。运转过程由控制器自动控制、连续压块。

草块大小由压缩箱体积决定，一般压缩体积为70cm×44cm×24cm的长方形草块重在40~60kg。如果压缩箱体积足够大，也可加工每包1t重的草块。如果草料蓬松，可增加集料箱、挤压箱体积；或者也可以通过手动控制，连续两次加料、挤压至压缩箱，然后再推出。

青贮液压打包机的紧缩力可以达到15~60t，因此，加工的草块紧密如"砖"，体积小，也便于堆放、空间利用率高。理论时产效率60~120包。操作简单，人工只需套袋、扎口就行。只要扎口紧，就可以做到基本密封，也可以用塑料封口机切底密封。建议塑料袋应有足够厚度、12丝以上，可减少破损。通过应用生物技术，可使包内物料处于收缩、真空状态，便于出料，实现包装袋的重复利用，既降低成本，又减少包装袋的浪费、污染（图2-22）。

与青贮打捆包裹机相比，液压打包机生产效率更高，青贮质量更好。

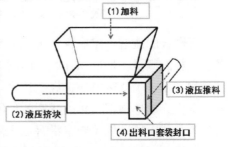

图2-22　青贮液压打包机（吴海明供稿）及青贮液压打包机工作原理

9. 青贮窖

青贮窖是调制青贮饲料的基本设施，一次建造，永久使用，综合使用成本较低，空间利用率高，且环保节能。

规模湖羊场青贮窖应建造在生产区的外围、与羊舍隔离，且地势高燥、土质坚固处，以利于防疫，并避免青贮窖被水浸；能进出大型车辆，以便于青绿秸秆装卸；又要兼顾开窖、取料后湖羊日粮加工场所及羊舍喂料距离，以便减轻搬运强度，提高工作效率。

青贮窖大小。可根据湖羊年存栏量及区域废弃农作物青绿秸秆产生情况而定。由于青贮开窖后，青贮饲料营养丰富、暴露于空气中，导致蛰伏于青贮料中的酵母、梭菌、霉菌等微生物快速繁殖，即所谓的青贮料二次发酵，影响青贮饲料的饲用价值，为此，开窖后的青贮饲料每日取料量应是截距的0.5m以上。为保持开窖后青贮饲料的优质，原则上青贮窖不宜过宽，但长度可以不限。如以年存栏湖羊3000头、调制青贮玉米秸秆为例，建议青贮窖长22~30m，宽3~3.5m，高2.7m；有效青贮体积180~280m³，一次可贮玉米秸秆110~170t；以日取料截面距离0.7~1.0m计，约可饲用一个月。由于浙江地区青贮原料收获相对零散，因此，青贮窖不宜建得过宽，规模湖羊场可以根据各自的实际情况，多建几个青贮窖，通过轮转使用，既可保持开窖后青贮料的优质，又可提高青贮窖的使用率（图2-23）。

图2-23 青贮窖（朱仲豪、罗学明供稿）

青贮窖的建造。建造青贮窖类似于造楼房的墙体，需要有钢筋混凝土地基、立柱及圈梁，形成相互联结的框架，以免填实青贮料的横向挤力导致墙体倒塌；墙体宽25~40cm，底宽顶窄，用砖、水泥实砌，墙体表面用水泥封实、平滑，墙体顶部去角、成圆弧形，以免铺挂塑料薄膜时被划破。窖顶最好建屋顶式盖棚，以免雨水沿窖壁进入窖内、导致青贮败坏。窖底用水泥灌浇、荡平。窖门宽2.3~2.5m，以便中型铡草机及车辆进出，可提高工作效率；

若有窖外道路，青贮料可由窖外打入，窖门宽可尽量的小。门两侧墙体的内侧去角、中间偏窖内自上而下建沟槽各一条，宽 5~7cm、深 10~15cm，以便放置档板封窖。

10. 割草机

割草机有很多类型，由二冲程或四冲程汽油机、传动机构和工作头等组成的背负侧挂式割草机，又称为割灌割草机，工作头是绳的则适用于黑麦草的收割，工作头为齿轮的适用于高丹草、玉米秸秆的收割。可以大幅度提高青绿饲料收割效率，一个女工日割草 2h，基本可满足千头湖羊的日需要量（图 2-24）。

图 2-24　割草机

11. 电动羊毛剪

夏天来临前应该给湖羊剪毛一次，尽管剪毛要增加些费用，但剪毛后的湖羊生产性能大幅提升，是增效的重要措施。传统湖羊养殖中用剪刀剪羊毛，费时耗工。电动羊毛剪一般功率 350W、额定电压 220V，工作效率 10 头/h，高水平的剪毛师傅每头羊只需 3min。剪毛时应将湖羊处于侧卧状，由羊的腹部向上剪到背中线，再将羊翻到另一侧，要一条连接一条地剪，尽量减少重剪、漏剪；剪刀头尽量贴紧羊皮剪切，以提高剪毛效率（图 2-25）。

图 2-25　电动羊毛剪

12. 修蹄刀

高水平养殖企业给奶牛修蹄已成常规，相关修蹄设施设备一应俱全，但给羊修蹄尚未见过，目前也无相关的专用工具。从动物福利来讲，随着饲养管理理念的进步，将来给成年种用湖羊进行定期修蹄可能成为一项管理措施。给湖羊修蹄相对简单，有一把修蹄刀就行（图2-26）。

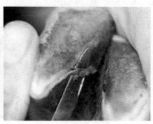

图 2-26　修蹄刀

13. 叉车与铲车

规模湖羊场年进出上千吨的饲料、羊粪等物品，通过人工搬运，耗时费力，因此，如果经济条件允许，建议规模湖羊场配置一台小型叉车是必要的，可以极大地提高生产效率。至于铲车，重要性相对低些，但是使用铲车参与青贮饲料调制是可以考虑的措施（图2-27）。

图 2-27　叉车与铲车（吴海明供稿）

14. 物联网设备

规模湖羊场信息化管理技术是未来发展的必然趋势，其中简单的物联网技术已在某些规模羊场得到应用，如场内情景监控，但尚不完整。物联网设备主要指终端设备+互联网，物联网各类终端设备总体上可以分为情景传感层、传输接入层、网络控制层以及应用/业务层。每一层都与网络侧的控制设备有着对应关系。即射频识别+互联网、红外感应器、全球定位系统、激光扫描器、各种环境指标监测感应器等信息传感设备，通过按约定的协议，把任何物品与互联网连接起来，进行信息交换和通讯，建立智能化识别、定位、跟踪、监控和管理的网络技术系统。其中情景传感层、传输接入层是组建物联网的基础，实现采集数据及向网络层发送数据的设备。它担负着数据采集、初步处理、加密、传输等多种功能。终端设备通过前端的 RF 模块或传感器模块等感知环境的变化，经过计算，决策需要采取的应对措施，实现远程管理（图 2-28）。

图 2-28　演示物联网管理技术（聂鹏程供稿）

15. 清粪机

目前尚未有专用于离地平养模式下湖羊场清粪的机械装备，是规模湖羊场实施机械操作最薄弱的环节。清粪机是笔者的一个设想，目的是减轻传统湖羊离地平养、定期清粪养殖模式下清粪时的劳动强度，全方位提升规模湖羊场机械化实施程度。希望从事机械装备工业的技术研发人员，可以模仿道路清扫车的原理，结合离地平养模式下的清粪环境，研发出传统湖羊场专用的清粪机械（图 2-29）。

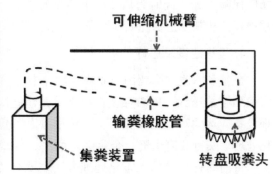

图 2-29　清粪机及其工作原理

四、病死湖羊的无害化处理设施

病死湖羊一般都带有细菌、病毒、寄生虫等致病源，不经过无害化处理或无害化处理不当容易传播动物疫病，引发产业风险，造成水源污染，危害生态环境及公共卫生安全。若被非法加工流入餐桌、后果更为严重，将对消费者造成极大危害。

病死湖羊无害化处理能否实施到位，首先应建立严格的管理体系，包括保险政策、监管体系、运作机制等。其次是建立统一的病死羊收集、贮存、处理设施。近几年来，浙江地区在各级政府牵头组织、实施下，实现了病死湖羊的无害化处理。

1. 保险政策

由保险公司进行商业化运作，制定湖羊保险条款，建立养殖场（户）、地方畜牧行政管理部门、保险公司三方运作机制，通过县域性试点运行，逐渐向全省推广，成为湖羊产业保驾护航的关键政策之一。

2. 监管体系

组成县、乡镇畜牧兽医管理队伍，严格执行《中华人民共和国动物防疫法》和其他有关法律法规对动物尸体无害化处理的相关规定，惩处和约束乱丢病死湖羊行为，达到无盲点管控，纵向到底、横向到边。同时加强湖羊养殖从业人员的职业素养教育，使之自觉执行病死湖羊无害化处理规定，事半功倍。

3. 财政补偿政策

将湖羊纳入地方农业政策性保险范围，由省、市、县三级财政出资配套相应保险资金，同时为病死湖羊的收集、贮存、处理等所需费用纳入地方财政预算，从制度上保障病死湖羊无害化处理经费投入。

4. 设施建设及运行

在各乡镇建立病死湖羊收集、贮存中心，设置冷库，由湖羊养殖场（户）将病死湖羊送到冷库贮存，在市级层面建立病死羊无害化处理中心，配置处理设备、运输车辆及相关人员，定期派车收集各乡镇的病死湖羊、进行无害化处理。实行政府出资、企业化运作。

目前病死湖羊的无害化处理方法主要有焚烧法、高温生物降解法和高温高压化制法。

　　焚烧法是用焚化炉彻底杀灭病原微生物，仅留下骨灰。但其不足是设备投资大、耗能高，并排放大量二氧化碳，污染空气。

　　高温生物降解法是将病死羊置于密闭容器中，经机械切割、粉碎、搅拌，隔层外加热灭菌后，加入发酵菌处理。其优点是机械化程度高，处理费用低、环保，处理后的产品可加工成有机肥，实现资源的循环利用。其不足是设备投资费用偏高，每次处理量小、时间偏长。

　　高温高压化制法是将病死羊置于消解罐中，经高温高压将病死羊尸体消解，处理后的产品为无菌水溶胶和骨渣。相比高温生物降解法具有操作简单，处理时间短，每次处理量大的优点。其不足是配套设施多、设备投资费用高。

第三章 湖羊选育及种质资源利用

湖羊是我国珍贵的绵羊品种，集多种优异特性于一体，在我国的羊业生产中，具有鲜明的种质特色以及巨大的生产潜力和开发利用前景。早在1956年国务院曾提出："湖羊是稀有品种，又是出口物资，应特别注意繁殖和发展"；当时农业部也指出："湖羊是我国珍贵的羔皮羊品种，改掉一个品种容易，育成一个品种极不容易，所以必须保留。"

随着社会的发展和人们消费习惯的变化，羔皮从20世纪80年代后期逐渐失去了国际市场，由于湖羊的产毛性能、产肉性能、屠宰率、成年体重等不及其他毛、肉专用绵羊品种，养殖前景黯淡；当时又受制于人们对羊业生产的观念和技术水平，为适应市场的需求，历史上浙江省的个别区域曾用考力代半细毛羊、中国美利奴羊等毛用羊以及小尾寒羊与湖羊杂交，试图将湖羊改造成毛用羊或专门肉用羊，从当今个别区域湖羊的体形外貌上均能见到历史遗留的痕迹。显而易见，外来品种与湖羊杂交，将改变纯种湖羊的种质特性。然而，历史上也不乏有识志士，农业部于1979年拨专款建立了湖羊原种场，并将其列为国家级湖羊遗传资源保种场；2011年浙江省湖州市吴兴区湖羊保护区被农业部列为国家级湖羊遗传资源保护区，成为浙江省湖羊种质资源保护的标杆，功德无量。

从当前我国羊业生产的发展趋势来看，笔者认为，羊业生产者应严格区分湖羊种质资源保护与利用的目的。如果用于商品肉羊生产，可将纯种湖羊当作母本，引入其他肉用羊品种进行杂交，也是发展羊业生产的一个重要途径，如杜泊羊×湖羊组合，理应倡导。如果是浙江省湖羊原种保护区、省级湖羊种羊场，则应杜绝将外来品种与湖羊杂交的杂种后代冒充湖羊的行为，而应通过本品种内的选育途径，实现湖羊种质的再提升，确保湖羊种质、血统的纯正性。

从区域产业特色来讲，笔者认为，浙江地区若想通过改良，将湖羊培育成体格高大，体重令人瞩目的品种，是不明智的举措。从目前湖羊的改良结果看，当所谓的"湖羊"体格、体重突飞猛进时，你所见到的"湖羊"体形外貌已少有纯种湖羊的影子，且放之于国内肉羊品种中也达不到令人瞩目的效果。以湖羊的体格、体重为目标来建立浙江省羊产业的区域特色，也是一个舍本逐末之举。不同的绵羊品种各具特点，其畜产品及用途也各有侧重，至今尚未有一个十全十美的肉用绵羊品种。浙江地区只有保护、发扬光大纯种湖羊的种质资源，才是建立浙江羊产业特色的核心，由此，在我国乃至世界羊产业中必会有浙江的一席之地，也是浙江对我国羊产业发展的巨大贡献。

对于浙江的湖羊种羊场、原种保护区来说，担负着纯种湖羊的保护、选育重任，应充分认识到加强选育工作重要性及任务的艰巨性，在湖羊本品种中选育出优秀的湖羊群体，意义重大，也是义不容辞的责任。如果作为湖羊种羊场，仅仅简单收购农户的母羊后，不经选育、就直接作为种羊向外推销，这是不负责任的行为，有损浙江湖羊的信誉，应该杜绝这种投机取巧的行为。但笔者也坚信，浙江农户饲养的湖羊中蕴藏着原生态的纯种湖羊的种质资源，但随着区域经济发展及湖羊规模化进程加速，传统的个体农户饲养湖羊正在不断退出，由此蕴藏于散户中的纯种湖羊资源也将随之消失。因此，浙江的湖羊种羊场应该担负起收集、保护、选育纯种湖羊重任，造福子孙后代。

一、湖羊品种选育

湖羊是我国南方地区珍贵的绵羊品种，具有早熟、生长快、耐粗饲、耐湿热、四季发情、繁殖力强、羔皮白色具有特殊花纹等优异品质，是世界著名的多羔绵羊品种之一。湖羊优异的品质特性在其形成过程中，是由自然环境、人为选择等因素综合导致的结果，在当前情况下，人为选择是决定湖羊优异品质特性体现的关键因素。如湖羊在繁殖性能上表现为多羔性，由于群体中遗传基因的多样性，不同个体表现为不同的生产性能，一个优秀的群体中一般以一胎产 2~3 羔为主，也有产单羔、4~5 羔的母羊。多羔性能是绵羊高产的基础，也是提高绵羊养殖经济效益的最重要的因素之一，尤其在肥羔的生产中显示出强大的优越性。因此，通过人为选择，减少产单羔母羊的比例，增加双羔以上的比例，是提高湖羊养殖效益的重要途径。

(一) 选育方向

我国的绵羊品种，根据其生产性能、其产品类型和产品用途分为六大类：细毛羊、半细毛羊、粗毛羊、肉脂兼用羊、裘皮羊、羔皮羊。湖羊属于羔皮羊。因此，湖羊羔皮固有的波浪型花纹特征是湖羊选育的最重要的质量性状指标，也是传统纯正湖羊的典型特征，是湖羊区别于其他绵羊品种的种质基础。

由于湖羊在国内大范围推广时间相对较短，品种选育、宣传相对滞后，国内羊业界对湖羊多羔性的潜力尚未充分了解，浙江优秀的湖羊种羊场平均产羔率可以达到260%以上，在多羔性方面，湖羊绝不逊色于世界上任何一个具多羔性的绵羊品种。而且通过选育，完全有可能建立一胎产3羔为主的优秀核心群。同时，随着哺乳期羔羊饲养管理技术的进步，实现母羊一年二胎或者接近于这一水平也是有可能的。湖羊拥有一胎多羔的遗传基础，通过现代分子选育技术，检测 FecB 突变基因双显性（BB），可以确保多羔湖羊群体的选育，发掘其应有的繁殖潜力。

荣威恒、张子军主编（2014）的《中国肉用型羊》一书中，根据品种特征，将我国肉羊分为专门化肉羊品种、兼用型肉羊品种、地方肉羊品种、特色肉羊品种和配套系肉羊。湖羊被分属地方肉羊品种。湖羊具备肉用型羊的体型和外貌特征、早熟性、生长快、胴体品质好、繁殖力及经济效益高的基本要求，这一分类体现了湖羊历史经济价值的传承及现代产业发展的方向。

湖羊的净肉率可以达到42.1%（公羊）和40.4%（母羊），与国内兼用型肉用绵羊品种相比，湖羊的肉用性状也不逊色，且湖羊肉质鲜嫩、味美、颤淡，深受消费者青睐，在南方市场上也有以其他绵羊肉挂湖羊肉名义销售的案例，足以说明湖羊肉的魅力。但长久以来，湖羊的肉用性状尚未引起足够的重视，人们往往简单地通过导入外血来改良湖羊的肉用性状，而不是通过本品种的选育、建立肉用系湖羊，这是选育上的一个误区。笔者认为，肉用绵羊生产的终极主目标是产肉率，湖羊肉用性状的选育应以提高净肉率为选育目标、培育成以生产肥羔羊肉为重点的专用绵羊品种，结合饲养管理技术，建立肉用系湖羊群体。浙江地区肉用系湖羊的选育工作已有三十多年历程，湖羊的肉用性状已获得显著进步，并且尚拥有巨大的潜力。

湖羊本品种选育上应以湖羊羔皮特殊花纹为基础，以多羔性、肉用性为重点选育目标，培育成羔皮品质优良、繁殖率高、生长快、体格相对大、肉质鲜美、屠宰率高、成熟早、泌乳能力好、体质结实，适应江南湿热气候环境的羔皮肉乳兼用型多羔绵羊品种，以期保护、发掘湖羊优良种质资源。

（二）选育技术措施

1. 一般选育措施

一个湖羊种羊场或规模湖羊场开展湖羊选育工作，一般可从以下几方面着手：发掘本场或民间农户中具有多羔、羔皮优质、体大快长、乳汁多等宝贵基因的种羊，组建基础选育群，进行复壮、扩繁和提高；对基础选育群种羊建立相应的选育档案，并定期进行鉴定、分群、淘汰和补充，选优去劣，不断提升基础选育群的羊群种质。在湖羊选育工作中，选育优秀种公羊是至关重要的环节，因此，要高度重视优秀后备种公羊的选育，对其后裔应进行检测、并建立详细档案。根据已制定的各品系种羔选留标准，做好羔羊的评级、选择和培育工作。建立不同生产阶段湖羊的饲养管理技术，确保湖羊正常生长、繁育。

2. 选种经验

一看外形特征：重点是"前看头，后看尾"，见第一章。

二看羔皮品质：羔羊具有波浪型或片花型花案，小毛小花最佳，花案面积在 2/4 以上。

三看繁殖率：留种羔羊的同胞数必须是双羔以上，单羔概不留种，三羔以上必选留。

四称体重量体尺：留种羔羊初生重需在 2.5kg 以上，2 月龄体重 15kg 以上。其他各生长阶段的体重体尺均需达到表 3-1 中的参数（《湖羊》GB/T 4631—2006）。但是，随着湖羊选育及饲养技术的进步，2006 版《湖羊》国标中的体重体尺参数已滞后于实际生产，如当前留种羔羊初生重要求在 3.0kg 以上，2 月龄体重 18kg 以上（表 3-1）。

表 3-1 一级羊各生长阶段体重体尺指标（2006 版《湖羊》国标）

性别	年龄	体重（kg）	体高（cm）	体斜长（cm）	胸宽（cm）
公羊	3 月龄	25	—	—	—
	6 月龄	38	64	73	19
	周岁	50	72	80	25
	成年（1.5 周岁以上）	65	77	85	28
母羊	3 月龄	22	—	—	—
	6 月龄	32	60	70	17
	周岁	40	65	75	20
	成年（1.5 周岁以上）	43	65	75	20

3. 湖羊的等级评定

湖羊的等级评定在羔羊出生后 24h 内评定以及 6 月龄时复评，但评定结果以初生评定为主，6 月龄评定作补充。评定内容为外貌特征及同胞羔数（2006 版《湖羊》国标）。

初生评定：在羔羊出生后 24h 内在专用档案记录表中记录羔羊的父羊号、母羊号、羔羊号、出生日期、同胎羔数、性别、初生重。记录羔羊的毛色、花纹类型、花纹面积、十字部毛长、花纹宽度、花纹明显度、花纹紧贴度、光泽等羔皮指标，并按《湖羊》国标（GB 4631—2006）进行等级评定，分为特级、一级、二级和三级四个等级。

特级指在一级优良个体中的花案面积 4/4 者或花纹呈小毛小花状、特别优良者或同胎三羔以上者。

一级指同胞双羔以上，具有典型波浪型花纹，花案面积 2/4 以上，十字部毛长 2cm 以下，花纹宽度 1.5cm 以下，花纹明显、清晰，紧贴皮板，光泽正常、发育良好，体格结实。

二级指同胞双羔，波浪形花或较紧密的片花。花案面积 2/4 以上，十字部毛长 2.5cm 以下，花纹较明显、尚清晰，紧贴度较好；或花纹欠明显、紧贴度较差，但花案面积在 3/4 以上；花纹宽度 2.5cm 以下，呈中毛中花状，光泽正常、发育良好，体格结实，或偏细致、粗糙。

三级指同胞双羔，波浪形花或片花，花案面积 2/4 以上，十字部毛长 3cm 以下，花纹不明显，呈大毛大花状，紧贴度差，花纹宽度不等，光泽较差；发育良好。

六月龄评定：6 月龄左右须在初生评定基础上进行补充评定，评定项目主要为体型外貌、生长发育、被毛状况、体质类型。要求 6 月龄羊具有本品种的体型外貌特征、生长发育良好、健康无病，体质结实，被毛干死毛较少。要求公羊体重在 38kg 以上，母羊在 32kg 以上。评定结论分及格和不及格两种，不及格者应对初生评定等级作酌情降级。

4. 建立种羊选育档案

即是将符合湖羊品种标准的种羊，登记在专门的登记簿中或储存于电子计算机内特定数据管理系统中的一项生产和育种措施，是羊群遗传改良的一项基础性工作。建立种羊选育档案的目的是促进湖羊的遗传育种工作、保存基本育种资料和生产性能记录，并以此作为提高湖羊业生产和品种遗传育种工作的依据，培育优良品系，提高种畜遗传质量，向社会推荐优良种畜。

（1）记录湖羊种用羔羊初生鉴定（表3-2）。表3-2 中提涉的术语意思：

花案是指波浪形花纹或片花在羔皮所构成图案。花案面积是指花案在羔羊体躯主要部位分布的面积。自羔羊的尾根至耆甲分四等分（包括体侧，不包括腹部），根据花案所占面积，分别以 1/4、2/4、3/4、4/4 表示之。十字部（荐部）毛长指以尖镊子将羔羊十字部一小撮被毛拉直，用小钢尺紧贴毛根量取其伸直长度，准确度为 0.5mm。花纹明显度是指波浪花和片花花纹的明显程度，分明显、欠明显和不明显三种。记录时以"明""明一"和"明二"表示。花纹紧贴度是指波浪花和片花花纹紧贴皮肤（皮板）的程度，是否"扑而不散"。分紧贴、欠紧贴和不紧贴三种。记录时以"紧""紧一"和"紧二"表示。花纹宽度指波浪同侧隆起最高点之间的宽度。被毛光泽分为好、正常、不足三种，记录时以"光+""光"和"光-"表示（表 3-2）。

表 3-2　湖羊种用羔羊初生评定登记

序号	父羊号	母羊号	羔羊号	出生日期	同胎羔数	性别	初生重(kg)	体质	羔　　皮							
									花纹类型	十字部毛长	花纹宽度	花案面积	花纹明显度	花纹紧贴度	被毛光泽	等级

（2）记录湖羊种羊 6 月龄评定结果（表 3-3）。

表 3-3　湖羊种用羊 6 月龄评定登记

序号	个体号	父羊号	母羊号	性别	初生评定等级	体型外貌	体重(kg)	体高	体斜长	胸围	被毛状况	体质类型	评定结论

（3）建立种湖羊个体卡片。建立种湖羊个体卡片是规范化湖羊种羊场的日常工作，也是向外供种的必须附件。

单位：＊＊＊＊＊＊湖羊场（公司）

湖羊个体号、出生日期、同胎羔数、羔羊初生评定等级、初生重 kg、2月龄体重 kg、6 月龄评定结论。

6 月龄体重体尺：体重 kg、体斜长 cm、体高 cm、胸围 cm。

周岁体重体尺：体重 kg、体斜长 cm、体高 cm、胸围 cm。

成年体重体尺：体重 kg、体斜长 cm、体高 cm、胸围 cm。

亲代、祖代性能：个体号、出生年月、同胎羔数、初生重 kg、6 月龄重 kg、周岁体重 kg 、成年体重 kg。

公羊历年配种产羔情况：每年度与配母羊号、平均受胎率、产羔母羊数、产羔总数。

后代品质情况：平均初生重、平均 3 月龄重、选留羔羊数、后代羔皮品质。

母羊历年产羔哺乳成绩：每年度与配公羊号、产羔数、初生窝重、哺乳羔数、断奶月龄、断奶窝重、留种羔数、羔羊 6 月龄重。

（三）湖羊的生产性能测定

生产性能测定是建立种羊评价体系的重要部分，实施严格、科学、系统的生产性能测定工作是对种羊种用价值的客观评价及留种依据。

1. 湖羊生产性能测定概念和原则

性能测定概念：指对待选湖羊个体具有特定经济价值的某一性状的表型值进行评定的一种育种措施。

性能测定及其数据收集是育种工作及遗传评估技术先进性的先决条件；可为评价羊群的生产水平、估计群体遗传参数和评价不同杂交组合提供信息。

性能测定原则：严格按照科学、系统和规范的规程实施；测定结果应具有客观性和可靠性；同一种育种方案中，性能测定的实施必须统一；保持连续性和长期性；性能测定指标的选取也可以随市场需求改变而变化。

性能测定分类：根据测定实施场所可分为测定站测定和场内测定。

测定站测定是指将所有待测个体集中在一个专门的性能测定站或某一特定牧场，并在一定时间内进行统一测定；测定站的性质一般是政府职能机构或是由政府指定的牧场，其测定结果可获得国家畜禽遗传资源委员会认可，是畜禽遗传资源鉴定、评估和畜禽新品种、配套系审定的法定检测机构。

场内测定是指直接在各个生产场内进行性能测定，不要求时间上的一致。通常强调建立各羊场间的遗传联系，以便于进行跨场间的遗传评估、比较。

2. 肉用性能测定指标

肉用性能测定所涉及有关性状指标，应该体现一定的价值或与经济效益紧密关联，一般分为生长发育性状、繁殖性状、肥育性状、胴体性状及肉质性状 5 类。

生长发育性状指羔羊初生重、断奶重、6 月龄体重、周岁体重、18 月龄体重及外貌评分，相应年龄段的体尺性状。

繁殖性状包括初配年龄、性成熟年龄、产羔率、受胎率、情期受胎率、睾丸围、精液产量以及各项精液品质等指标。

肥育性状是指育肥开始、育肥结束及屠宰时的体重、日增重、饲料转化效率等。

胴体性状是衡量肉用羊经济价值最重要的指标，由此也是肉用羊性能测定的最重要组成部分，主要包括胴体重、屠宰率、净肉率、骨肉比、背膘厚、GR 值、眼肌面积、部位肉产量等屠宰性状；如果应用超声波技术，一般测定背膘厚、腿肌面积等性状。

肉质性状是一个综合性状，其优劣是通过许多肉质指标来判定等级，常见有肉色、脂肪色、大理石纹、嫩度、肌内脂肪含量、脂肪颜色、胴体等级、pH 值、系水力或滴水损失、风味等指标。

3. 主要性能指标测定方法

（1）体尺测量。参见图 3-1。

体高：鬐甲的最高点到地平面的垂直距离（cm），用杖尺测定。

体斜长：肩胛骨前端到坐骨结节后端的直线距离（cm），用杖尺测定。

胸围：肩胛骨后端垂直地面绕胸部一周的长度（cm），用软尺测定。

管围：是指管骨上 1/3 处周围长度（一般在左前肢管骨上 1/3 处用软尺测量）。

胸宽：两侧肩胛骨后缘体侧中部最宽点的直线距离（cm），用杖尺测量。

胸深：鬐甲最高点至胸骨下缘的垂直距离（cm），用杖尺测量。

十字部高：十字部到地面的垂直距离（cm），用杖尺测量。

十字部宽：两髋骨突之间的直线距离（cm），用杖尺测量。

尾长：脂尾羊从第一尾椎前缘到尾端的距离（cm），用小钢尺测量。

尾宽：尾幅最宽处的直线距离（cm），用小钢尺测量。

体重：直接称重（kg）（空腹）。

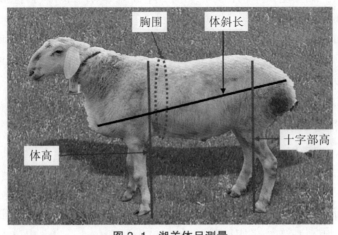

图 3-1 湖羊体尺测量

（2）生长发育指标测定。用校正标准的称重秤空腹称取湖羊各生长发育阶段的体重，单位用 kg，精确到小数点后 1 位。

初生重：羔羊出生后吃初乳前的活重。

断奶重：羔羊断奶时的空腹活重。并记录准确的断奶日龄。

6 月龄重：青年羊 6 月龄空腹体重。

周岁重：青年羊 12 月龄空腹体重。

成年重：成年羊（18 月龄）空腹体重。

（3）肥育性状测定。

育肥始重：育肥羊结束预饲期，开始正式育肥期之日的空腹体重。

育肥终重：肉羊育肥结束时的空腹体重。

育肥期平均日增重：肉羊育肥期内的总增重除以育肥天数。

采食量：羊只每日干物质采食量。

饲料转化率：每单位增重所消耗的饲料，通常以料重比表示。在粗饲料自由采食的情况下，也可用精饲料消耗量表示。饲喂装置最好用电子自动饲喂系统，这样得到的数据既准确又节省了测量的劳动量。

（4）胴体性状测定。

宰前活重：肉羊宰前 24h 停食，保持安静的环境和充足的饮水，宰前 8h 停水。宰前称重，单位用 kg，精确到小数点后 1 位。

胴体重：将待测羊只屠宰放血后，剥去皮毛，除去头（由环枕关节处分割）、前肢腕关节和后肢飞节以下部位，以及内脏（保留肾脏及其周围脂肪），剩余部分静置 30min 后的称重结果。

屠宰率：胴体重占宰前活重的百分比。即屠宰率（%）=胴体重（K）÷宰前活重（M）×100。

胴体净肉率：将胴体中骨头精细剔除后余下的净肉重量，即胴体净肉率（%）（N）=［胴体重（K）－骨重（P）］÷胴体重（K）×100。要求在剔肉后的骨头上附着的肉量及耗损的肉屑量不能超过 1%。

净肉率：净肉重量与宰前活重的百分比。即净肉率（%）=［胴体重－骨重］÷宰前活重×100。

背膘厚：指 12 对肋骨与 13 对肋骨之间眼肌中部正上方脂肪的厚度，单位用 mm。用游标卡尺测量，结果精确到小数点后 1 位。背膘厚评定分为 5 级：1 级＜5mm、2 级 5~10mm、3 级 10~15mm、4 级 15~20mm、5 级＞20mm。

眼肌面积：从右半片胴体的第 12 根肋骨后缘横切断，将硫酸纸贴在眼肌横断面上，用软质铅笔沿眼肌横断面的边缘描下轮廓。用求积仪或者坐标方格纸计算眼肌面积。若无求积仪，可采用不锈钢直尺，准确测量眼肌的高度和宽度，单位用 cm，并计算眼肌面积（Q）=眼肌高度（R）×眼肌宽度（S）×0.7，单位用 cm²，背膘厚、眼肌面积以及肌间脂肪含量等性状参数也可通过超声波活体测定获得。

GR 值：指在第 12 与第 13 对肋骨之间，距背脊中线 11cm 处的组织厚度，作为代表胴体脂肪含量的标志。用游标卡尺测量。

骨肉比：胴体经剔净肉后，称出实际的全部净肉重量和骨重量，则肉骨比（T）=净肉重量（U）÷骨重量（V）。

后腿比例：从最后腰椎处横切下后腿肉所称重量，占胴体重的比例。

（5）肉质性状测定。

肉质取样：第 12 根肋骨后取背最长肌 15cm 左右（约 300g）；臂三头肌和后肢股二头肌各 300g；8~12 肋骨（从倒数第 2 根肋骨后缘及倒数第 7 根肋骨后缘用锯将脊椎锯开）肌肉样块约 100g。将所有取得的肉样块分别装入尼龙袋中、封口包装，贴上标签，置 0~4℃冰箱中贮存，用于测定肉品质各项指标。

肉色：关于羊肉的肉色评定至今尚未有统一的标准。其评定方法有目测评分法和色差仪法。目测评分法简单易行，但主观性较大。色差仪法测定肉色更加客观，数据更为可靠，但需要增加设备。

肉色的目测评分：于宰后 1~2h 进行，在最后一个胸椎处取背最长肌肉样，将肉样一式二份，平置于白色瓷盘中，将肉样和肉色比色板在自然光下进行对比。目测评分采用 5 分制比色板评分，即目测评定时，避免在阳光直射下或在室内阴暗处评定。浅粉色评 1 分，微红色评 2 分，鲜红色评 3 分，棕红色评 4 分，暗红色评 5 分。两级间允许评定 0.5 分。凡评为 3 分或 4 分均属正常颜色。

肉色的色差仪测定：取肉样厚度 2.5cm。新鲜切面上覆盖透氧薄膜在 0~4℃条件下静置 1h 使表面色素充分氧化，用 CR-300 色差仪，以标准白板作标准，测肉块反射色。每份样品分别测定 5 个点，求其平均值（郭元等，2008）。国际上通常采用 Hunter 值，分别以 L*、a* 和 b* 值表示，L* 表示亮度，L*=100 为白，L*=0 为暗；a* 表示红度，a* > 0 表示颜色偏红，a* 越大表示颜色越红；b* 表示黄度，b*> 0 表示颜色偏黄，b* 越大表示肉色越偏黄，b*< 0 表示颜色偏蓝；用 C 值表示色度值，由公式 C=（a*2 + b*2）1/2 计算所得。C 值越高表示颜色越鲜艳，肉色越好。

大理石花纹评定：宰后 2h 内，取第 12~13 胸肋眼肌横断面，于 4℃冰箱中存放 24h 后进行评定。将羊肉一分为二，平置于白色瓷盘中，在室内自然光线下以猪美式标准图谱为参照，与肉样横切面进行对照打分。有痕迹打 1

分，微量打 2 分，少量打 3 分，适量打 4 分，大量打 5 分（张庆坤等，2006）。

失水率：于宰后 2h 内进行，腰椎处取背最长肌 7cm 肉样一段，平置在清洁的橡皮片上，用直径 5cm 的圆形取样器切取中心部分背最长肌样品一块，厚度为 1.5cm，立即用感量为 0.001g 的电子秤称重，然后夹于上下各垫 20 层滤纸中央，再上下各用一块 2cm 厚的塑料弧，在 35kg 的压力下保持 5min，撤除压力后，立即对肉样称重。肉样前后重量的差值即为肉样失水率（%）（F）=［压前重量（G）－压后重量（H）］÷压前重量（G）×100。

贮藏损失率：于宰后 24h 内进行，腰椎处取背最长肌，将肉样修整为长 5cm×宽 3cm×高 2cm 的肉块后称重，用铁丝钩住肉样一端，使肌纤维垂直向下，装入塑料食品袋中，扎好袋口，肉样不与袋壁接触，在 4℃冰箱中吊挂 24h 后称重。即贮藏损失率（%）（I）=［贮前重量（J）－贮后重量（K）］÷贮前重量（J）×100。

pH 值：取背最长肌，于宰后 45min 第一次测定肉样 pH 值；将肉样置 4℃冰箱中于 24h 后第二次测定肉样 pH 值。测定时在被测肉样上切十字口，插入 pH 值计探头，待读数稳定后记录 pH 值，精确至 0.05。鲜肉 pH 值为 5.9~6.5，次鲜肉 pH 值为 6.6~6.7，腐败肉 pH 值在 6.7 以上。

嫩度（剪切力）：垂直于肌纤维方向切割 2.5cm 厚的肉块，放于蒸煮袋中，尽量排出袋中空气，将袋口扎紧，在 80℃水浴中加热，当肉块中心温度达到 70℃时，取出冷却，用圆孔取样器顺肌纤维方向取样，在嫩度计上测定其剪切力值，重复 6 次，取平均值。

熟肉率：用感应量为 0.001g 的电子秤称取被测肉块，置于 100℃恒温水浴锅中加热 40min，取出后冷却至室温，晾干后再次称质量。两次质量之比即为熟肉率。即熟肉率（5）=（煮制后肉样质量/煮制前肉样质量）×100。

肌纤维直径与密度：取 1cm³ 背最长肌，快速投入 20%硝酸中，浸泡 24h 后取出，置于载玻片上滴加甘油，用解剖针搅动分成单个游离纤维，加盖玻片，用 CU-I 纤维细度仪器测量肌纤维直径和肌纤维密度。每张切片测量 60 根肌纤维直径并取平均数，计算单位面积肌纤维根数和肌纤维密度。

（6）繁殖性状测定。

初配年龄：湖羊的初配年龄依据品系和个体发育不同而异，一般情况下体重达到成年 70%时即可配种，湖母羊体重达到 32kg 时，一般为 6 月龄即可配种。

产羔率：指产活羔数占参加配种母羊数的百分比。

繁殖率：指本年度出生羔羊数占上年度终适繁母羊数的百分比。

繁殖成活率：指本年度内成活羔羊数占上年度终适繁母羊数的百分比。

羔羊成活率：指断奶时成活羔羊数占全部出生羔羊数的百分比。

受胎率：指妊娠母羊数占参配种母羊数的百分比。

情期受胎率：指妊娠母羊数占情期配种母羊数的百分比。

精液产量与精子密度：健康公羊一次射出精液的容量（mL）及 1mL 精液中所含有的精子数目（常用血细胞计数板测算）。

精子活力：将精液样制成压片，在显微镜下一个视野内观察，其中直线前进运动的精子在整个视野中所占的比率。

睾丸围：指阴囊最大围度的周长，与生精能力和女儿初情期年龄呈正相关，以 cm 为单位，用软尺或专用工具在公羊 8、12、18 月龄时分别测量。

（四）选种选配技术要点

1. 组建选育核心群

对于一般规模湖羊场建设种羊场来说，核心群的组建首先应以湖羊体形外貌特征筛选母羊群，其个体可以来自本场的现有母羊、也可以来自民间的优良种羊；在生产性能方面，应选择具有多羔、羔皮优质、体大快长、乳汁多、肉用性佳等优良性状的母羊，组建 100~150 头的母羊群体。优秀种公羊可以从其他具有资质的一级或原种湖羊种羊场引进，引进的种公羊需具备种羊卡片、品系及性能特点等资料，要求 5 个品系各引种 1~2 头种公羊。经过2~3 年扩繁、选育即可申报种羊场。

对于种羊场来说，对现有的湖羊群体进行整理、记录资料核对、归类和分析，根据选育方向，选留健康、符合湖羊品种特点、系谱资料完整的湖羊组建纯繁核心群。如以选育湖羊多羔品系为目标，则要求公羊同胞数 3 只及以上，母羊同胞数 2 只及以上，且其系谱中所有家系成员同胞数从未出现单羔。如以选育湖羊羔皮品系为目标，则要求公羊出生时羔皮等级为特级，母羊羔皮等级为特级和一级，且其系谱中所有家系成员出生时羔皮等级均须在一级以上。另外，如肉用系、抗病系、多羔快长系等设置相应指标进行选育，不断提升种羊品质。

2. 制订配种计划

尽量选用所选留的优秀个体进行配种，母羊应根据家系等量分组成固定小群体与选定公羊交配，公羊按比例与不同母羊群体交叉交配，避免近亲繁殖。选育起始阶段，可以根据公母双方等级、性能进行选配，在某一生产性状具有特殊优点的母羊，需用相同特点的公羊进行选配，且公羊在品质和等级方面必须高于母羊，使这一特殊的优点得到巩固和发展。及时总结选配效果，若选配效果达到预定目标即可按原方案配种，若未能达到选育目标，则要改变配种计划，另换公羊。

配种方法以本交为主，尽量选择在每年 4 月底至 5 月下旬或 10 月底至 11 月中旬进行集中配种为主，以便集中产羔、初生羔羊鉴定和种羊选留。但是传统经验表明，选择冬季出生的羔羊留作种羊相对较好，其配种时间则要安排在 8 月，若有条件则可考虑。

3. 种用后备羊的选留要点

以不同生产阶段所表现的体形外貌特征、生产性能及选育目标，决定后备羊的去留。

初生羔羊选留：要求初生羔羊同胞数在 2 羔以上，初生评定一级以上，初生重在 2.5kg 以上。同胞数 3 羔以上的必留一只以上。但初产母羊、即第 1 胎羔羊不留种。

2 月龄羔羊选留：要求公羔体重 16kg、母羔体重 14kg 以上。

3 月龄羔羊选留：必须具有湖羊的典型外貌特征，坚决淘汰有黑斑块或有角的后备羊，公羔体重 25kg、母羔体重 22kg 以上。

6 月龄羔羊选留：要求公羊体重达到 38kg、母羊体重达到 32kg；所留公羊睾丸发育良好，对称、无隐睾；一般公羊家系内后代公羊可留 2 只（配种时只用较优的 1 只）。所留母羊乳房丰满、阴户发育健全。

8 月龄羊选留：要求公羔体重超过 42kg、母羊体重超过 35kg；公羊能爬跨配种，母羊能正常发情。

成年公母羊（18 月龄）选留：根据配种后受胎率、产羔率、哺育实绩及后代生长性能等后裔检测成绩作最后一次选留。选留的湖羊进入核心群。

随着选育水平的进步，可以不断提高各生产阶段的选育指标。

4. 建立选育系谱档案

做好湖羊种公羊卡片、湖羊种母羊卡片、种公羊精液品质及利用表、母羊配种产羔记录表、湖羊种用羔羊初生鉴定记录表、种用羔羊生长发育记录表等档案，对记录的选育档案资料进行及时整理，对核心群种羊进行必要的整群、淘汰和补充，选优去劣，优化群体（表 3-4、表 3-5）。

表 3–4 种用羔羊生长发育记录表

耳号	出生日期	性别	同胎羔数	初生重(kg)	2月龄重(kg)	3月龄重(kg)	0~3月龄日增重(g/d)	6月龄重(kg)	12月龄		
									体重(kg)	体高(cm)	胸围(cm)

表 3–5 母羊配种产羔记录表

母羊号	第一次配种		第二次配种		预产日期	分娩日期	产羔数	存活羔羊性别/耳号
	日期	与配公羊	日期	与配公羊				

二、湖羊种质资源利用

1. 湖羊种质的纯与不纯

在第一章中笔者描述了湖羊的外貌体型特征，从表观上看，存在不同的差异，这是因不同区域、羊场的选育目标差异导致的结果；但从种质内涵看，均保留了湖羊最根本的性状——多羔性。如果公湖羊具有栗状角痕，尾型也并非是扁圆形，那么对于用作羔皮生产来讲，将影响羔皮的等级，但其后代的繁殖力和适应性能并无差异，而育羔能力、生长速度及肉用性状等一般表现为更加优秀。因此，对于羊肉生产来讲，湖羊种质的纯与不纯是个相对的概念。

2. 通过湖羊培育绵羊新品系

新疆畜牧科学院在 1975 年从浙江余杭引进湖羊，在新疆生产建设兵团 150 团纯繁十余年，进行了多项遗传试验研究。史梅英研究员等应用大量试验数据证实了湖羊多羔性能是受主效基因制约的遗传性状，应用于生产实践中，于 1986 年成功培育了新疆卡拉库尔羊多羔类型品系，广泛地应用于提高低产羊的繁殖力，使产羔率提高了 60%~100%，经济效益成倍增加。这一遗传实质阐明，为进一步采用生物技术，提取湖羊多羔基因创造了条件。将多胎基因转移到各类低产绵羊品种中，更加体现了湖羊多羔基因的价值。

刘守仁等于 1981 年开始，采用中国美利奴羊新疆军垦型 A 品系多羔公母羊本种累代选育和导入湖羊血液，通过严格选择，大量淘汰手段，用系祖建系的方法，于 1994 年成功培育了中国美利奴羊（新疆军垦型）多羔品系。羊毛长度 9.30~12.1cm，毛纤维直径 20.7~23.7μm，净毛率 56.5%~66.6%。育成公母羊剪毛量和剪毛后体重分别为 8.24kg，59.3kg 和 5.98kg，37.9kg；成年公母羊毛量和体重分别为 10.5kg，76.4kg 和 5.92kg，49.0kg。繁殖率 182.4%，比中国美利奴羊新疆军垦型提高 60 个百分点以上。

杨永林等（2014）报道，选择以萨福克羊为父本、湖羊为母本进行杂交，采用常规育种技术和 FecB 基因标记辅助选择技术，组建理想型育种群。通过选种选配、横交固定和选育提高，培育出适宜于我国农牧区生产的多羔萨福克羊新品系。该品系羊体型外貌基本一致，体躯白色，头和四肢黑色，体质结实，体型大，结构匀称；6 月龄公羔重 40.36±5.65kg，母羔 37.04±3.84 kg；周岁公羊重 70.00±1.51kg，母羊 65.27±1.25kg，平均产羔率为 185%，其中 FecB BB 基因型多胎萨福克母羊平均产羔率为 225.0%。3~5 月龄公羔日增重 250.42±5.71g，6 月龄屠宰率 48.40%。经过 10 年选育和培育，目前多羔萨福克肉羊育种核心群存栏达到 400 只，年推广良种羊 150 只，经济和社会效益十分显著。

以上这些成就，就是利用湖羊的多胎基因导入当地低繁殖性状绵羊中的典型的例子。合理利用湖羊的优异种质资源，将为我国各地的绵羊品种改良发挥巨大作用。

3. 通过湖羊提高羊肉生产

（1）杜泊羊与湖羊的杂交效果。参见图 3-2。

图 3-2　白头杜泊羊，黑头杜泊羊（汤志宏供稿）

杜泊绵羊原产地南非，由有角陶赛特羊和波斯黑头羊杂交育成，分为白头和黑头两种；主要用于羊肉生产，它能十分有效地满足羊肉生产各方面的要求。因其适应性强、早期生长发育快、胴体质量好而闻名。引入我国后，均能适应北方寒冷、南方湿热高温环境。表现为：①繁殖能力强。全年发情，在良好的管理下可达 2 年 3 胎，与湖羊的繁殖特性相匹配，实现无缝对接。

②行走能力强及对饲草无选择。适合于放牧和舍饲，舍饲时可饲喂其他品种羊较难利用的各种秸秆，饲草利用率高，耐粗饲如湖羊。③抗逆性好。能适应广泛的气候条件和放牧条件。④增重快、胴体品质好。母羊产乳量高，羔羊成活率高，增重明显。⑤板皮质量好。板皮较厚，气候温暖时被毛会自动脱落，能够经受非常恶劣的气候条件。杜泊羊的优异肉用性状已被广泛认可，成为我国南北各地肉羊生产的主要品种。

湖羊原产于我国杭嘉湖地区，是唯一能耐最高气温 37~39℃，耐全年相对湿度 80% 左右的绵羊品种，具有不挑食、耐粗饲、性情温驯宜舍饲的特性；四季发情，一胎多羔，一年 2 胎或 2 年三胎，繁殖力高，中央电视台七频道《每日农经》栏目（2006）报道，引入北方地区的湖羊产羔率竟能高达 333%，远高于原产地的水平；母羊泌乳量高、母性好；羔羊早期生长快，性成熟早，周岁即能成父母。而湖羊的适应能力特强，不仅适合于温暖多雨的南方养殖，更适合于干旱寒冷的北方养殖。由于湖羊具有能生会长的特性，利用湖羊作为肥羔生产的母本是比较理想的选择。如今，湖羊已经推广到新疆、内蒙古、甘肃、宁夏回族自治区（以下简称宁夏）、西藏自治区（以下简称西藏）、河南、山东、福建、贵州、云南等十几个省、市、自治区。

杜泊羊与湖羊的种质特性既有共性也各具特点，将杜泊羊作父本、湖羊作母本进行杂交组合生产肥羔羊肉，其杂交羔羊 5 月龄胴体品质从形状和脂肪颜色及分布看均达到优秀的标准，且脂肪熔点低，肉质鲜嫩；已被广大肉羊养殖者评价为"黄金搭档"。各地也进行了相关的大量研究。

黄华榕等（2014）报道了杜泊羊与湖羊的杂交效果。杜湖 F_1 代羔羊公母均无角，体型外貌更趋向父本杜泊羊，呈桶状，背宽、胸深、颈部粗短。尾部细长、小而轻薄；蹄子颜色偏暗黑色。对腿的改良效果不好，腿较高。杜湖 F_1 代羊被毛以白色为主，头颈部表现为黑白相间的羔羊约占 80%，头颈部、背部、腿部都含有黑斑点的约占 20%。在生长性能上，杜湖 F_1 代羊在前期（5 月龄前）的杂种优势率为负值，6 月龄后杂种优势呈正值、并随时间而更为明显；杜湖 F_1 羔羊生长拐点月龄为 5 月龄，与湖羊和杜泊羊相比，要晚一些。杜湖 F_1 羔羊的各项体尺性状、屠宰性状指标均显著高于湖羊。杜湖 F_1 代羊性成熟比湖羊晚，母羊初配体重 46kg，初配月龄 8~9 月龄；湖羊的产羔率 262%，杜湖 F_1 代母羊的产羔率 215%。杜湖 F_1 代母羊产羔率虽低于纯种湖羊，但仍然保持了较好的多胎性能。结论，杜泊羊是南方适应性较好的引入肉用品种，湖羊是生长于南方地区具高繁殖力的优异绵羊品种，杜泊羊×湖羊是理想的杂交组合，适宜南方规模化生产。

梁志峰等（2007）用杜泊羊作父本、湖羊作母本，测定了新疆地区杜湖

F_1 代羊的生产性能。初生羔羊的体高、胸围、体长分别提高了 50.1%、42.2% 和 29.8%；9 月龄分别提高了 34.1%、23.8% 和 32.7%。杜湖 F_1 代母羊与湖羊相比较，多胎性能稳定，产羔率为 250%，略低于湖羊 280% 的产羔率。杜湖 F_1 代周岁公羊平均日增重 230g，较湖羊提高了 202.6%，杜泊羊与湖羊杂交，日增重效果显著。杜湖 F_1 代公羔屠宰率可达 51%。

（2）湖羊与杜泊羊杂交的肉用性状比较。周卫东等（2010）研究了湖羊和杜湖羊杂交对肉用性能的影响。结果表明，杜湖杂交羊的胴体重极显著高于湖羊，由于屠宰率、净肉率基本一致，杜湖杂交羊个体的产肉量要显著高于湖羊，眼肌面积以及后腿重也体现了杜湖杂交羊的产肉优势；从肉质性状分析，杜湖杂交羊的肉色评分显著高于湖羊，外观更鲜红些，而湖羊肉样 pH 显著低于杜湖杂交羊；大理石纹及失水率湖羊与杜湖杂交羊无差异（表 3-6）。

表 3-6　湖羊与杜湖杂交羊屠宰性状比较

性状指标	湖羊	杜湖杂交羊	性状指标	湖羊	杜湖杂交羊
胴体重（kg）	18.0±0.89	22.7±1.36	后腿重，kg	3.22±0.11	4.10±0.29
屠宰率（%）	55.5±0.53	54.1±0.64	后腿比例，%	18.0±0.99	18.3±1.97
净肉率（%）	45.2±0.42	45.4±0.84	肉色评分	3.13±0.13	3.75±0.14
肉骨比	4.53±0.33	5.36±0.11	大理石纹	19.1±0.14	19.1±0.13
眼肌面积（cm²）	14.2±1.44	17.7±1.60	肉样 pH	6.08±0.05	6.13±0.06
内脏脂肪（kg）	0.91±0.39	1.15±0.18	失水率，%	3.00	3.00

林昌俊等（2014）比较了湖羊与杜泊×湖羊 F_1 代羊肌肉脂肪酸的组成。结果表明，湖羊背最长肌花生四烯酸含量极显著低于杜湖杂交 F_1 代羊。花生四烯酸在保护皮肤、降低胆固醇、抑制血小板聚集、提高免疫能力、促进胎儿发育等方面具有独特生物活性。从这一点来讲，杜湖杂交 F_1 代羊羊肉品质优于湖羊。6 月龄湖羊和杜湖杂交 F_1 代羊背最长肌中脂肪酸含量最高的都是油酸，多数报道也发现羊肉中脂肪酸含量最高的是油酸；但有报道，成都麻羊不同部位肌肉中脂肪酸含量最高的都是棕榈酸；蒙古羊背最长肌中脂肪酸含量最高的是硬脂酸。可见不同品种羊之间脂肪酸含量存在一定差异。研究发现湖羊背最长肌单不饱和脂肪酸总含量显著高于杜湖杂交 F_1 代羊，而单不饱和脂肪酸含量与肉香味和整体可接受程度呈正相关，说明湖羊肌肉肉香味可能优于杜湖杂交 F_1 代羊。湖羊背最长肌中多不饱和脂肪酸总含量与杜湖杂交 F_1 代羊差异不显著。目前多不饱和脂肪酸的平衡摄入引起了世界范围内健康组织的重视，并一致认为多不饱和脂肪酸的摄入量应至少占总脂质摄入量

的 3%；湖羊和杜湖杂交 F_1 代羊肌肉中多不饱和脂肪酸占总脂肪酸含量分别为 7.1% 和 7.3%，说明由湖羊和杜湖杂交 F_1 代羊生产的羊肉更符合人类的健康要求。

（3）肉用杜泊绵羊与湖羊和小尾寒羊杂交效果比较。王公金等（2007）利用从新西兰引进的优质杜泊绵羊作为父本，分别与湖羊和小尾寒羊进行经济杂交试验。结果表明，在仅饲喂草料（杂交苏丹草、玉米秸秆和山芋藤等）的饲养条件下，杜湖杂交羊的羔羊初生重、1 月龄重、2 月龄重与湖羊之间差异均不显著，但 3 月龄重、6 月龄重及日增重均极显著地高于湖羊；杜寒杂交羊与小尾寒羊的羔羊初生重、1 月龄重差异均不显著，2 月龄重差异显著，杜寒杂交羊的 3 月龄重、6 月龄重、日增重均极显著地高于小尾寒羊；杜湖杂交羊的羔羊初生重、1 月龄重均显著低于杜寒杂交羊，但 6 月龄重、日增重均极显著地高于杜寒杂交羊。杜湖杂交羊骨架小，但胴体重、产肉率高；杜寒杂交羊骨架大，但产肉率较低，在丘陵地区杜寒杂交羊抗病性、抗逆性也不如杜湖杂交羊。结论，杜泊绵羊（父本）与湖羊（母本）或杜泊绵羊（父本）与小尾寒羊（母本）均可作为理想的杂交组合，在江苏省宜选用湖羊为母本，用于进一步培育优质肉用杂交绵羊新品系（种）研究。

（4）湖羊与萨福克的杂交效果。杨永林等（2005）研究了无角陶赛特肉羊与湖羊的杂交效果。陶湖 F_1 代羔羊初生体重 4.83±0.87kg 极显著高于湖羔羊的 2.92±0.56kg；6 月龄陶湖 F_1 代羊胸围 83.3±4.35cm 极显著高于湖羔羊的 71.5±4.18cm；陶湖 F_1 代羊体长、身高分别比同龄湖羔羊高 3.4%、1.2%，其体形外观更趋向于父本，表现为生长发育快、体大、胸阔、背圆的肉用羊特征。陶湖 F_1 代羊屠宰率、胴体净肉率极显著高于湖羊，分别提高 21.3%、14.5%。无角陶赛特羊与湖羊杂交优势明显，表现为初生重大、生长发育快、肉用体型表现良好、产肉性能高。

（5）不同肉用绵羊品种与湖羊杂交产羔性能比较。王元兴等（2003）报道了萨福克、陶塞特、夏洛来、特克塞尔、新德美 5 个肉用性状相对较好的种公羊与湖羊杂交对产羔性能的影响。湖羊本品种纯繁的产羔率 251.3%，其中产单羔占 15.54%，双羔占 33.33%，三羔占 37.52%，四羔占 12.88%，五羔占 1.67%。

不同肉用品种的公羊与湖羊杂交，在产羔率上表现出较大差异，夏洛来羊和特克塞尔羊与湖羊杂交体现了较高的产羔率，达 246.%；萨福克羊与湖羊杂交的产羔率仅为 182.8%（表 3-7）。而特克塞尔羊与特克塞尔×湖羊 F_1 代羊交配，其产羔率也仅为 181.8%，略高于纯种肉羊的产羔率 158.3%（表 3-8）。杨永林等（2014）报道，利用湖羊多胎基因成功培育出萨福克多胎型品系，其中 FecB BB 基因型多胎萨福克母羊平均产羔率达 225.0%，可见其技术的先进以及其坚持不懈的卓越工作，取得的丰功伟绩将造福一方（表 3-7、表 3-8）。

表 3-7 不同肉用纯种公羊与湖羊杂交的产羔率

杂交组合	产羔窝数	单羔窝数	双羔窝数	三羔窝数	四羔窝数	产羔只数	产羔率(%)
陶×湖	80	21	24	20	15	189	236.3
特×湖	63	9	24	22	8	155	246.0
德×湖	10	3	4	3	0	20	200.0
萨×湖	29	11	12	6	0	52	182.8
夏×湖	24	1	14	6	3	59	245.8
合计	206	45	78	57	26	476	231.7

表 3-8 湖羊纯繁及杂交与杂交一代的产羔率比较

交配组合	产羔窝数	单羔窝数	双羔窝数	三羔窝数	四羔窝数	五羔窝数	产羔只数	产羔率(%)
湖×湖	240	37	80	90	29	4	603	251.3
肉×湖	206	45	78	57	26	0	476	231.7
特×F_1	11	3	7	1	0	0	20	181.8
肉×肉	12	5	7	0	0	0	19	158.3

利用湖羊种质资源培育新品系以及与专用化肉羊、兼用型肉羊等品种杂交提高羊肉生产效率已被广泛应用，随着肉羊养殖者对湖羊认识的深入，相信会有更大的发展。在此，笔者再建议肉羊养殖者可以利用湖羊的早熟特征生产肥羔羊肉，湖羊具有生产高端肥羔羊肉的种质基础。另外，湖羊具有非常高的泌乳性能，若将湖羊开发成乳用羊，也是可以探索的产业发展途径，但至今尚属空白。

第四章　湖羊消化生理与营养需要

随着肉羊市场竞争加剧，养羊利润空间不断压缩的大环境下，发掘规模湖羊场内部潜力是企业生存、发展的必然之路。以下的这些内容是养好湖羊的最基本知识，是规模湖羊场技术人员分析问题、解决问题、提升业务水平的基础，也是减少损失、提高规模湖羊场养殖效益的基础。但是在技术推广及培训中，往往当涉及这方面的知识培训时，大多数从业人员觉得枯燥乏味而不被重视，这是一个认知误区。如果要成为湖羊养殖方面的高手，就应该充分掌握这方面的基础知识，饲养湖羊才能实现精细化高效养殖。现实中湖羊养殖水平较高的企业，往往有一位营养专家的技术支撑着，因此，基础技术知识的掌握程度也是区别普通饲养员、技术员、专家的不同之处。

本章着重介绍湖羊消化器官、消化生理机能特点以及碳水化合物、脂肪、蛋白质、能量、矿物质、维生素以及水等物质的营养作用。

一、湖羊消化器官及消化生理

（一）消化器官与机能

湖羊属于反刍动物，具有复胃，即瘤胃、网胃、瓣胃和皱胃，容积很大约占消化道总容积的60%左右，成年公湖羊约有15L，其中瘤胃又占复胃总容积的80%左右。瘤胃、网胃、瓣胃称为前胃，不分泌消化液，但可起到发酵、压榨过滤食物的作用。皱胃又称为真胃，胃壁黏膜有腺体，可分泌消化液，其功能与单胃动物的胃相似。瘤胃的功能是临时贮存采食的饲草，以便休息时，再进行反刍；瘤胃中有大量微生物，这些微生物能够消化采食饲料中55%~95%的可溶性碳水化合物、70%~95%的粗纤维，用于湖羊营养，同时还能利用饲料中或人工添加的非蛋白含氮物（如尿素）与其他营养物质合成菌体蛋白，菌体蛋白进入真胃及小肠后，被消化吸收。小肠是湖羊消化吸收营养物质的主要器官，小肠细长曲折，长约19~21m，食物通过小肠的时间也长，提高了湖羊对各种营养物质的消化吸收力。胃中的食糜进入小肠后，在各种消化酶作用下被消化分解，分解后的营养物质在小肠内被吸收，未被消化吸引的食物随着小肠的蠕动被推入大肠。大肠较小肠粗而短，长度在 2~3 m。大肠内也有微生物的存在，可对食物进一步消化吸收，但大肠的主要功能是吸收水分和形成粪便（图 4-1）。

图 4-1　消化器官

（二）消化生理特点

1. 反刍

反刍是指草食动物在食物消化前把食团经瘤胃逆呕到口中，经再咀嚼和再咽下的活动。反刍包括逆呕、再咀嚼、再混合唾液和再吞咽 4 个过程，反刍可对饲料作进一步磨碎，同时唾液中的碱性物质可以中和瘤胃发酵产生的酸性物质，使瘤胃保持恒定的 pH 值（6.2~7.0），有利于瘤胃微生物生存、繁殖和进行消化活动；当 pH 值低于 5.5 后，瘤胃处于酸中毒，微生物生长抑制，并随 pH 值下降而死亡，导致疾病发生。反刍是湖羊重要的消化生理特点，停止反刍是疾病的征兆。湖羊反刍多发生在采食后；反刍时间的长短与采食含长纤维粗饲料的质量密切相关，饲料中粗纤维含量愈高反刍时间愈长，对于湖羊来讲，日粮中长纤维粗饲料的比例占 60% 以上是必要的，以确保瘤胃的正常消化生理及功能。一般情况下，湖羊昼夜反刍的时间为 3~4h。

羔羊出生后约 40 天开始出现反刍行为。在哺乳早期补饲富含淀粉的饲料，可促进前胃的发育和提前出现反刍行为，有利于实现早日断奶、缩短哺乳期、提高母羊繁殖力。

2. 瘤胃微生物作用

瘤胃是一个极端厌氧、恒温（39~40℃）、pH 值恒定的发酵罐，其中的微生物与湖羊是一种共生关系；这些微生物主要是细菌、纤毛虫及少量真菌，每毫升瘤胃内容物含有约 10^{10}~10^{11} 个细菌，10^5~10^6 个纤毛虫；瘤胃微生物对湖羊的消化和营养具有极其重要作用。

瘤胃是消化碳水化合物饲料，尤其是粗纤维的重要器官，其中瘤胃微生物起主要作用。湖羊等反刍家畜之所以区别于猪等单胃家畜，就是能够大量的利用秸秆饲料及适量的非蛋白含氮物质用以维持生命、生长发育及生产产品，其原因是具有瘤胃微生物。湖羊对饲料中碳水化合物的消化吸收主要在瘤胃中进行，在瘤胃的机械作用和微生物酶的综合作用下，碳水化合物被发酵分解成乙酸、丙酸和丁酸等挥发性脂肪酸（VFA），同时生成微生物蛋白。另外，瘤胃微生物可以合成 B 族维生素。

湖羊嘴较尖，唇薄而灵活，牙齿锐利，咀嚼有力，采食秸秆饲料的能力较强，且耐粗饲，在湖羊日粮中必需确保草料等粗饲料比例60%以上，既确保湖羊健康，又可降低饲养成本、提高养殖效益。绝不能把湖羊当猪养。养殖湖羊是一种经济用途广、易饲养、投资少、增殖快、节约粮食、资源利用率高、饲养经济效益好、可大力发展的节粮型家畜。

二、湖羊的营养需要

湖羊生产需要营养物质，其来源是饲料。饲料是指能被动物采食、消化、吸收和利用，并对动物无毒无害的物质。饲料中能够被动物用以维持生命、生产产品的化学成分，称为营养物质，又称养分或营养素。营养物质是饲料中的有效成分，饲料是营养物质的载体。动物需要的不是饲料本身，而是饲料中含有的营养物质；因此，一种饲料的优劣应从营养物质的含量进行评价。根据营养物质的物理结构和化学性质将其分为 6 大类：水、碳水化合物、脂类、蛋白质、维生素和矿物质元素，其相互关系见图 4-2。

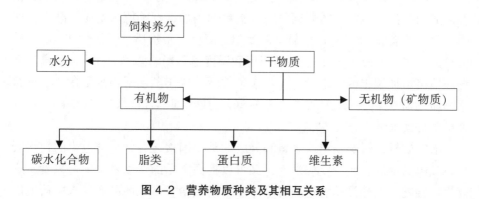

图 4-2　营养物质种类及其相互关系

（一）水分

在湖羊养殖过程中，水的供给一般比较充足，因此，水的营养作用往往不被重视。水对动物具有重要的营养生理功能，其重要性远高于其他营养物质，如果动物失去体内全部脂肪和50%以上的蛋白质，动物依然可以存活，但是失去10%的水就会因脱水而死亡。因此对于规模湖羊养殖来说，尤其是新建湖羊场选址时，重视对水的营养与生理作用具有重要意义。

水分存在于一切饲料当中，风干饲料中约含有10%，而青绿多汁饲料可达60%以上，如黑麦草可高达88%。饲料中的水分与饲料的营养价值及贮藏性有密切关系，多汁饲料应扣除水分后，即以干物质中营养物质的含量评价其价值；一般饲料水分低则容易贮存，而饲料水分过高会使饲料发热、发霉或变质，影响饲料的质量；南方地区贮存的风干饲料水分含量应控制在12%以下。动物机体的水一般来源于饮水、饲料水和代谢水，其中代谢水是指动物体内碳水化合物、脂肪、蛋白质等有机物分解、合成过程中产生的水。

水是构成体组织的主要成分，一般占动物体重的50%~75%，绵羊体内水含量一般在55%~62%。幼龄动物体内含水多，达80%~90%，成年动物体内含水少。动物体内的水大多以蛋白胶体形成结合水存在于组织器官中，参与体内养分的吸收、代谢、废物分泌排泄；调节体温；以及润滑组织、稀释毒物、形成产品等作用。动物体内缺水，将严重影响动物健康，动物失水1%~2%（体重的），表现为干渴、采食量减退、生产下降；失水8%，表现为严重干渴，食欲丧失，抗病力减弱；失水10%，表现为生理失常，代谢紊乱，甚至死亡。

湖羊的饮水量与采食饲料的数量以及饲料中的成分、含水量有关，采食饲料干物质越多，饮水量就越多。采食高蛋白质饲料或高盐日粮后，会导致排尿量增加，湖羊会相应提高饮水量；如果粪便中水的排泄量过多，羊粪会粘连成团，甚至腹泻。随着饲料中含水量的增加，湖羊饮水量相应减少，如当饲料中水含量为10%时，湖羊采食1kg饲料（干物质计）需饮水4kg，水含量为70%时则降至1.7kg。环境温度和湿度显著影响湖羊的饮水量，高温高湿环境将增加湖羊的饮水量。在正常条件下，成年湖羊平均每采食1kg饲料干物质约需水4kg，幼龄湖羊则需5~8kg。成年湖羊日饮水量7~8.5kg，泌乳期母羊日饮水量11.5kg左右。

水的质量是影响湖羊饮水量和健康的重要因素之一，清洁卫生的饮水既保障湖羊的健康，减少疾病发生，又可以提高湖羊的饮水量，促进采食，提高生产性能。新建湖羊场选址时应考虑水的供给及水源的品质。水中盐或固体可溶物总量（TDS）是判别水可用性的重要指标，一般每升家畜饮用水中要求 TDS<3000mg、铜<0.5mg、砷<0.5mg、镉<0.5mg、铬<1.5mg、铅<0.1mg、汞<0.01mg、镍<1.0mg、硼<10mg、钴<1.0mg、硒<0.1mg、钒<1.0mg、锌<25mg、氯化物<3mg。湖羊可以利用硝酸盐、亚硝酸盐以及硫酸盐中的氮、硫元素，水中含有的这些物质一般不影响湖羊的健康，因此，TDS 值可以放宽至 5000mg/L。不同来源的水，其品质存在较大差距，浙江地区大多规模湖羊场采用人饮用的自来水，对于湖羊来说，是最高级别的优质水源。规模湖羊场以地表水或地下水自建供水系统时，应注意水中重金属盐、氟化物、病原菌以及化学工业废弃物的污染，相比而言，病原菌以及化学工业废弃物的污染源种类繁多、变化大、情况复杂，对于湖羊健康的潜在危害可能更为严重。

（二）能量

能量是指做功的能力。在动物体内做功的能量表现形式为机械能、热能和化学能，能量在动物体内转换过程中，总量不增不减，只是形式不同、转化效率不同，但最终以热能的形式散发或沉积于动物产品中。

我国的能量单位为卡和焦耳并用，1 卡（cal）=4.184 焦耳（J），1 千卡（kcal）=4.184 千焦耳（kJ），1 兆卡（Mcal）=4.184 兆焦耳（MJ）。

动物所需要的能量来自于饲料，饲料中的碳水化合物、脂肪和蛋白质在动物机体内氧化分解后释放能量，合成动物脂肪、蛋白质等产品时消耗能量。饲料中所含的能量根据评定及转化方式不同分为总能、消化能、代谢能和净能。

1. 总能

总能（GE）是饲料被完全氧化所释放的热量。一般用氧弹热量计测量。每克碳水化合物完全氧化平均释放热量为 17.5kJ、脂肪为 39.5kJ、蛋白质为 23.6 kJ。饲料中的总能可以用氧弹热量计直接测定，也可通过饲料中碳水化合物、脂肪、蛋白质含量计算其总能。如二级次粉干物质含量 87%、粗纤维 2.8%、无氮浸出物 66.7%、粗脂肪 2.1%、粗蛋白 13.6%。每千克二级次粉干物质中的总能为 1000×［（2.8%+66.7%）×17.5kJ+2.1%×39.5kJ +13.6%×23.6 kJ］÷87%=18624kJ。

总能只表示饲料在完全燃烧后释放的能量，动物采食饲料后，并不能将饲料中的全部能量释放出来，如蛋白质在湖羊体内代谢的终产物是尿素，扣除尿素中的能量，每克蛋白质在体内产热为 18.2kJ，比体外少 5.4kJ。低质大豆秸与高品质玉米具有相同的总能，但对于湖羊来说，大豆秸在动物体内释放的能量还不到玉米的一半。因此，饲料总能不能反映饲料能量对动物的营养价值，它仅是个评定其他有效能值的基础。

2. 消化能

消化量（DE）有两个表示值：表观消化能（ADE）和真消化能（TDE）。表观消化能是指动物采食饲料中的总能（GD）减去粪中的能量（FE），即 ADE=GD−FE。

由于粪中的能量并非都来自于饲料，还含有胃肠道内源分泌物、黏膜脱落细胞、微生物及其代谢产物，这些物质被称为粪代谢产物，其所含的能量称为代谢粪能（FmE），因此表观消化能并没有真实反映饲料的消化能含量。真消化能是指动物采食饲料中的总能（GD）减去来源于饲料的粪能（FE），即 TDE=GE−（FE−FmE）。

与总能相比，消化能较准确地反映饲料的营养价值，区别饲料因不同营养物质组成导致的差异。真消化能比表观消化能更能准确反映饲料的营养价值，但实践操作中技术要求高，难度大，因此其中的代谢粪能往往也是个估测值。表观消化能测定方法简单易行，实用价值更高。在我国肉羊饲养标准中一般以消化能作为衡量饲料能量的指标。

3. 代谢能

代谢能（ME）也有两个表示值：表观代谢能（AME）和真代谢能（TME）。

表观代谢能是指动物采食饲料中的总能（GE）减去粪能（FE）、尿中损失的尿能（UE）和产生气体的能量（Eg），即 AME = GE − FE − UE − Eg，或 AME = ADE − UE − Eg。

在消化能中并未计入尿能以及气体能的损失，尤其是反刍动物瘤胃在消化饲料过程中产生大量气体，其中生成的甲烷造成饲料能量的巨大损失。可见表观代谢能反映的饲料营养价值更趋准确。但表观代谢能也未考虑代谢粪能（FmE）以及尿中的内源尿能（UEe）。

真代谢能（TME）是指饲料总能中减去来源于饲料的粪代谢能、内源尿能和气体能。即 TME=GE−（FE−FmE）−（UE−UEe）−Eg；或 TME=TDE−（UE−UEe）−Eg。

理论上真代谢能比表观代谢能准确，但实际测定即很困难，因此我国饲养标准中的代谢能都以表观代谢能表示，反刍动物的代谢能通常由消化能估测，即 ME = DE × 0.82。在我国肉羊饲养标准中也用代谢能作为衡量饲料能量的指标。

4. 净能

净能（NE）是指动物用于维持和生产的能量，即代谢能减去热增耗（HI）、发酵产热（HF）。其种类分为维持净能和生产净能，维持净能是指饲料中用于维持机体肌肉运动、组织代谢与修复、正常体温、呼吸、血液循环等所有生命活动所需要的能量，并以热的形式散失。生产净能是指饲料中用于合成产品以及劳役做功所需要的能量。净能是评定饲料能量价值的最好指标，但难于测定。

不同生产阶段的湖羊需要有相应的能量供给，并与蛋白质、维生素、矿物元素配合，实现养殖目标。饲料能量供给不足将导致湖羊生产性能降低，羔羊表现为生长迟缓、体质虚弱、性成熟延迟。妊娠母羊表现为所产羔羊体重减轻、体质变弱，母羊本身甚至发生妊娠毒血症；泌乳期母羊乳量减少、乳期缩短。空怀母羊、种用公羊繁殖力下降。饲料能量供给过多同样对湖羊健康和生产性能造成不良后果，母羊摄入过多的能量会导致体内脂肪沉积增加、体躯肥胖，影响正常的繁殖机能及泌乳性能；种用公羊则因躯体肥胖使性机能衰退，降低种用价值。

（三）碳水化合物

碳水化合物是一类多羟基的醛、酮或其衍生物，以及能水解产生这些醛和酮的化合物总称，俗称糖类。它们是植物组织的主要成分，占干物质的50%~75%，在谷物籽实中含量可高达85%。在动物体内，糖类的含量不足1%。根据糖类化合物中含单糖分子的数量，饲料中的碳水化合物可以分为三类，单糖：葡糖糖、果糖、半乳糖等；低聚糖：蔗糖、麦芽糖、乳糖、异麦芽糖等；多聚糖：淀粉、糊精、糖原、纤维素、半纤维素、果胶等。对于多聚糖，在营养学上还将淀粉、糊精、糖原分为营养性多糖，纤维素、半纤维素、果胶分为结构性多糖。植物饲料中的碳水化合物一般以多聚糖的形式存在，谷实类饲料以营养性多糖为主，秸秆类饲料以结构性多糖为主。

湖羊对碳水化合物的消化、吸收和代谢。湖羊对碳水化合物的消化特点体现在瘤胃中大量的微生物通过分泌的酶实现秸秆饲料的利用，瘤胃中1/4的细菌和部分纤毛虫能分泌多种降解秸秆饲料中结构性多糖的酶，如纤维素酶、半纤维素酶、纤维二糖酶、木聚糖酶、果聚糖酶以及α-淀粉酶、蔗糖酶、麦芽糖酶等，但不能分泌分解木质素的酶，因此木质化程度高的秸秆饲料消化率低、营养价值差，如大豆秸。

秸秆饲料中的结构性多糖在纤维素酶作用下将纤维素分解成纤维二糖，然后，纤维二糖被纤维二糖酶降解为葡萄糖。淀粉、糊精等营养性多糖在淀粉酶作用下降解为麦芽糖和异麦芽糖，再经麦芽糖酶、异麦芽糖酶等催化生成葡萄糖。在酶的作用下，半纤维素被降解成木糖和糖醛酸，果胶被降解为糖醛酸，低聚糖被降解成单糖。一般结构性多糖在瘤胃中发酵缓慢，而营养性多糖发酵快速。生成的各种单糖迅速被瘤胃中的微生物吸收、并在菌体内代谢生成乙酸、丙酸、丁酸等挥发性脂肪酸（VFA）以及二氧化碳和甲烷。生成的 VFA 经瘤胃、瓣胃和皱胃壁吸收，约占总量 95%，少量在小肠吸收；甲烷通过嗳气排出体外。

饲料中不同的营养物质组织影响 VFA 的组成以及甲烷生成量。根据生成乙酸、丙酸的比例，将瘤胃发酵分为乙酸型发酵和丙酸型发酵，乙酸型发酵为 VFA 中乙酸比例高，饲料能量损失大、效率低，丙酸型发酵为 VFA 中丙酸比例高，饲料能量损失少、饲料利用效率高。瘤胃发酵过程中产生大量甲烷气体，每克甲烷能值高达 31.8 KJ，通过嗳气排出体外，不能被湖羊利用，因而是个巨大的能量损失，甲烷能可占食入总能的 2%~15%，且随着日粮中粗纤维比例的增加而提高。一般认为每消化 100g 碳水化合物就会产生 4.5g 的甲烷气体；目前常采用瘤胃产生的乙酸、丙酸、丁酸量（mmol/L）估测甲烷的生成量，其估算公式为，甲烷（mmol/L）= 0.45×乙酸 − 0.275×丙酸 + 0.40 丁酸。另外，瘤胃微生物发酵过程中以热的形式散失的能量占每日总能的 5%~10%，因此，瘤胃微生物发酵总计造成约 18% 的饲料总能损失。但可以通过营养调控降低其损失比例。

瘤胃纤毛虫又称原虫，具有吞噬淀粉的喜好，当饲喂高淀粉饲料时可减缓淀粉的发酵进程，对瘤胃发酵环境起到一定的缓冲作用。原虫体表上附着大量的甲烷菌，当原虫死亡时附着的甲烷菌也随之死亡；原虫不能利用非蛋白氮合成自身的菌体蛋白，而以吞噬细菌供原虫生长、繁殖。因此，在饲喂粗饲料为主的日粮时，去除原虫可显著减少甲烷的生成、提高饲料的转化效率。

在瘤胃中未被降解的二糖、三糖、淀粉以及菌体内的碳水化合物进入湖羊小肠后，在酶的作用下分解为单糖被肠壁吸收，未被降解的则进入结肠、大肠，最终排出体外。

30 日龄前的羔羊因瘤胃尚未发育，不具有消化结构性多糖的功能，尽早补饲营养性多糖可促进羔羊瘤胃发育。

碳水化合物的代谢与营养。湖羊瘤胃微生物通过对结构性多糖的有效发酵，产生 VFA，可提供湖羊能量需要的 70%~80%，结构性多糖中的纤维素是湖羊重要的能量物质。VFA 中的丙酸可以在湖羊体内合成葡萄糖、糖原、乳糖，乙酸合成脂肪，丁酸生成酮体等营养物质，构成体组织或产品；也可以为微生物合成菌体蛋白提供碳架。体内充足的葡萄糖可以避免妊娠母羊毒血症的发生。

（四）脂类

脂类是中性脂肪和类脂的总称。中性脂肪又称甘油三酯，是由一分子甘油和三分子脂肪酸构成的有机化合物，如玉米油、大豆油、菜籽油以及猪油、牛油等常见动植物油脂。类脂是指除中性脂肪外的所有脂类的总称，如蜡质、卵磷脂、脂蛋白、糖脂以及类固醇、脂溶性维生素等。脂肪具有含能高，既可氧化供能、维持体温，又是能量的贮存形式，促进脂溶性维生素的吸收等营养作用。磷脂、脂蛋白参与脂类转运，糖脂参与信息传递，类固醇及脂溶性维生素均具有特殊的生理作用。

湖羊对脂类的消化、吸收和代谢。饲料中的脂类一部分在瘤胃中消化，一部分进入小肠后消化。在瘤胃微生物酯酶的作用下，饲料中的中性脂肪催化生成甘油和游离脂肪酸，甘油进一步酶解成 VFA，大部分游离脂肪酸被氢化变成饱和脂肪酸。磷脂在磷酯酶的催化下释出脂肪酸、并被氢化饱和。糖脂被糖酯酶降解为一分子的单糖和一分子脂肪酸，单糖进一步降解为 VFA，脂肪酸被氢化饱和。瘤胃中的 VFA 一部分被直接吸收，另一部分被微生物合成为脂类。瘤胃生成的饱和脂肪酸或不饱和脂肪酸随食糜进入小肠。瘤胃消化脂肪能力有限，湖羊日粮中油脂含量一般不应超过4%，否则会导致瘤胃微生物活性下降，采食量以及粗饲料消化率均会下降。

脂类进入小肠后，与胰液和胆汁混合，胰液中的各种脂肪酶将脂类降解为甘油和脂肪酸，以及来自瘤胃生成的脂肪酸在十二指肠下段和空肠被吸收。甘油和 14 个碳链以下的脂肪酸直接经小肠黏膜吸收入门静脉血液。长链脂肪酸形成混合微粒后在回肠被吸收。

脂类的代谢与营养。其代谢受日粮营养物质供给量的影响。超过需要时多余的营养物质转变成脂肪沉积在体脂组织中；低于需要时脂肪分解供能。皮下脂肪可阻止体表散热，起到御寒作用。

（五）蛋白质

蛋白质是由氨基酸通过肽键、氢键等形成的大分子聚合物，是构成生命的基础物质。对于反刍动物营养来讲，常以粗蛋白质表示，粗蛋白质包括真蛋白质和非蛋白含氮化合物，真蛋白质有来源于植物的谷蛋白、醇溶蛋白、球蛋白等，动物的白蛋白、球蛋白、胶原蛋白、弹性蛋白、角蛋白，以及蛋白质与非蛋白质物质结合而成的结合蛋白，如核蛋白、糖蛋白、脂蛋白、色蛋白、磷蛋白、金属蛋白、类金属蛋白等。非蛋白含氮化合物包括氨、尿素、尿酸、铵盐、硝酸盐以及小肽、氨基酸、酰胺、生物碱等。

湖羊对真蛋白质的消化、吸收。湖羊对饲料蛋白质的消化主要以瘤胃微生物降解为主，约占饲料蛋白质的70%，其余部分在肠道消化。饲料蛋白质中能被瘤胃微生物降解的又称为瘤胃降解蛋白（RDP），未被降解的称作瘤胃非降解蛋白（UDP）、也称作过瘤胃蛋白。饲料中的 RDP 部分在瘤胃微生物分泌的蛋白水解酶以及脱氨基酶的作用下依次降解成肽→氨基酸→氨、挥发性脂肪酸和二氧化碳。其中生成的小肽、氨基酸有一部分被瘤胃壁和瓣胃壁直接吸收，另一部分被微生物利用合成菌体蛋白。生成的挥发性脂肪酸绝大部分被瘤胃壁吸收。瘤胃中约有25%的细菌以氨作为唯一氮源合成菌体蛋白，约55%的细菌以氨和氨基酸为氮源，20%左右的细菌只能以小肽和氨基酸为氮源；一般瘤胃液中维持 10~20mmol/L 的氨浓度，有利于瘤胃菌体蛋白的合成。瘤胃微生物蛋白是湖羊最主要的蛋白质供给形式，最高能提供湖羊生产对蛋白质需要量的80%。瘤胃中的氨被微生物利用外，也有一部分被瘤胃壁吸收，或进入氮素循环或随尿排出。

菌体蛋白和 UDP 进入真胃和小肠后构成小肠可代谢蛋白质。在胃肠道分泌的各种蛋白酶和肽酶的作用下分解为肽和氨基酸后被吸收。菌体蛋白在小肠中的消化吸收率为80% 左右，UDP 的消化吸收率因饲料种类不同而有一定差异，如干啤酒糟中粗蛋白含量 26.5%，其中 4.5% 是不能被消化吸收的，而普通豆粕可以被全部消化吸收。

湖羊对非蛋白含氮化合物（NPN）的利用。NPN 有很多种，对于湖羊来说，其中的尿素、铵盐、硝酸盐的利用最具特点和实用价值。尿素等 NPN 进入瘤胃后，在微生物分泌的脲酶作用下分解成氨，微生物利用碳水化合物降解产生的能量和碳架结合氨后合成菌体蛋白，但大部分的氨经瘤胃壁进入肝脏、转变为尿素，再通过血液、唾液，进入瘤胃，即氮素循环。通过多次循环可以将 NPN 转化为菌体蛋白。但是当进入肝脏的氨不能转化为尿素时，就会引起氨中毒。正常情况下，通过 NPN 转化为菌体蛋白的生成量可以提供生长湖羊蛋白质需要量的约 65%。

蛋白质的代谢与营养。蛋白质是由氨基酸组成，其在湖羊体内代谢和营养也是以氨基酸的形式体现。从小肠吸收的小肽、氨基酸用于动物机体组织蛋白质的更新、合成动物产品。但当供给超过机体蛋白质更新和产品合成量时，氨基酸将用作氧化供能，或转化为糖或脂肪。

蛋白质的营养实际上是氨基酸的营养。由于植物饲料蛋白质与动物合成的蛋白质产品在氨基酸组成及比例上存在差异，在猪、禽等氨基酸营养上有必需氨基酸、限制性氨基酸之说，反刍动物蛋白质营养中一般不认为有必需氨基酸、限制性氨基酸问题，但在高产奶牛饲养实践中已表明，提高小肠代谢蛋白质中增加赖氨酸、蛋氨酸的比例能显著提高奶牛的产奶量以及乳蛋白的产量。因此，对于高效养殖湖羊来说，开展以氨基酸为衡量指标的饲料蛋白质优化利用是值得深入研究的课题。

（六）维生素

维生素是具有调节动物机体营养物质、能量代谢等生理作用的一类特殊有机物。分为水溶性维生素和脂溶性维生素两大类。硫胺素（B_1）、核黄素（B_2）、泛酸（B_3）、胆碱（B_4）、烟酸（烟酰胺，B_5、PP）、维生素 B_6（吡哆醇）、叶酸（B_{11}）、维生素 B_{12}（钴胺酸）、生物素和维生素 C（抗坏血酸）为水溶性维生素，又称为 B 族维生素（维生素 C 除外）。维生素 A、维生素 D、维生素 E 和维生素 K 为脂溶性维生素。动物机体几乎不合成除维生素 C 以外的所有维生素，植物和微生物可以合成维生素，动物需要的维生素均来源于饲料和消化道微生物的合成。

维生素的吸收与排泄。水溶性维生素的吸收是随肠道吸收水时一同进入血液，在体内贮存很少。主要经尿排出。脂溶性维生素的吸收受脂肪吸收的影响，在肠道中与脂肪、胆汁等形成乳糜微粒后被吸收进入血液，可以在体内的脂肪组织中大量贮存，吸收越多贮存也越多。主要经胆汁从粪便排出。

维生素的营养作用。成年湖羊由于消化道微生物可以合成 B 族维生素，且随着日粮中淀粉、蛋白质比例的增加，可提高 B 族维生素的合成量，可以满足湖羊生产的需要，因此，不会出现 B 族维生素缺乏，但幼龄羔羊可能会出现 B 族维生素缺乏，表现为皮炎、被毛粗乱、生长受阻和抗病力差等症状。应引起重视。

湖羊一般为舍饲，除成年湖羊肠道微生物能合成维生素 K 外，维生素 A、D、E 主要靠饲料供给，当饲料供给不足时往往引起相应的缺乏症。在低水平湖羊养殖中，不易引起缺乏症，一般不被重视，但高水平饲养湖羊时，应在日粮中补充。以下略作介绍。

维生素 A，又称视黄醇。维生素 A 具有维持正常视觉、骨骼的正常生长，保护上皮组织完整、防止上皮组织干燥和角质化，促进性激素形成、提高繁殖力，增强机体免疫力，促进生长等生理功能。青绿饲料和胡萝卜中含有大量的 β-胡萝卜素，β-胡萝卜素进入体内后可被活化成维生素 A。当日粮中供给足够的青绿饲料或少量胡萝卜时，即可满足湖羊的生产需要。但幼龄羔羊以及成年湖羊大量饲喂劣质粗饲料或禾谷类日粮时，可能出现缺乏症，表现为被毛粗乱无光泽，易患角膜炎，繁殖功能紊乱，呼吸道、肺感染增加，公羊尿道结石易发。应注意补充。湖羊对维生素 A 的需要量为日粮干物质的 1500~2000IU/kg。

维生素 D，又称钙化醇。湖羊养殖中常用的是维生素 D_3，又称胆钙化醇。维生素 D 主要参与动物体内钙、磷代谢，促进钙、磷的吸收与转运，促进骨骼正常钙化，维持血液中钙、磷的正常水平。青绿饲料中不含维生素 D，但含有丰富的维生素 D 原（麦角固醇）。维生素 D 原经日光照射后转变为维生素 D_2，维生素 D_2 与 D_3 的效力相同。天然晒干的干草中均含有一定量的维生素 D_2。放牧绵羊在阳光下，通过紫外线照射可合成并获得充足的维生素 D；但湖羊一般圈养，当大量饲喂青贮饲料、谷物饲料、未经日晒的干草时，可能出现缺乏，尤其是妊娠母羊、快速生长期羔羊易缺乏，应注意在日粮中补充。当维生素 D 缺乏时，往往导致骨骼病变，羔羊易患佝偻病，妊娠母羊易发软骨病、产前瘫痪。当日粮中维生素 D 过量，也会导致骨骼疏松易折。湖羊对维生素 D 的需要量为日粮干物质的 150~200IU/kg。

维生素 E，又称生育酚。维生素 E 具有强大的抗氧化作用，抑制脂类过氧化物的生成，保护生物膜的完整性以及细胞的正常功能；促进性激素分泌，提高繁殖力；促进免疫蛋白的生成，提高抗病力；维护肌肉正常功能，促进细胞复活，防止肝坏死和白肌病等生理功能。谷物籽实胚芽以及大多数青绿饲料中含有较丰富的维生素 E，但因贮存或调制易导致饲料中维生素 E 的大量损失。湖羊养殖中维生素 E 缺乏较常见，羔羊易患白肌病或突发心力衰竭而死；公母羊表现为繁殖力下降。在日粮中应该注意补充。湖羊对维生素 E 的需要量为日粮干物质的 15~20IU/kg。

（七）矿物质

动物体内的元素可分为两大类，一类是以水、糖类、脂肪、蛋白质等物质形态存在的有机元素，如碳、氢、氧、氮。另一类是以盐形式或离子状态存在的无机元素，如钾、钠、钙、镁、磷、硫、氯、铁、锌、锰、铜、硒、碘、钴。动物营养学把无机元素称作为矿物质或矿物元素。矿物质是湖羊体组织、细胞、骨骼和体液的重要成分。体内缺乏矿物质，会引起神经系统、肌肉运动、食物消化、营养输送、血液凝固和体内酸碱平衡等功能的紊乱，影响羊只健康、生长发育、繁殖和畜产品产量及质量，乃至死亡。

动物体内的矿物质主要来源于秸秆、谷实等饲料，在低水平粗放养殖模式下，生长期湖羊、空怀及妊娠前期母羊一般能从草料、谷实等饲料中满足矿物质的需要，但养殖效益低下。要求湖羊有较高日增重以及妊娠后期母羊健康，仅从草料、谷实等饲料中获取并不能满足对矿物质的需要，需要额外补充。以下介绍湖羊精细化养殖模式下需要在日粮中补充的矿物元素。

1. 钙（Ca）和磷（P）

湖羊体内的钙约 99%、磷约 80%存在于骨骼和牙齿中。钙、磷关系密切，湖羊骨骼中的钙磷比为 2∶1 左右，因此，日粮中钙磷比为 2∶1 是最适宜的比例，但日粮中钙磷比达到 4∶1，一般也不影响湖羊对钙磷的正常吸收与利用；日粮中的维生素 D 可以促进钙、磷的吸收、利用。血液中的钙有抑制神经，兴奋肌肉，促进血凝和保持细胞膜完整性等作用；磷参与糖、脂类、氨基酸的代谢和保持血液 pH 正常。缺乏钙或磷时，骨骼发育不正常，幼龄羔羊出现佝偻病和成年湖羊可诱发骨质软化病，如母羊出现产前或产后瘫痪等。湖羊对钙、磷的每日需要量分别为 3~9g 和 1.5~5g；生长期湖羊、空怀及妊娠前期母对钙、磷的需要量相对低些，而肥育期湖羊及妊娠后期、泌乳期母羊需要量较高。不同的植物饲料原料中钙磷含量差异较大、且往往不平衡，应明确各种饲料原料中的钙磷含量，通过优化配置，实现均衡供给。某些植物饲料中含有丰富的磷，如高丹草、米糠、菜籽饼等，但都以植酸的形式存在，单胃动物不能分解植酸，而湖羊瘤胃微生物能分解植酸而释出磷、被湖羊利用，因此，可减少磷酸氢钙的添加量，以保护环境。

2. 钠（Na）和氯（Cl）

钠和氯在动物体内对维持渗透压、调节酸碱平衡、控制水代谢起着重要的作用。钠是制造胆汁的重要原料，氯构成胃液中的盐酸参与蛋白质消化。食盐的组成成分就是钠和氯，因此，还有调味作用，能刺激唾液分泌，促进淀粉酶的活动。缺乏钠和氯易导致消化不良，食欲减退，异嗜，饲料营养物质利用率降低，发育受阻，精神萎靡，身体消瘦，健康恶化等现象。饲喂食盐就能满足湖羊对钠和氯的需要。湖羊的食性偏咸，但建议食盐的添加量为日粮干物质的 0.4%~0.6%。

3. 镁（Mg）

镁是骨骼的组成成分，是许多酶的成分，镁能维持神经系统的正常功能。湖羊体内镁储存量低，不同饲料原料中的镁含量差异大，且吸收率较低，约为 20%，如大量饲喂青草时就有可能引发缺镁症。缺镁的典型症状是痉挛，表现为食欲不振，生长缓慢，过度兴奋，肌肉抽搐，严重时呼吸困难，心跳加快，重则死亡；另外，缺镁时，血镁降低，肾钙沉积，易诱发尿道结石。湖羊对镁的需要量为日粮干物质的 0.10%~0.15%。常规饲料原料中镁含量一般较丰富，能满足湖羊对镁的需要。若需要额外补充时可用硫酸镁、氧化镁等。

4. 硫 (S)

硫是保证瘤胃微生物最佳生长的重要养分，在瘤胃微生物消化过程中，硫对含硫氨基酸（蛋氨酸和胱氨酸）、维生素 B_2、生物素、胰岛素的合成有较大作用。硫还是黏蛋白和羊毛的重要成分。硫缺乏与蛋白质缺乏症状相似，出现食欲减退，增重减少，毛的生长速度降低。此外，还表现出唾液分泌过多、流泪和脱毛或啃毛等异食癖症状。湖羊对硫的需要量为日粮干物质的0.2%~0.3%。在生产实践中一般不会遇见典型的硫缺乏症状，因此，在粗放型湖羊养殖中不太重视对硫的补充，但利用常规饲料原料配制的湖羊日粮中，硫含量一般不能达到最佳的供给水平。因此，在湖羊日粮中通过添加适量的硫酸钠是补充硫的有效途径，可提高饲料转化效率以及湖羊的生产性能。

5. 铁 (Fe)

铁参与形成血红素和肌红蛋白，保证机体组织氧和二氧化碳的运输。铁还是细胞色素酶类和多种氧化酶的成分，与细胞内生物氧化过程密切相关。铁参与乳铁蛋白的生成，母乳中的乳铁蛋白可激活新生羔羊黏膜免疫，具有抗菌抗病毒作用，促进消化道双岐杆菌生长，预防新生羔羊腹泻。植物饲料中含有较丰富的铁，采食植物饲料的湖羊一般不会出现缺铁。缺铁多发于羔羊，其症状表现为生长缓慢、嗜眠、贫血、呼吸频率增加、抗病力差、易腹泻等。一般可以用硫酸亚铁补充。湖羊对铁的需要量为日粮干物质的 70~100mg/kg。

6. 锌 (Ze)

锌是动物体内 300 多种金属酶和功能蛋白以及胰岛素的成分；对细胞分化起调节作用，如维持公羊睾丸的正常发育、精子形成，以及羊毛的正常生长；维持动物免疫系统的完整性。缺锌症状表现为皮肤角质化不全症、易发皮炎、掉毛或啃毛、公羊睾丸发育缓慢、畸形精子多、母羊繁殖力下降。浙江地区植物饲料中锌含量较低，日粮中应注意适量添加，可以用硫酸锌补充。湖羊对锌的需要量为日粮干物质的 60~80mg/kg。

7. 锰 (Mn)

锰是动物体内碳水化合物及脂肪的代谢正常进行所必需的物质，对于骨骼发育和繁殖都具有重要作用。缺锰会导致初生羔羊运动失调，生长发育受阻，骨骼畸形，成年湖羊繁殖力降低。建议在湖羊日粮中应补充适量的锰，可以用硫酸锰补充。湖羊对锰的需要量为日粮干物质的 40~70mg/kg。

8. 铜 (Cu)

铜有催化红细胞和血红素形成的作用。铜与羊毛生长关系密切。在酶的作用下，铜参与有色毛纤维色素形成。铜还参与胶原和弹性蛋白的合成，促进骨骼的构成。缺铜常引起羔羊共济失调、贫血、骨骼异常；羊毛纤维变直，强度、弹性下降；母羊繁殖功能失常，易引起死胎。可以用硫酸铜补充。湖羊对铜的需要量为日粮干物质的 12~18mg/kg。

9. 硒 (Se)

硒是谷胱苷肽过氧化物酶的主要成分，具有抗氧化作用；硒可维持动物正常的繁殖及免疫功能。浙江省以及我国大部分地区土壤中硒含量普遍较低，导致植物中硒含量也低。尽管湖羊对硒的需要量很低，但缺硒现象依然普遍存在。硒与维生素 E 协同保护细胞的正常功能，硒可防止细胞膜脂质结构免遭氧化破坏，而维生素 E 可抑制脂类过氧化物的生成，终止体脂肪的过氧化过程，稳定不饱和脂肪酸，保持细胞膜的完整性。

缺硒羔羊易出现生长发育受阻、抗病力下降、严重的发生白肌病、肝坏死甚至突然死亡；母羊繁殖机能紊乱、多空怀和死胎；种公羊睾丸退化、精液质量下降。湖羊日粮中可以用亚硒酸钠补充，也可用酵母硒等有机硒添加剂，对缺硒湖羊补饲亚硒酸钠的同时一般也补饲维生素 E。配种前母羊日粮中补充硒可提高母羊的排卵数及受胎率，促进湖羊多羔性能。在湖羊日粮中补充适量硒和维生素 E 有益而无一害。但亚硒酸钠、酵母硒等含硒饲料添加剂剧毒，其毒性比砒霜还大 1.5 倍，因此，饲用时务必应均匀添加，避免因硒中毒导致湖羊死亡。湖羊对硒的需要量为日粮干物质的 0.2~0.4mg/kg。当日粮干物质中硒含量长期低于 0.1mg/kg 时即会导致缺硒，但硒的中毒剂量为日粮干物质的 2mg/kg。

10. 碘 (I)

碘是甲状腺素的成分，是调节机体新陈代谢的重要物质，对湖羊的健康、生长和繁殖均具有重要作用。碘缺乏则出现甲状腺肥大，羔羊发育迟缓、体质极度软弱，甚至出现无毛症或死亡；妊娠母羊缺碘可导致胎儿发育受阻，出现弱胎或死胎。在日粮中添加适量的碘是避免缺碘症状出现的最好预防办法。可用碘化钾或碘酸钙预防。湖羊对碘的需要量为日粮干物质的 1.0~2.0 mg/kg。在常规植物饲料原料中碘含量极低，因此，在高水平的生产模式下，应在湖羊日粮中补充碘，以发掘湖羊的生产潜力。

11. 钴（Co）

钴有助于瘤胃微生物合成维生素 B_{12}（钴胺素），并以维生素 B_{12} 的形式参与碳水化合物、脂肪和蛋白质的代谢。湖羊易缺钴，缺钴可影响瘤胃营养物质的消化以及微生物蛋白的生成量，表现为食欲下降、流泪、毛被粗硬、精神不振、消瘦、贫血，母羊泌乳量降低、发情次数减少、易流产等症状。湖羊对钴的需要量为日粮干物质的 0.5~1.0mg/kg。可以用氯化钴补充。

由于维生素、微量矿物质元素种类多、添加量少、混合均匀度要求高等特点，一般规模湖羊场自制加工不切实际，因此，建议使用由专业生产预混料加工企业的产品。

第五章 粗饲料周年均衡供给技术

规模湖羊场在建设前应该充分考虑粗饲料的供给问题，建立与饲养规模相适应的粗饲料供给方案，俗话说：军马未动，粮草先行。保障粗饲料的安全供给，对于降低饲养成本，确保湖羊健康生产至关重要。粗饲料蓬松或水分含量高，营养价值相对较低，不宜长途搬运，应该就地取材、就地解决，是规模湖羊场节约饲养成本，提高企业竞争力的重要途径。湖羊耐粗、饲料食谱广、不挑食，吃啥都是能生会长。全国各地均有适合湖羊饲用的粗饲料。

一、优质牧草栽培技术

种草养羊是发展肉羊生产的一个可行模式，利用坡地、农闲田栽培优质牧草已有较丰富、可行的技术和轮作模式。但是种草养羊要考虑种草的成本，浙江地区劳动力成本、土地租金高，与区域废弃农作物秸秆相比，种草养羊的比较效益可能偏低。由于优质牧草营养价值相对较高，适度进行优质牧草栽培，也是规模湖羊场保障粗饲料周年均衡供给的一个重要途径。同时优质青绿饲料具有干草不可替代的营养作用，尤其是妊娠母羊每日供给 1~2kg 的优质青绿饲料，有利于母羊健康高效生产。

1. 高丹草

高丹草属一年生暖季型禾本科牧草。是根据杂种优势原理，用高粱与苏丹草杂交而成的优质牧草品种，高丹草综合了高粱茎粗、叶宽及苏丹草分蘖力、再生力强的优点，杂种优势非常明显（图 5-1）。

栽培要点：高丹草为春播牧草，播种期在清明至谷雨或土壤温度在 15℃以上。播种方法可用条播或穴播，亩播种量 1.5~2.0kg，播种密度或出苗后定植（3 万~5 万株/亩），相对高些的定植量，长成的高丹草茎细、叶丰，营养价值高，因为草中的蛋白质主要在叶片中。播种深度 3cm，条播行距 15~30cm。亩施有机肥 5t，施足基肥，产量高，并可减少刈割后追肥施用量。出

图 5-1　高丹草及种子

苗后 35~45 天或植株高度超过 1m 后第一次刈割，每隔 20 天左右（或 1m 以上）即可再行刈割。留茬高度 10~15cm（留 2~3 节）。每次刈割后都要进行追肥，每亩施尿素 8~10kg、磷肥钾肥各 1~2kg。高丹草一年能刈割 4~6 茬，亩产鲜草总量 10t 以上，供草期为 5~10 月。

　　由于高丹草含有一定量的氢氰酸，尤其是株高 0.8m 以下时较高；作为青绿饲料，一般在株高 1.5m 左右时刈割为好，对于湖羊来讲，日饲喂 2~3kg 的高丹草鲜草是比较适宜的，但也应现割现喂，避免堆压发热导致氢氰酸含量升高而徒增风险。

2. 黑麦草

　　黑麦草属禾本科黑麦草属，多年生疏丛型草本植物，耐寒性强，是规模湖羊场秋冬季青绿饲料的主要来源。目前主要品种有特高、邦德和俄勒岗黑麦草。

　　栽培要点：黑麦草为秋播或春播优质牧草，一般在秋季播种；播种期在 8~10 月或晚稻收获后播种（即利用冬季农闲田），播种越早，刈割次数多、产量越高。播种方法可采用条播、穴播或散播，以条播最适宜，亩播种量 1.0~1.5kg，播种前种子进行温水浸泡，可缩短种子出苗时间，提高出苗率。施足基肥，可促进高产，每亩可施有机肥 2~4t。黑麦草喜氮肥，刈割后可用沼液或尿素作为主要追肥；再加磷肥钾肥各 1~2kg，可减少黑麦草倒伏。黑麦草 9月上旬播种，10 月下旬至 11 月上旬可首次刈割，一年可刈割 6~8 茬，亩产鲜草总量 7t 以上，供草期为 11 月至来年的 4 月。

　　黑麦草生长快、株高 0.7m 左右、产量高、适口性好，以开花前期的营养价值最高。但不同品种间的单位面积鲜草量、鲜草水分、粗蛋白等营养成分存在较大差异（图 5-2）。

图 5-2 黑麦草及种子

优质牧草中尚有紫花苜蓿、皇竹草、墨西哥玉米等，规模羊场可以因地制宜地选择区域适宜的栽培品种，建立优质牧草周年轮供方案。浙江地区秋季栽培黑麦草，春季栽培高丹草是比较适宜的轮作模式。

当栽培的青绿饲料或区域废弃农作物青绿秸秆供给量大时，可以将青绿饲料、废弃农作物青绿秸秆调制成青贮饲料，调节青绿饲料四季供给不平衡问题，实现青饲料的周年均衡供给。

二、青贮饲料加工技术

青贮饲料是将青绿饲料和青绿农作物秸秆等经切碎、压实、密封后，形成厌氧环境，实现青绿饲料长期保存的有效方法。青贮饲料可保持原有青绿饲料多汁等特性，营养损失少，适口性好，湖羊喜食，消化率高，浪费少；青贮饲料调制受天气变化影响小，饲喂时更适用于机械化操作等好处。浙江以及南方各省拥有数量巨大的废弃农作物青绿秸秆，只要掌握了青贮饲料调制的基本原理、方法要领，所有的栽培青饲料、废弃农作物青绿秸秆均可调制成青贮饲料。湖羊养殖业者可以根据所处区域废弃农作物青绿秸秆产生情况，从各自实际需要出发，因地制宜地采取适当的规模、方法进行青贮饲料调制。

青贮饲料调制既适用于规模湖羊场，也适用于个体养殖户，湖羊能适应常年饲喂青贮饲料。通过将青绿饲料调制成青贮饲料，可以做到更合理地利用大量青饲料及废弃农作物秸秆，降低养殖成本，提高养殖效益。

（一）青贮原料要求及青贮添加剂

1. 青贮原料的要求

（1）原料的含水量。由于饲料原料种类不同，水分含量相差甚大，同一种原料也因植物生长阶段不同有一定差异，适宜的原料含水量为 60%~80%。

有些原料的含水量高于80%，如黑麦草、笋壳、水葫芦等，这些原料单一青贮时，窖底会渗出大量黑色液体；一般原料含水量超过75%时会出现渗液问题，渗液不仅损失营养成分，而且污染环境，应该尽量避免。因此，当原料含水量超过75%时，在青贮调制过程中添加适量的稻草粉、油菜秆粉、甜菜粕等，以吸附水，解决渗液问题；或在田间经适时晾晒后再进行调制。南方地区大多数青绿饲料、废弃农作物青绿秸秆的含水量均在适宜青贮的范围内。将水分含量在40%~60%的原料调制成青贮饲料属半干青贮。南方地区接近于半干青贮的大宗原料主要是稻草，鲜稻草的含水量一般在63%左右，由于收割稻谷往往是在晴天进行，经田间短时晾晒，也能使原料中的水分蒸发掉一部分。

原料含水量的估测。在青贮饲料料调制时，原料含水量的准确检测可采用实验室烘箱105℃连续烘3h进行。若无烘箱，对原料含水量的估测可以通过手握的方法进行，抓一把经切碎的原料，用力紧握1min左右，若水从手缝间滴出，其含水量约在75%以上；手松开后，原料仍成球状，手被湿润，其含水量约在68%~75%；当手松开后球慢慢膨胀，手上无湿印，其含水量约在60%~67%；当手松开后草球立刻膨胀，其含水量约在60%以下。

（2）原料中可溶性糖（碳水化合物）含量。一般认为，在不使用添加剂的情况下，原料中可溶性糖含量至少要占原料鲜样的2.5%以上或原料干样的7%以上，以确保青贮过程中乳酸菌的生长；如果原料中可溶性糖含量过低，即使添加乳酸菌也不能使青贮料中的pH降低到抑制有害微生物繁殖的水平。一般豆科植物原料普遍含可溶性糖较低，如苜蓿草、鲜豆秸等，南方地区常见的茭白鞘叶、稻草、南瓜蔓、马铃薯茎叶、笋壳等原料含糖量也较低，单一青贮有难度。

原料中的可溶性糖及水分含量是调制优质青贮饲料的主要影响因素。为了提高青贮品质，减少青贮过程干物质、养分损失；快速抑制有害微生物繁殖、减少青贮饲料中有害物存留量，应该选择使用适宜的青贮添加剂，对于提高湖羊养殖效益，是一个于无形中体现事半功倍的增收途径。

2. 青贮添加剂的种类与作用

（1）微生物类添加剂。主要是乳酸菌制剂，因发酵产物不同，乳酸菌分为同型发酵乳酸菌和异型发酵乳酸菌，同型乳酸菌的主要产物是乳酸；异型乳酸菌则是乳酸、乙酸和CO_2。青绿饲料、废弃农作物青绿秸秆中天然带有一定量的乳酸菌，每克原料中一般在$1.2×10^8$cfu以下，豆科牧草中普遍含量较低；而玉米秸秆中含量较高，可达$(2.0~2.5)×10^8$cfu。在青贮饲料调制过程中添加适量乳酸菌可快速实现青贮窖（包）内的厌氧环境，迅速抑制霉菌、梭菌、酵母等有害微生物生长，可减少因青贮料发热导致干物质、养分损失5%以上；同时，当青贮饲料开窖后，可以延迟暴露于空气中的青贮料进入二次发酵时间2天以上，确保青贮饲料的优质特性，提高动物生产性能3%以上。在湖羊所有精细化养殖技术中，通过添加乳酸菌制剂提高青贮品质，具有最高的投入产出比，但实际生产中往往不被重视，因为感观上难以察觉青贮料品质优劣及干物质、营养成分逐日损失的细微之处。

青贮饲料的品质通过感观判别，误差较大，当发觉青贮饲料有些微败坏时，已造成了较大损失。因此，从精细化湖羊养殖管理来讲，在青贮饲料调制过程中添加适量乳酸菌制剂，是确保青贮饲料优质而无忧的有效手段，也是投入产出比值较高的增收途径。随着微生物类青贮添加剂的技术进步，由多种不同作用的高效益生菌组成的复合乳酸菌制剂应用效果更佳，在保持青贮饲料传统特点的基础上，体现一定程度的保健促生长作用，丰富了青贮饲料的功能。

青贮料开窖后存在二次发酵问题，青贮料的二次发酵是在不知不觉中进行，每日可使青贮料营养损失3%~5%。依据青贮料温度与环境温度比较，当青贮料高出环境温度2℃时，一般认为青贮料开始发生二次发酵，或pH达到5时就认为已进入二次发酵，达到5.5就不能饲喂。添加乳酸菌青贮添加剂可以将二次发酵时间推迟48~60h左右（表5-1）。

表 5-1　青贮料二次发酵温差及 pH 变化

发酵时间（h）	室温（℃）	二次发酵温差		pH	
		常规组	加乳酸菌组	常规组	加乳酸菌组
0	19.25	−4.38	−4.40	3.77	3.77
24	21.10	1.27	1.45	3.83	3.78
48	24.15	8.92	2.80	3.92	3.81
72	25.35	6.15	2.65	4.03	3.87
96	23.50	4.50	4.35	6.01	4.05
120	27.10	2.90	1.65	6.55	4.98
144	25.10	4.80	3.40	7.76	5.55

（2）可溶性糖（碳水化合物）。由于稻草、茭白鞘叶、苜蓿草、豆秸等鲜样原料中可溶性糖含量低于2.5%。而乳酸菌的生长需要一定浓度的可溶性糖作为营养，可溶性糖含量低于2.5%的原料，有必要加入一些可溶性糖，提供

有利于乳酸菌繁殖的适宜环境。实践生产中，将乳酸菌制剂与适量（原料鲜样重的2%左右）麸皮、或玉米粉、或糖蜜等混合制成复合添加剂，既有利于乳酸菌的均匀添加，又能起到补充可溶性糖的作用。这样可以使青贮发酵过程快速、低温、低损失，并能保证青贮饲料开窖后的稳定性。同时添加的麸皮、玉米粉、糖蜜依然是湖羊日粮的组成成分，因此，增加的成本可以忽略。

（3）防腐剂。主要有丙酸及其盐、乙酸及其盐。能有效抑制霉菌生长，在青贮调制过程中，因青贮窖边角及窖顶部位不易压实，可以考虑在这些区域撒一些防腐剂，以减少这些部位青贮料的霉变程度。如果填压充分，也可以省略。

（4）吸附剂。有些原料水分含量高于75%，青贮调制后因重力挤压会出现渗液问题，通过添加吸附剂可有效解决渗液问题。经济适用的吸附剂主要有甜菜粕、稻草粉、油菜秆粉，添加至青贮料干物质含量25%以上，如毛笋壳水分含量90%，每吨毛笋壳拌入粉碎油菜秆或稻草（水分10%）250kg，可使复合原料的干物质含量达到26%，有效防止毛笋壳青贮过程中的渗液问题，同时提高油菜秆、稻草的饲料化利用率。

（二）青贮原理及优质青贮饲料调制技术要点

1. 青贮基本原理

在密封环境下，乳酸菌通过利用原料中的可溶性碳水化合物厌氧发酵产生有机酸（主要是乳酸），导致pH下降、形成酸性环境，从而抑制或杀死各种微生物的繁衍，达到保存青绿饲料的目的。

2. 青贮发酵的基本过程

根据青贮饲料调制过程中的发酵剧烈程度大致可分成四个阶段：耗氧发酵期、厌氧发酵期、稳定期或丁酸发酵期、饲喂期。

（1）耗氧发酵期。此阶段从青贮原料放入窖（包）中开始，理论上仅持续几小时，由于原料间隙中存在部分氧气可以维持植物细胞和微生物的呼吸作用，呼吸的结果即消耗氧气，同时产生二氧化碳和热量，使青贮料逐渐变为厌氧环境。但实际操作因原料填窖、压实速度，原料切碎度、压实密封度等因素，而使此阶段的持续延长。此阶段持续时间越短越好。

（2）厌氧发酵期。此阶段约可持续一周左右，也可能持续一个月，这与原料的特性和青贮条件有关。此阶段的发酵早期，原料中的梭菌、肠细菌、某些杆菌和酵母开始和乳酸菌竞争植物细胞破碎后释放的营养物质，表现为青贮窖中气体的产生、青贮原料在窖中大幅下沉，如原料水分含量高时，在第3~5天出现严重渗液。当乳酸菌增殖、占据主导地位后，窖内青贮料pH由6以上逐渐下降到4以下，窖内温度由33℃降到25℃。pH降至4以下后，乳酸菌本身也逐渐受到抑制。

常规青贮料调制，因原料不同，此阶段约可持续7~30天；添加复合乳酸菌制剂可缩短至一周以内，并降低窖（包）内发酵温度；在严格密封条件下，约从第15天开始，窖（包）内原料因发酵产生的气体被逐渐吸收，30天后呈真空压缩状；显著提高青贮饲料品质。

（3）稳定期或丁酸发酵期。由于青贮饲料中产生的大量乳酸，在乳酸菌被抑制的同时，高耐酸的酵母以休眠状态继续存在、一些杆菌和丁酸菌以孢子形式蛰伏；如果青贮窖填压紧实，封顶严密，青贮饲料就可稳定不变、长期保存。如果青贮料中乳酸量少，有害杂菌、丁酸菌就会繁殖，产生丁酸，并作用于青贮原料引起蛋白质、氨基酸分解生成氨与胺，这时青贮料发出臭味，降低了适口性。如果青贮窖封盖破损，空气进入，霉菌繁殖，乳酸分解，酸度下降后杂菌增殖，这样就会使青贮料干物质损失、能量减少，品质受到不良影响。

（4）饲喂期。开窖后，氧气可以自由进入青贮料表面，到达截面距离1m深的地方，大量蛰伏的酵母、霉菌和丁酸菌孢子等有害微生物复活、开始生长，导致青贮料发热、乳酸分解、pH上升，引起有氧腐败、营养价值下降，即所谓的二次发酵。此时每天的干物质损失可达3%~5%。添加复合乳酸菌添加剂可以极显著缓解有氧腐败进程。

3. 优质青贮饲料调制技术要点

青贮饲料调制的基本技术并不复杂，也易掌握，关键是要注意调制过程的细节，以获得优质青贮饲料，避免不必要的损失。

（1）掌握原料的特性。建议浙江地区的规模湖羊场可利用羊场周边废弃农作物青绿秸秆调制青贮饲料，既节约成本，又解决废弃农作物的污染问题，实现农牧产业的可持续协调发展。在不同区域，种植品种各不相同，但浙江地区的大宗废弃农作物青绿秸秆主要有茭白鞘叶、玉米秸秆、笋壳、稻草、芦笋茎叶、西兰花叶等，调制前要着重掌握这些原料的水分、可溶性糖含量。对于水分高的原料，要添加适量吸附剂，对可溶性糖不足的原料，要添加适量的含糖高的饲料原料。

对于栽培的优质牧草青贮调制，应考虑在适宜的成熟期收获原料，一般禾本科牧草在抽穗期收获较好，豆科牧草以开花初期收获较好；可以保证单位种植面积的最高产量和最佳养分含量。

用于调制青贮的原料，应尽量避免暴晒、堆积发热，原料的青绿和新鲜程度越高，青贮质量越好。

（2）切碎。我国民间历来有"细草三分料""寸草铡三刀"的说法，是有一定道理的。对于湖羊来说，原料切碎的长度以 0.5~2cm 较适宜，相对短的长度，可减少原料间隙、挤出空气，更有利于压实，可加速抑制耗氧微生物的活动，并为乳酸菌的繁衍创造良好的环境。其次，切碎可使植物组织、细胞内的汁液更多地释放出来，为乳酸菌繁衍提供营养，增加乳酸产生量、降低 pH。这些因素都有利于优质青贮饲料的调制。

另外，相对短的原料长度，也有利于湖羊日粮加工时的混合、拌匀，缩短湖羊采食时间、增加采食量，提高饲料转化效率及湖羊的生产性能。

（3）填装、踩实。将铡草机放置于青贮窖内或窖外，原料切碎后直接送入青贮窖内，可减轻劳动强度。原料打入青贮窖后，要一层一层（约 30cm/层）耙平、踩实，同时，可加入复合乳酸菌制剂、吸附剂等青贮添加剂。特别要注意青贮窖的边、角处，要充分踩实，因为边、角处的原料往往较松、也不易踩实，开窖后发现青贮料霉变等情况多见于边、角及窖顶部，主要原因就是未充分踩实、存留了较多空气。因此，原料层层填装过程中，踩得越实越好，更易于造成厌氧环境、便于乳酸菌的繁衍。原料填装要连续进行、不要间断，装填的速度越快越好，尽量缩短装满青贮窖的时间，以避免在原料装满与密封之前腐败。由于装满窖的青贮原料经发酵后会显著下沉，因此，原料填装量可装至高出青贮窖顶 0.5~1m，以提高青贮窖的利用空间（图 5-3）。

图 5-3　全株玉米青贮（费明峰供稿）

（4）密封、压实。原料装满、压实以后，必须及时密封，是调制优质青贮饲料的重要环节。原料装填前，在三面窖墙顶部预置农用塑料布，窖角处要有 1m 的重叠，塑料布厚度 10 丝（=10μm）以上；塑料布自墙顶下挂至墙中部，上部预留长度可盖过窖宽的 2/3 以上，封盖时先盖窖门及其相对墙顶上的塑料布、再盖长边两侧的塑料布。然后压上汽车旧轮胎，间距 1m。一定要注意塑料布不能有任何破损，微小的破损必将导致破损部位青贮料的败坏；因此，只有杜绝外部空气进入青贮窖，才能形成厌氧环境，促进乳酸菌发酵，调制出优质青贮饲料。如果窖顶没有屋顶式盖棚，需再盖上一层塑料布，长度盖过窖墙外侧，以避免雨水沿窖壁渗入窖内、败坏青贮饲料。装窖 30~45 天后即可开窖饲用（图 5-4）。

图 5-4　压实与密封

4. 青贮饲料质量感官评定方法

青贮开窖、饲用之前，对青贮饲料的发酵质量应进行适当的判别，确定其饲用价值。感观评定方法简单易行，符合规模湖羊场的实际情况。但误差相对大些，尤其是对二次发酵的评判。

（1）pH。这是评定青贮饲料质量最简便和快速的方法，是青贮是否成功的重要标志。在生产现场可用广范 pH 试纸直接测定。青贮饲料的 pH 在 4.0 以下可以评定为优等，pH 4.1~4.3 可以评为良好，pH 4.4~4.9 品质一般，劣等青贮饲料的 pH 在 5.0 以上。

（2）色泽。优质的青贮料非常接近于作物原先的颜色，若青贮前作物为绿色，青贮后亮黄色为最佳。青贮容器内青贮饲料的温度是影响颜色的主要因素，温度越低，青贮饲料便越接近于原先的颜色。对于禾本科牧草，温度高于 30℃，颜色变成淡黄褐色；当温度超过 45℃，颜色近于暗褐色。青贮榨出的汁液是很好的指示器。通常颜色越浅，表明青贮越成功，禾本科牧草尤其如此。

（3）气味。品质优良的青贮料通常具有舒适的酸香味（因乳酸所致）。陈腐的脂肪臭味以及令人作呕的气味，说明产生了丁酸，这是青贮失败的标志。霉味则说明压得不实，空气进入了青贮窖，引起饲料霉变。如果出现一种类似堆肥样的不愉快的气味，则说明蛋白质已分解。

（4）质地。植物的脉络结构应当能清晰辨认。结构破坏及呈黏滑状态是青贮严重腐败的标志。

（5）综合评定。无论用哪个感官指标，都无法全面判断青贮饲料的质量。可以采用综合评定法，将 pH、原料的水分、色泽、气味、质地等分别量化计分，然后计算综合分数。青贮饲料评分见表 5-2。综合评分 72 分以上为优等（刘建新等，1999）。

表 5-2　青贮饲料评分表

项目	pH	水分（%）	气味	色质	质地
总赋分	25	20	25	20	10
优等	3.6（25）、3.7（23）3.8（21）、3.9（20）4.0（18）	70（20）、71（19）72（18）、73（17）74（16）、75（14）	酸香味舒适感（18~25）	亮黄色（14~20）	松散软弱脉络清晰不粘手（8~10）
良好	4.1（17）、4.2（14）4.3（10）	76（13）、77（12）78（11）、79（10）80（8）	酸臭味酒酸味（9~17）	金黄色（8~13）	松散脉络模糊不粘手（4~7）
一般	4.4（8）、4.5（7）4.6（6）、4.7（5）4.8（3）、4.9（1）	81（7）、82（6）83（5）、84（3）85（1）	刺鼻酸味不舒适感（1~8）	淡黄褐色（1~7）	略带黏性（1~3）
劣等	5.0 以上（0）	86 以上（0）	腐败味、霉烂味（0）	暗褐色（0）	腐烂发黏结块（0）

（6）二次发酵的评定方法。取青贮原料 3kg 平铺于 39cm×25cm×22cm 的塑料箱中，插入最大量程为 50℃的普通温度计，在 20~23℃室温环境中连续培养，同时在青贮样品旁放置一个装满水的箱子，也插入温度计，用作青贮样品温度的对照，每隔 12h 记录青贮原料温度及水温。当青贮饲料温度高出水温 2℃，即可判定已发生二次发酵。

5. 青贮饲料的取料与驯饲方法

（1）取料方法。青绿饲料经青贮发酵后，营养物质更易被消化，开窖后，厌氧保存的青贮饲料与空气接触，原有被抑制的酵母、丁酸菌迅速复活以及空气中的霉菌、杂菌侵入，引起青贮饲料的迅速变质，即所谓的"二次发酵"。尤其在夏季，青贮料则更易败坏。因此，取料方法尤其重要，取料时应从青贮料的横断面垂直方向，自上而下一小段一小段的切取(图 5-5)，尽量减少

图 5-5　取料截面

留于窖中的青贮饲料松动范围，保持取料截面平整、致密。日取料截面距离至少0.5m以上。开窖后要连续饲用，不要中途停喂。

（2）驯饲。青贮饲料保持了青绿饲料多汁性的特点，但是，没有喂过青贮饲料的湖羊，开始饲喂青贮饲料时有可能不爱吃，经过驯饲后，湖羊都喜食。驯饲的方法是，在早上湖羊空腹时，第一次先用少量青贮饲料与少量精饲料混合、充分搅拌后饲喂，使湖羊不能挑食。经过 3~5 天不间断饲喂，湖羊就能很快习惯。然后再逐步增加饲喂量。饲喂青贮饲料最好不要间断，一方面防止窖内饲料腐烂变质，另一方面湖羊频繁变换饲料影响瘤胃发酵的稳定性，最终影响湖羊的生产性能。从精细化管理来讲，更换湖羊日粮组成应该要有 10~15 天的过渡期，不能有啥吃啥、频繁变换饲料。随意频繁换料是个无形的亏损动作。

三、废弃作物资源高效利用技术

随着社会、经济发展，美丽乡村建设需要，种植业产生的废弃农作物秸秆已成为一个污染源，因焚烧污染大气环境而被政府禁止；抛弃于田野自然腐烂，因南方多雨而污染水源；秸秆还地又可能因滋生病原而危害作物生产；废弃农作物秸秆的资源化利用已成为当前社会的热点问题。南方地区湖羊在养殖过程中因采用了离地平养设施，而不同于其他畜种，可以实现养殖污水零排放。湖羊粪是优质、高效的有机肥，已被广大种植农户所认可，种植的作物产量高、口感佳，是生产有机蔬果的最佳有机肥；规模湖羊养殖场通过卖羊粪收入基本可以抵销饲养员用工的工资支出，是规模湖羊场增收来源的一部分。而且湖羊耐粗特性优越，只要废弃农作物秸秆无毒，经过营养优化配制，吃啥都能给养殖业主带来惊喜。因此，将废弃的农作物秸秆转化为湖羊饲料，是实现区域农牧业协调发展的重要途径，也是确保粗饲料周年均衡供给的重要途径。

国内有效利用废弃农作物资源最成功的典型是花生藤，其次是黄豆秸。浙江有很多的规模湖羊场为图方便、花大价钱购入外省的花生藤作为湖羊的主要粗饲料。但是，因连年涨价，个别地区提供的花生藤夹杂的泥沙也在增加，干物质中粗蛋白含量也只有 7%~9%，浙江个别湖羊场因饲喂霉变花生藤导致大批湖羊腹泻的也偶有发生。从区域湖羊长远发展分析，通过长途运输购买粗饲料以支撑湖羊产业的发展模式并不可取（当然价格低、性价比高除外），一是会削弱区域湖羊产业的竞争力，二是降低湖羊养殖效益。因此，浙江以及其他各省区在湖羊产业发展中，对于粗饲料的供给问题应该采取就地取材的办法解决，而且浙江以及其他各省区本身拥有数量巨大的废弃农作物秸秆资源。以下结合浙江大宗废弃农作物秸秆利用案例以抛砖引玉。

（一）稻草

稻草是我国数量最大的废弃农作物秸秆之一，全国拥有稻草秸秆近3亿t。浙江因经济相对发达，种植水稻比较效益相对较低，年水稻种植面积有限，且以种植单季晚粳稻为主，每公顷稻谷在7500kg以上，根据谷草比1.25计，每公顷年产稻草10t以上，全省年拥有稻草资源量（以风干物计）在400万t以上，是浙江省第一大作物秸秆。2014年前多数稻草被焚烧，政府出台禁烧令后，则被遗弃于田野、自然腐烂，浙江多雨，被腐烂的稻草秸秆成为污染水质的潜在风险源。而稻草还地又存在作物安全生产风险。因此，将稻草秸秆进行饲料化应用具有巨大的社会价值。杭嘉湖地区一直以来有将稻草用作湖羊饲料的传统。稻谷收获后，将稻草打成小捆，直立晒干，早先湖州地区有将稻草悬挂干燥的优良习惯，未经雨淋晒干的稻草拥有自然清香，湖羊喜食。

在稻草秸秆利用模式方面有干稻草和青贮稻草。在不被雨淋的条件下，将稻草直接晒干、用秸秆捡拾打捆机收集、贮存、适度粉碎、饲喂湖羊或适度粉碎后与精料混合、制粒，即用干稻草饲喂湖羊是最简便、经济的方法，且未被雨淋的晒干稻草自然香甜；若按每吨干稻草500元计，其性价比不会低于花生藤，且高于同价大豆秸秆。但浙江及南方各省份因多雨而难以晒制出原汁原味的干稻草，因此，将鲜稻草调制成青贮饲料也是一种因地制宜的方法（图5-6）。

图5-6 稻草

1. 干稻草

干稻草不进行切碎、直接饲喂，浪费较大，因为湖羊刁草进栏、嘴外的稻草往往掉于羊床上，而稻草一旦掉在羊床上，湖羊不会再去采食。因此，将稻草适度切碎后饲喂既可减少浪费，又可提高湖羊对稻草的采食量、缩短采食时间。切碎稻草可通过粉碎机进行，选定粉碎机筛网孔径即可控制稻草的粉碎长度，适宜的筛网孔径为 10~14mm，孔径越小，粉碎的稻草越细，但粉碎效率越低，而且粉碎过细，湖羊采食时会呛鼻；过长，与其他饲料混合时，均匀度会差些。用于调制颗粒料的稻草粉碎长度，适宜的筛网孔径为 6~10mm，过细会增加稻草的过瘤胃率、降低稻草的消化利用效率；过长，则会降低制粒效率。稻草颗粒料制作可选用平模制粒机，平模孔径以 8mm 为宜（图 5-7）。

图 5-7　粉碎机筛片和平模制粒机模板

2. 稻草青贮

由于鲜稻草的组织细胞易死亡，组织呼吸作用较弱，青贮过程中残留空气消除相对较慢，铡碎后的稻草体积蓬松，附着的乳酸菌少，可溶性糖含量低，因此，稻草属不易青贮的原料。因此，稻谷收割后，应尽快收集稻草进行青贮调制，减少田间晾晒时间；稻草越新鲜，铡草机切碎效率越高、切碎长度越均匀，调制效果越好。稻草中含可溶性糖低、天然附着的乳酸菌少，因此，调制优质稻草青贮料，必须添加可溶性糖和复合乳酸菌制剂，复合乳酸菌制剂的添加量要比一般青绿原料增加 3~4 倍，每吨鲜稻草添加 20kg 糖蜜、30~50kg 水，按青贮操作技术要求进行，即可调制出优质稻草青贮料（郭海明等，2017）；糖蜜是调制稻草青贮料最好的添加剂，添加糖蜜的稻草青贮料适口性极好，湖羊非常喜食。在调制过程中建议不添加尿素等非蛋白氮营养增强剂，原因是尿素很难加均匀，而且湖羊采食过量尿素，易导致尿素中毒、造成不必要损失。

青贮方法可选用窖贮、青贮打捆包裹机或液压打包机调制（图5-8）。

在稻草中加入8%的碳酸氢铵进行氨化处理，也是实现稻草饲料化利用的有效途径。

图5-8　海盐丰义羊场调制稻草青贮料（马伟华供稿，2011）

（二）油菜秆

油菜是我国主要的油料作物，在长江南北农村，油菜花盛开季节，是一道能诱人精神亢奋的美丽风景线，但油菜籽收获后留下的油菜秆即是让人头疼的废弃物。本是同根生，相去百万里。随着农村能源消费的改变，油菜秆失去了炊用价值而被废弃（图5-9）。

图5-9　油菜秆

我国年拥有油菜秆资源量3千万t以上。浙江省农村的房前屋后也广泛种植油菜，年产生油菜秆约100万t，是大宗废弃农作物秸秆。将油菜秆碳化成能源棒，因能值低，导致使用成本高。废弃于田野自由腐熟时间长，且成为水环境的潜在污染源。若能将油菜秆开发成湖羊饲料，社会效益非凡。

油菜秆因中性洗涤纤维和酸性洗涤纤维含量高，以及质硬、异味，一般认为油菜秆无饲用价值。实际上麦秸干物质中的中性洗涤纤维和酸性洗涤纤维含量与油菜秆有类似之处，但人们对麦秸饲用价值的认可度要高些。以黄豆秸为参照，油菜秆的营养价值略低于黄豆秸。如果规模湖羊场周边有其他更好的粗饲料资源，确实不会选用油菜秆作为湖羊饲料，除非政府补贴让你无偿饲用。但是在某些饲料原料中如黑麦草、豆腐渣、毛笋壳中添加适量油菜秆也是可行的，可达到优势互补。

用筛网孔径 10~14mm 的粉碎机将油菜秆快速粉碎，与豆腐渣或切碎的黑麦草混合、饲喂湖羊，简捷、可行。油菜秆既可吸收黑麦草、豆腐渣中的大量水分，又使油菜秆软化、提高适口性；在营养上也可实现互补，湖羊采食后耐饥。

也可将粉碎的油菜秆：生石灰：水以 57：3：30 的比例混合、压实，密封贮存、碱化处理 1 个月，可显著提高油菜秆的饲用价值，但费时费力，且经碱处理的油菜秆因碱性偏高，应控制饲喂量。

通过真菌发酵途径也可提高油菜秆的饲用价值，但发酵过程损失能量，有些得不偿失。

（三）茭白鞘叶

在南方温热带，茭白是个大宗化的经济作物品种。20 世纪 90 年代以来，浙江省茭白种植产业得到迅猛发展，茭白产业成为一些乡镇的农业特色产业，出现了许多大面积规模种植的茭白专业镇、乡、村。2012 年浙江省年种植面积 3.33 万公顷以上。茭白植株高大可达 2m，拥有巨大的生物产量，其中茭白鞘叶的生物重占茭白植株总重的 50%~70%。以每公顷产鲜茭白鞘叶 30t 计，浙江省年拥有鲜茭白鞘叶约 100 万 t，供给期为 3~12 月，但主要集中在上半年的 4~7 月和下半年的 10~12 月。

通常农民将茭白肉质茎连同上部的叶鞘、叶片一起采集，在市场或种植田将茭白连壳割下，上部的鞘叶则成堆抛弃在田头、路旁、河沟等地，或将其焚烧或任其腐烂，造成严重的环境污染和资源浪费。

作物中的蛋白质分布除种子外，叶片中的含量是最高的，因此，茭白鞘叶中的蛋白质含量较高、且纤维的木质化程度非常低，对于湖羊营养价值较高。而浙江地区优质粗饲料资源相对匮乏。在所有农作物废弃秸秆中，茭白鞘叶是湖羊最优质的粗饲料之一。

鲜茭白鞘叶水分含量 85%~88%，由于茭白鞘叶结构特殊，其中的水分较易散失，实际收集的茭白鞘叶水分含量可能会更低，如在晴朗天气下晒半天，水分含量即可降到 75%以下（图 5-10）。

图 5-10　茭白鞘叶

湖羊场业主往往担忧茭白鞘叶中的农药残留问题，实际上茭白鞘叶中不存在农药残留。因为农产品安全管控已非常严格，如果茭白中检出违禁农药残留，茭白种植者将面临严厉处罚。因此，茭白安全食用，茭白鞘叶对湖羊也安全。

茭白鞘叶可鲜喂、也可调制成青贮料保存，实现青饲料的均衡供给。

茭白鞘叶青贮技术。茭白鞘叶中可溶性糖含量较低，质地也较蓬松，在青贮调制时可加入2%玉米粉或麸皮以及复合乳酸菌，可获优质青贮料。在严格压实密封的前提下，也可不加任何添加剂直接青贮，但青贮品差些。茭白鞘叶青贮料适口性更佳。

用青贮打捆包裹机或液压打捆包裹机调制。将茭白鞘叶用铡草机切碎，复合乳酸菌制剂用适量麸皮稀释、撒在草堆表面，直接将原料铲入机组，打捆、包裹。尽管有些粗放，但基本能确保调制成优质青贮料，主要是可以提高青贮调制效率、减轻劳动强度（图5-11）。

图5-11　临海间山岙湖羊场、杭州海科公司调制茭白叶青贮料（杨圣天、吴海明供稿）

用青贮窖调制。按优质青贮饲料调制技术要求进行。将鲜茭白鞘叶用铡草机切碎、打入青贮窖中，以30cm厚为一层、耙平。将复合乳酸菌制剂与适量麸皮或玉米粉均匀混合，麸皮或玉米粉的添加量为鲜茭白鞘叶重量的2%；每层均匀撒一次。茭白鞘叶青贮料的品质与其调制时的新鲜度有较大关系，茭白鞘叶越新鲜、越容易调制，青贮料品质也越好。在田间晾晒、失水过多后的茭白鞘叶，切碎后会变得更蓬松、呈海绵状，不易踩实，建议每层可适当喷些水，便于踩实。

另外，采收后的茭白鞘叶存放2~3天对其品质影响相对较小，因此，可以适度晾晒，控制原料水分含量。但铡碎后的茭白鞘叶堆放12h以上即严重影响其品质。

（四）芦笋茎叶

国内大部分省区均有芦笋种植，近几年来浙江省芦笋种植产业发展迅猛，据统计，2013年全省芦笋种植面积约为3000公顷，形成了区域性的芦笋种植乡镇、村。芦笋茎叶是芦笋采收后的季节性废弃物；任芦笋生长，一般茎高可达 2m 左右，浙江地区每年在 8 月、12 月割除二茬，每公顷芦笋茎叶年产量达 20t 左右，预期浙江省年废弃芦笋茎叶约 6 万 t。若芦笋茎叶在种植地附近腐烂，将严重影响下茬芦笋生产，因此，割除的芦笋茎叶往往搬离种植区域后弃于路边、河沟，任其腐烂，导致区域环境污染。由于芦笋茎叶供给期相对集中，鲜食时间较短；将芦笋茎叶调制成青贮饲料是提高其利用效率的主要途径，而且相对于新鲜芦笋茎叶，湖羊更喜欢采食芦笋茎叶青贮料。芦笋茎叶是湖羊的优质粗饲料之一（图 5-12）。

图 5-12　芦笋茎叶（施秋芬供稿）

芦笋茎叶青贮技术。芦笋茎叶中可溶性碳水化合物含量高，具有较好的青贮适应性。

1. 用青贮打捆包裹机或液压打包机调制

将芦笋茎叶用铡草机切碎，复合乳酸菌制剂用适量水混悬、喷洒在草堆表面，直接将原料铲入机组，打捆、包裹即可。

2. 用青贮窖调制

与茭白鞘叶青贮调制相似，但不用添加玉米粉或麸皮。芦笋茎叶青贮过程中不加乳酸菌也能获得较好的青贮品质（郭海明，2016），但难以避免青贮发酵中的干物质、能量损失以及开窖后的二次发酵问题（图 5-13）。

图 5-13　长兴永盛牧业公司调制芦笋茎叶青贮料（施秋芬供稿）

（五）玉米秸秆

在我国，玉米秸秆资源量是仅次于稻草的大宗秸秆，年总量在 1.8 亿 t 左右。浙江省年种植玉米面积一般在 3 万~6 万公顷，有部分用作饲料的玉米，但主要供给奶牛养殖。浙江地区种植的玉米品种中主要是甜玉米和糯玉米，供居民鲜食。玉米籽实采收后留下大量玉米秸秆，亩产玉米秸秆约 3t 左右，浙江每年至少有 150 万 t 以上资源量，除用于奶牛养殖外，理论上每年至少有 120 万 t 以上的玉米秸秆可用于肉羊养殖。

收获鲜籽实后的玉米秸秆干物质含量 28%左右，干物质含量随秸秆在地间滞留时间延长而提高，枯黄度越高、干物质含量越高，但营养价值趋于下降，因此，鲜玉米籽实收获后应尽早收集秸秆（图 5-14）。

图 5-14　玉米秸秆（惠天朝供稿）

玉米秸秆是被湖羊养殖业者所广泛熟知的废弃农作物秸秆，是养殖湖羊的优质粗饲料，可鲜喂也可调制成青贮饲料后饲用，适口性好，湖羊均喜食。如果规模湖羊场一年四季均能供给鲜玉米秸秆或其青贮料，那是湖羊的福利。但鲜喂时要注意玉米秸秆的新鲜度，有些规模湖羊场往往将当天吃不完的玉米秸秆平放堆压，导致内部玉米秸秆发热，发热的玉米秸秆其品质已经下降，饲喂湖羊，严重的会引发软粪、腹泻，看似正常的，其效益也已大打折扣。因此，当玉米秸秆有较多剩余时，应将玉米秸秆直立靠墙放置，可减少发热。

玉米秸秆是调制优质青贮料的典型原料。

1. 用青贮打捆包裹机或液压打包机调制

将玉米秸秆用铡草机切碎，复合乳酸菌制剂用适量水混悬、喷洒在草堆表面，直接将原料铲入机组，打捆、包裹即可。

2. 用青贮窖调制

按常规青贮操作技术即可。玉米秸秆是最容易青贮调制的原料。

玉米秸秆青贮调制过程中不加乳酸菌制剂也能获得较好的青贮效果；但添加复合乳酸菌制剂调制的玉米秸秆青贮料品质更优，干物质、能量损失少，并可有效防止开窖后二次发酵造成的损失。

（六）笋壳

竹是南方地区特有的经济林，主产于浙江、江西、福建、湖南等地，占全国的60%以上。竹叶、竹笋壳是竹产业加工副产物，竹笋壳集中于每年的4~5月，全国年拥有的资源量约2500万t。如杭州临安在每年春季竹笋加工过程中产生约20万t的竹笋壳，若作为垃圾处理，既无处可埋，也是竹笋罐头加工企业的巨大负担。将笋壳应用于湖羊饲料是可行的途径。

笋壳是毛笋、小笋加工成笋罐、笋干后遗弃的副产物。毛笋壳中水分含量一般在90%左右，但干物质中粗蛋白含量约有18%。小笋壳干物质中粗蛋白含量仅有5%，饲用价值远低于毛笋壳。笋壳经适当调制后也可以用作湖羊饲料。

由于笋壳上市时间相对集中，鲜食时间相对较短，因此，绝大部分的笋壳需青贮保存，笋壳青贮保存应注意两个问题，一是因竹笋加工过程中经加热处理，原料中乳酸菌数量较少，添加乳酸菌制剂是必要；二是笋壳含水量极高，青贮调制时需加吸水剂，否则会导致污水横流。

毛笋壳青贮技术。在将毛笋壳打入青贮窖前，建议在窖底先铺0.5~1m厚度的油菜秆粉或稻草粉，以防渗液。然后按每吨毛笋壳加常规用量4~5倍的复合乳酸菌制剂、20kg玉米粉、200kg油菜秆粉或稻草粉，按青贮饲料调制技术要求进行分层调制（图5-15）。

图5-15　调制毛笋壳青贮料（阮国宏供稿）

（七）蚕沙

桑叶源自落叶乔木桑树，蚕沙是蚕的排泄物及桑叶残渣的混合物。养蚕业原是浙江的传统特色产业，随着东桑西移，广西、贵州等地已成为目前我国养蚕业的主产区。

蚕沙作为动物饲料由来已久，桑基鱼塘自 17 世纪兴起的养蚕与养鱼相结合的生产模式，就是将蚕沙用于鱼饲料。蚕沙富含各类营养物质、微量元素，并含少量生物碱、类肾上腺皮质激素、烟酸、未知促生长因子等。应用于畜禽饲料已有较多报道。

在蚕业主产区，产量巨大的蚕沙多未经处理直接丢弃或施用于桑园作为农家肥或进行简单的堆沤。未经病原无害化处理的蚕沙，易引发蚕病的大量发生，给蚕业生产造成威胁，同时也成为区域污染物。由于缺乏经济适用的蚕沙保存技术及收集方式，至今尚未实现蚕沙的饲料化规模应用，因此，急需深入研究合适的蚕沙利用模式。浙江大学经多年研究，建立了蚕沙收集新模式及保存新技术。

蚕沙是养蚕生产中最大的副产物，浙江省年拥有 90 万 t 的蚕沙资源，其中桐乡、南浔、海宁、淳安是主产区，而桐乡、南浔、海宁也是湖羊的主要产区（图 5-16）。

图 5-16 桑、蚕及蚕沙

蚕沙的营养价值介于精料与粗料之间，具有良好的适口性，饲用价值较高。但是，因养蚕过程中为了预防蚕病的发生，常施用碱性较强的消毒剂，导致蚕沙偏碱、钙含量高，直接饲喂湖羊存在瘤胃黏膜脱落、甚至死亡的潜在风险，因此，饲用中应引起重视。

蚕上山后，剩积的蚕沙久置易发霉而失去饲用价值，直接晒干费时费力，不易推而广之，因此，除了用于提取叶绿素外，绝大部分蚕沙用作发酵有机肥处理，且在处理过程中出现臭气冲天的污染问题。蚕沙饲料化利用的技术瓶颈是收集、贮存技术。

鲜蚕沙的收集模式是制约其饲料化利用的关键环节。首先是养蚕企业（户）要有蚕沙无害化处理意识，明确蚕沙直接用作桑园肥料存在的病原传播风险，提高疾病防控意识。其次是养蚕企业（户）与湖羊养殖企业（户）形成经济利益共享关系，进行产业间联动、协作，将蚕沙作为一个商品进行合理交易。最后是政府出台相关扶持政策，促进区域蚕业、湖羊业的健康发展及产业融合。

鲜蚕沙的调制贮存。将鲜蚕沙直接晒干是最简单、直观的方法，但需要相应的场地、且天公要作美，不能下雨，这在南方地区比较难，因此，直接晒干进行规模化处理蚕沙可行性较差。实践证明，将鲜蚕沙进行发酵处理是可行的办法，可实现蚕沙的长期保存。

鲜蚕沙的发酵处理技术有别于常规青贮技术，其原因一是鲜蚕沙本身的组织呼吸作用极弱，难以在较短的时间内消耗装袋或填入窖后间隙中的氧气。二是鲜蚕沙营养丰富，极易长霉。三是鲜蚕沙呈碱性。通过笔者研究，在鲜蚕沙中添加适量复合益生菌制剂可以解决上述问题，其原理是先通过耗氧益生菌繁殖，快速消耗间隙中的氧气，形成厌氧环境；随之乳酸菌繁殖，使蚕沙发酵料呈弱酸性，pH 降至 7.0 以下。在厌氧环境下实现蚕沙的长期保存。

（1）养蚕期间鲜蚕沙的防霉变技术。浙江地区春蚕养殖过程中因饲养后期采食量大、环境湿度高，易导致蚕沙霉变而失去饲用价值；而秋蚕所产的蚕沙霉变程度相对较低，饲用价值较高。建议养蚕户（场）在养蚕后期的采食区定期、少量喷入防霉剂，每张蚕种养殖量喷入 20%乙酸、丙酸（1∶5）混合物的水溶液 5~10kg，或 20%脱氢乙酸钠水溶液 2~3kg，可有效预防蚕沙霉变，确保鲜蚕沙的饲用价值，且不影响蚕宝宝的健康生长、发育（桐乡蚕种公司）。

（2）养蚕结束、清理蚕沙时。在鲜蚕沙中定量加入专用发酵剂（发酵剂用麸皮或米糠稀释，每吨鲜蚕沙中用量 20kg 左右）、适当翻拌后装入塑料袋中、尽量挤出空气、封口。或按常规青贮操作步骤填入青贮窖中（杭州淳安福嘉家庭农场有限公司），即可长期保存。在发酵保存一个月后的蚕沙中未检测出酵母、霉菌及丁酸，气味酸香、品质较好，湖羊喜食；若用于生猪养殖也是一种较好的饲料资源。蚕沙发酵过程中少有气体产生，从包装袋外观看，呈收缩真空状，袋中原有的少量气体在发酵过程中被利用，非常奇妙。

从工作量分析，蚕农清理蚕沙时，也需要装袋（或装筐）、搬运、丢弃等操作过程，因此，蚕农将蚕沙调制成发酵饲料所增加的工作量有限。但调制发酵的蚕沙具有较高的经济价值。以国产中等苜蓿干草为参照，其每吨价格约 2000 元，干物质中粗蛋白含量 15%左右，钙含量也在 2%以上；与发酵蚕沙干物质中的养分有点相似，因此，每吨发酵蚕沙预期有 500~600 元的潜在市场价值。但蚕沙资源的饲料化开发利用与当地政府治理环境污染策略及农业扶持政策、蚕农的疫病防治意识密切相关，同时需要养蚕业与湖羊养殖业间的产业融合、形成合力，将蚕沙开发成湖羊饲料，具有较大的社会、经济价值（图 5-17）。

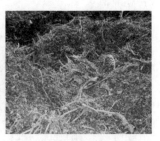

蚕沙袋贮初始状　　　　　袋贮 5 月状态　　　　淳安福嘉农场开窖状态

图 5-17

四、废弃作物秸秆饲料化利用运作模式

目前我国农业生产过程中是否是产生了污染物并没有一个明确、统一的界定，一般是根据感觉和社会呼声大小而定。如浙江的生猪养殖中产生的粪尿污染环境，养猪企业要么被拆，要么企业增加投入进行粪尿无害化处理。实际上种植业产生的废弃物总量更巨大，秸秆焚烧污染大气环境，被政府明令禁止，违者罚款；那么任其自然腐烂，是否对环境也产生污染，如浙江多雨，腐烂物是否污染了地表水源，但感觉上并不强烈，社会也就包容。

从农业子产业间的生产公平性来讲，种植业产生的废弃秸秆如果成为环境污染源也应该由种植业者负责进行无害化处理，所需的费用计入生产成本，谁消费谁埋单，合情合理。如政府像出资治理猪粪污染那样开展废弃作物秸秆无害化处理，则体现政府财政的普惠性，既保护了我国的农业生产，提高农产品在国际上的竞争力，又保护了环境，因此，政府理应加大财政支持力度。

在废弃农作物秸秆利用运作模式上因区域经济发展程度、环境、地形、气候等条件不同探索建立因地制宜的模式。浙江地貌丘陵起伏、且多雨，无法复制如北方地区玉米秸、花生藤等的运作模式。为此提出几个废弃农作物秸秆利用联合运作模式，以供参考。

1. "农业合作社送养殖企业"运作模式

湖州咩咩羊牧业有限公司地处湖州市吴兴区埭溪镇联山村，存栏湖羊4000 余头，羊场周边 20km 范围内拥有 6000 多亩茭白、南瓜等作物种植面积，年产生近万吨的茭白叶、南瓜藤等废弃秸秆，同时区域内的种植户具有较高的环境保护意识，农业合作社将种植户产生的作物秸秆集中、免费送给咩咩羊公司，用于湖羊养殖。在此模式下，既解决了区域内的秸秆污染，又丰富了羊场的粗饲料供给途径，降低养殖成本，实现了农业合作社与养殖企业的良性联动，是区域作物秸秆饲料化利用的较合理的运作模式，应该大力推广。此模式的关键环节是种植户环保意识的高度。

2. "政府+企业+高校+用户"运作模式

以杭州余杭区崇贤街道北庄村为中心的茭白种植区，种植面积近 1 万亩，年产出茭白叶在 1.5 万 t 以上。2015 年前废弃的茭白叶部分用于枇杷园、农田等的有机肥，约有 8000t 被运往垃圾堆埋场，年出运输、堆埋费也是一笔较大的开支。由于垃圾堆埋场空间有限，2016 年起不再接受作物秸秆垃圾。为此，由杭州海科生物科技有限公司投资进行商业化运作，该公司在浙江大学的技术支撑下以及余杭区崇贤街道、区财政资助下成立农作物秸秆收集、加工、配送中心。将作物秸秆粉碎后一部分直接送往羊场、作为湖羊饲料，一部分通过青贮机械调制成青贮包后再送往羊场。在此模式下，企业负责秸秆收集、加工、配送；高校负责秸秆加工及饲用技术服务；政府负责资金扶持；羊场用户负担秸秆运输及青贮调制辅料费。在此运作模式下，解决了村庄路边堆积如山、臭气四溢的废弃茭白叶等作物秸秆，为城郊美丽乡村建设发挥了重要作用。此模式的关键环节是政府资金扶持力度。

3. "养殖企业委托专业合作社加工"运作模式

临海市玉山茭白合作社是于 1996 年成立的一家茭白生产、销售的专业合作社，茭白种植面积 726 亩，每年产生约 1000 多 t 的茭白叶。废弃的茭白叶原来堆放于田间路边、腐烂后还田，但过量还田也不利于作物的种植效益，因此，大部分是就地烧掉，但秸秆禁烧后，成为了难题。自 2016 年开始，与临海间山岙湖羊养殖场联合，在浙江大学技术支撑下，利用青贮机械、就地将茭白叶调制成青贮包，让临海间山岙湖羊养殖场拉走，用作饲料。对合作社来讲，仅负责组织代加工，既不投入、也没有直接的经济效益，合作社的好处是解决了让人头痛的茭白叶处理，也就是获得社会、生态效益，所需的劳务费、设备、包裹材料、运输费由养殖企业承担。

富阳东洲芦笋专业合作社是一家芦笋种植专业合作社，芦笋种植面积 1120 亩，每年产生约 1100t 的芦笋茎叶。由于芦笋茎叶刈割后不能就地腐熟用于芦笋种植的有机肥，因此，必须搬离芦笋种植区域，而芦笋茎叶蓬松，搬运处理费用较高。自 2015 年开始利用浙江大学提供的技术，实施芦笋茎叶青贮包裹技术，为富阳灵梓生态农业有限公司代加工包裹芦笋茎叶青贮料。芦笋茎叶青贮包裹加工、设备、运输等费用由富阳灵梓生态农业有限公司承担，合作社无须额外投入，实施两年，运作顺畅。

此模式下，也能有效实现废弃作物秸秆饲料化利用，但种植业产生的秸秆污染物处理费用由养殖企业埋单，公平性差些。此模式的关键环节是养殖企业代加工费用的承受能力。

第六章　湖羊日粮配制及加工技术

近几年来，由于地方政府对发展湖羊产业的重视以及工商资本的投入，规模湖羊场不断涌现。目前浙江省内绝大多数规模湖羊场尽管规模较大，但在湖羊日粮供给上依然移植着传统湖羊养殖理念：即有啥吃啥。由于湖羊好养，一般也不会出现什么大问题。对于养殖效益好坏只盯着活羊的市场价格算计，即忽略了湖羊场内部潜力的挖掘。在国内肉羊大市场、大流通的冲击下，处于被动状态。对于湖羊养殖企业来讲，在激烈的市场竞争中只有适者生存。因此，规模湖羊场只有炼好内功，前方的路则会更顺畅、好走。

在湖羊养殖过程中，饲料成本约占湖羊养殖总成本的70%以上。对于湖羊场个体来讲，一般很难左右肉羊市场价格的走势，但是通过湖羊场内部技术的提升，提高饲料转化效率，降低饲料成本，确保湖羊健康生长，增加利润空间是可以自我作为的，也是提高企业市场竞争力的重要措施。但目前绝大多数规模湖羊的业主几乎没有日粮优化配制的概念，因此，也配不了高效的湖羊日粮，从而制约了湖羊养殖效益的进一步体现。

本章节通过湖羊常用饲料特点及营养价值、饲养标准、日粮配方设计、全混合日粮加工技术等方面内容介绍，希望湖羊养殖技术人员能自行设计湖羊不同生产阶段日粮，并通过不断探索、积累，建立适合各自湖羊场生产的高效湖羊日粮，实现湖羊的高效养殖。

一、湖羊常用饲料特点及营养价值

湖羊所需的营养物质均来自饲料，不同的饲料所含的营养物质存在较大差异，体现各自的特点、不同的营养价值。对于配制湖羊日粮的基本要求来讲，饲料原料中的干物质、消化能、粗蛋白、钙、磷等营养素指标尤其重要。饲料中干物质、粗蛋白、钙、磷的含量可以通过仪器快速测定，容易获得较准确的数值；但饲料中消化能的准确数值则相对较难确定，尤其是秸秆类粗饲料，一方面因秸秆收获时生长期不同影响饲料原料的消化能值，秸秆收获时越嫩，消化能值越高，如拔节期的玉米秸秆消化能值高于乳熟期后的玉米秸秆；另一方面因反刍动物瘤胃消化过程中，不同饲料原料搭配存在不同的组合效应，即正效应或负效应，而影响组合效应的最主要因素是消化能值。不同饲料原料经优化组合后可以获得更高的消化能值以及营养价值，优化组合不同饲料原料是提高饲料转化效率的重要技术措施。如油菜秆:玉米:豆粕为55:30:15 时，可提高油菜秆的消化利用率；又如芦笋茎叶青贮料:玉米:豆粕为60:24:16 时，获得最大的营养价值。

（一）青绿饲料及青贮饲料

青绿饲料是指天然水分含量在 60% 以上青绿牧草、饲用作物及树叶类等。青绿饲料种类多、来源广、产量高、营养丰富，对促进动物生长发育、提高畜产品品质和产量等具有重要作用。青贮饲料是将新鲜的青饲料切断密封保存，在厌氧环境下经过微生物发酵作用，制成一种由特殊芳香气味、营养丰富的多汁饲料。所有青绿饲料均可调制成青贮饲料。其特点有：青贮饲料能够保存青绿饲料的营养特性；可以实现四季均衡供给湖羊青绿多汁饲料；消化性强、适口性好；便于储存，净化环境。

青绿饲料的营养特性：水分含量高。蛋白质含量较高，品质较优。粗纤维含量较低。钙磷比例适宜。维生素含量丰富。

青绿饲料主要包括牧草和青饲作物秸秆。

1. 高丹草

高丹草因刈割时的生长期不同，鲜草的水分、粗蛋白含量存在较大差异。在生长期的高丹草水分含量 83% 左右，干草中含粗蛋白约 12%，消化能约 9.5MJ/kg，钙 0.3%，磷 0.9%，干草中的粗蛋白含量也可能因品系不同而存在较大差异。高丹草鲜草中含糖量较高，适宜青贮；但因鲜草水分较高，青贮调制过程中会出现渗液，导致营养物质损失及环境污染；鲜草调制前进行适度晾晒可避免这一问题。

将鲜高丹草用铡草机切碎后应用于 25kg 体重生长湖羊日粮，高丹草 1.5~2.0kg、稻草粉 0.4kg、精料 0.4kg（玉米 44%、豆粕 50%、肉羊预混料 6%），预期日增重 200g；将稻草与精料均匀混合后制粒、高丹草自由采食，养殖效果更佳。应用于妊娠后期及哺乳期母羊日粮，高丹草 3kg、稻草粉 0.4kg、精料 0.6kg（玉米 70%、豆粕 22%、肉羊预混料 8%），可满足双羔母羊的营养需要；由于湖羊多羔性的特点，也可采用稻草与精料定量饲喂，高丹草自由采食。

高丹草饲喂前必须保持新鲜，现割现喂。务必注意，高丹草供草时期正值南方夏季高温，久置堆压的高丹草极易发热变质、产生亚硝酸，饲喂湖羊，易导致腹泻、甚至中毒。所有青绿饲料均不能久置堆压后再饲喂湖羊。

2. 黑麦草

拔节期鲜黑麦草水分含量约88%，干物质中粗蛋白含量20%左右，消化能约11.5MJ/kg，钙0.8%，磷0.5%，富含维生素，适口性好，湖羊喜食。

将鲜黑麦草用铡草机切碎后应用于25kg体重生长湖羊日粮，黑麦草2kg、粉碎油菜秆（或稻草）0.4kg、精料0.45kg（玉米46%、豆粕49%、肉羊预混料5%），预期日增重200g；将油菜秆（或稻草）粉碎后与精料均匀混合、制粒，黑麦草自由采食，养殖效果更佳。应用于妊娠后期及哺乳期母羊日粮，黑麦草3kg、油菜秆（或稻草）0.6kg、精料0.6kg（玉米71%、豆粕21%、肉羊预混料7%），可满足双羔母羊的营养需要；由于湖羊多羔性的特点，也可采用油菜秆（或稻草）与精料定量饲喂，黑麦草自由采食。

由于黑麦草含水分高，在日粮粗饲料供给中不能只喂黑麦草，应适量饲喂干草，否则会导致湖羊干物质采食量不足，生长湖羊掉膘、羔羊初生重偏小，在生产中应加以重视。建议适宜的日饲喂2~3kg/只。

3. 墨西哥玉米

墨西哥玉米为禾本科类蜀黍属一年生草本植物，植株高大可达3m，墨西哥玉米喜温、喜湿、耐肥，非常适合浙江地区作为春播牧草栽种。墨西哥玉米生长迅速，可以刈割4~5茬，亩产鲜草量7~9t，供草期3个月以上。拔节期鲜草水分含量约85%，干物质中粗蛋白含量11%左右，消化能约10.5MJ/kg，钙0.55%，磷0.35%。墨西哥玉米的茎中糖分含量高，适宜于青贮（图6-1）。

图6-1　墨西哥玉米

除高丹草、黑麦草、墨西哥玉米外，尚有许多优质牧草值得种植，如紫花苜蓿、皇竹草、高粱、燕麦等，规模湖羊场可以因地制宜的选择合适的品种进行种植，推进种草养羊模式的发展。但是在种草养羊模式中应充分考虑种草的成本，如果土地租金、劳动力等成本高，那么种草养殖的比较效益可能就会较低。笔者认为在浙江地区种草养羊的效益远不如利用区域废弃农作物秸秆好。利用区域废弃农作物秸秆养殖湖羊是浙江湖羊产业发展的重要途径。

4. 茭白鞘叶

鲜茭白鞘叶干物质含量 12%~15%，茭白鞘叶干物质中粗蛋白含量 14.3%、消化能约 10.5MJ/kg，中性洗涤纤维 69%、酸性洗涤纤维 31%、可溶性碳水化合物 3.2%、粗灰分 8.1%、钙 0.36%、磷 0.27%，48h 瘤胃降解率 53%（朱雯等，2015）。干物质中粗蛋白含量接近于麸皮，以粗蛋白含量为指标，若与目前每吨花生藤 1200 元、麸皮 1600 元相比，每吨鲜茭白鞘叶价值至少在 200 元以上。其性价比高于常规豆腐渣。茭白鞘叶是废弃农作物秸秆中的优质粗饲料。但影响其经济性的因素是干物质含量。

（1）茭白鞘叶鲜喂：茭白叶鞘部位光滑，但叶片边缘带细小芒刺，影响适口性，因此，鲜喂时应将鲜茭白鞘叶用铡草机（最好是揉丝机）切碎、拌入精料后饲喂，饲喂初期湖羊采食茭白鞘叶相对少些，经 3~5 天连续驯饲，湖羊很快适应、且喜食。浙江地区夏季对肉用湖羊增重要求相对较低，可将切碎的茭白鞘叶当作主要饲料，让肉用湖羊自由采食。如应用于 25kg 体重生长湖羊，建议日喂精料（玉米 75%、预混料 25%）100g，茭白鞘叶自由采食；预期日增重 100g，饲料成本 0.77 元。如桐乡众成羊场、运北秸秆利用合作社、临海间山峁羊场、吴兴咩咩羊等规模湖羊场均大量饲用新鲜茭白鞘叶。

（2）茭白鞘叶应用于 25kg 体重生长湖羊。鲜茭白鞘叶（或青贮料）2kg（或自由采食）、稻草 0.4kg、精料 0.5kg（玉米 53%、豆粕 42%、预混料 5%）。预期日增重 200g 以上。日饲料成本 1.97 元。

（3）茭白鞘叶应用于妊娠前期母羊。鲜茭白鞘叶（或青贮料）3kg、稻草 0.5kg、精料 0.4kg（玉米 90%、豆粕 5%、预混料 5%）。日饲料成本 1.69 元。

（4）茭白鞘叶应用于妊娠后期及哺乳期母羊。鲜茭白鞘叶（或青贮料）3kg（或自由采食）、稻草 0.6kg、精料 0.65kg（玉米 78%、豆粕 15%、预混料 7%）。日饲料成本 2.42 元。

注：每千克茭白鞘叶、稻草、玉米、豆粕、预混料价格（元）分别以 0.2、0.2、2.36、3.5、3.5 计。

5. 玉米秸秆

玉米秸秆干物质中粗蛋白约 6.5%，消化能约 8.0MJ/kg，钙 0.3%，磷 0.25%。鲜玉米茎秆中可溶性糖含量高，湖羊喜食，获业主高度认可。

（1）玉米秸秆应用于 25kg 体重生长湖羊。鲜玉米秸秆（或青贮料）2kg（或自由采食）、精料 0.5kg（玉米 43%、豆粕 52%、预混料 5%）。预期日增重 200g 以上。日饲料成本 2.11 元。

（2）玉米秸秆应用于妊娠前期母羊。鲜玉米秸秆（或青贮料）3kg（或自由采食）、精料 0.3kg（玉米 48%、豆粕 42%、预混料 10%）。日饲料成本 1.79 元。

（3）玉米秸秆应用于妊娠后期及哺乳期母羊。鲜玉米秸秆（或青贮料）3kg（或自由采食）、精料 0.65kg（玉米 60%、豆粕 33%、预混料 7%）。日饲料成本 2.74 元。

注：每千克玉米秸秆青贮料、玉米、豆粕、预混料价格（元）分别以 0.3、2.36、3.5、3.6 计。

6. 甘薯蔓

浙江省的甘薯种植区域主要集中在丘陵山地，年种植面积 7 万公顷左右。甘薯成熟时，地上部分以茎蔓为主，约占 70%，叶 30%，亩可收获甘薯蔓 1~2t。鲜甘薯蔓中的干物质含量约 22%，干物质中粗蛋白 9%，消化能约 9.0MJ/kg，钙 1.7%，磷 0.1%。甘薯蔓湖羊喜食，由于湖羊对蔓中的丝状纤维消化率较低，因此，甘薯蔓在饲喂前应用铡草机切碎至 1cm 左右，以免饲喂日久导致蔓中的丝状纤维在瘤胃中结球、危害湖羊健康。另外，未充分干燥的甘薯蔓在贮藏过程中易感染黑斑病而发生霉烂。大量或长期饲喂霉烂的甘薯或甘薯藤，易导致湖羊肺部损伤，严重影响湖羊健康。

7. 芦笋茎叶

芦笋茎叶中的干物质含量 31% 左右，干物质中粗蛋白 11.5%、消化能约 10.0MJ/kg、中性洗涤纤维 47%、酸性洗涤纤维 33%、粗灰分 9.8%、可溶性碳水化合物有 9.6%、钙 0.29%、磷 0.14%；芦笋茎叶用作湖羊饲料可获得较好的经济效益（郭海明，2016）。

（1）芦笋茎叶应用于 25kg 体重生长湖羊：芦笋茎叶青贮料 2kg（或自由采食）、精料 0.4kg（玉米 47%、豆粕 46%、预混料 7%）。预期日增重 200g 以上。日饲料成本 1.59 元。

（2）芦笋茎叶应用于妊娠前期母羊：芦笋茎叶青贮料 3kg、精料 0.25kg（玉米 90%、预混料 10%）。日饲料成本 1.22 元。

（3）芦笋茎叶应用于妊娠后期及哺乳期母羊：芦笋茎叶青贮料 3kg（或自由采食）、精料 0.55kg（玉米 74%、豆粕 16%、预混料 10%）。日饲料成本 2.07 元。

注：每千克芦笋茎叶青贮料、玉米、豆粕、预混料价格（元）分别以 0.2、2.36、3.5、3.6 计。

若饲用新鲜芦笋茎叶则要经过驯饲过程，逐日增量，日饲喂量不能突然增加，否则湖羊采食有限。

8. 野青草

夏季的南方大地上拥有数量较大的野青草资源，在劳动力成本可承受之下，可以收割野青草作为湖羊的青绿饲料，历史上野青草也是杭嘉湖地区湖羊的传统粗饲料。野青草中的干物质含量约 30%，干物质中的粗蛋白 7% 左右，消化能约 9.0MJ/kg。

9. 其他

在湖羊养殖中一定要发掘湖羊耐粗饲的种质特性，充分利用规模湖羊场周边农作物废弃秸秆，以降低湖羊养殖成本。如马铃薯茎叶、南瓜藤、杭白菊茎叶、芹菜叶、西兰花叶等，几乎所有的农作物青绿秸秆均可成为湖羊的饲料，其利用的关键是要明确不同农作物青绿秸秆的营养成分、与其他原料进行优化组合，提高其利用效率。

（二）粗饲料

粗饲料是水分含量在 45% 以下，粗纤维含量在 18% 以上，能量价值低的一类饲料，主要包括干草类、农副产品类（壳、茄、秸、秧、藤）、树叶、糟渣类等。粗饲料中粗纤维含量高，营养价值低、适口性差，来源广、数量大（合理利用）。实际上青绿饲料及其干燥品、青贮饲料均可归属粗饲料范围。粗饲料在湖羊日粮干物质所占比例最大，一般为 60%~80%，对湖羊来讲，起主要供能作用，同时促进反刍、确保瘤胃健康。

1. 稻草

鲜稻草的干物质含量约为 36%，晒干后的稻草干物质为 90% 左右，稻草干物质中含粗蛋白 5.8%，消化能约 6.0MJ/kg，中性洗涤纤维 72%，酸性洗涤纤维 43%，可溶性碳水化合物 4%、钙 0.56%、磷 0.17%。

制约稻草作为湖羊饲料的主要因素，一是收集成本，纯劳动力收集可行性越来越小；通过秸秆捡拾打捆机收集是必然的趋势。二是稻草干燥问题，浙江多雨，在干燥过程中要将稻草免遭雨淋、晒干实属不易；未充分干燥的稻草用秸秆捡拾打捆机收集，草捆中往往出现严重的霉变、影响稻草的饲用价值。三是因稻草纤维含量高，表皮角质层和硅细胞严密，适口性差，消化率较低，限制了其用作湖羊饲料的利用价值。

湖羊耐粗饲，在浙江湖羊主产区就有将稻草用作湖羊饲料的传统。湖羊有夜间觅食的习性，傍晚补饲稻草或其他草料，湖羊易肥；目前，农户养殖的湖羊屠宰率相对较高，与食槽中昼夜备草有一定关系。但湖羊对稻草的采食量相对较低，自由采食一般不超过日粮干物质的 30%。因此，饲用的稻草应进行适度加工。

（1）稻草应用于 25kg 体重生长湖羊。建议稻草粉 55%、玉米粉 23.5%、豆粕 19%、预混料 2.5%。混匀、制粒。自由采食。预期日增重 200g 以上，日饲料成本 1.95 元。若以粉状散料饲喂，建议将稻草粉与豆腐渣、或青绿饲料等水分含量高的原料掺和、调制成全混合日粮饲用，可提高稻草的适口性及其采食量，但增重效果不易把握。

稻草青贮料 1.2kg（或自由采食）、精料 0.6kg（玉米 55%、豆粕 40%、预混料 5%），调制成全混合日粮饲用。预期日增重 200g 左右。日饲料成本 2.08 元。

（2）稻草应用于妊娠前期母羊。建议稻草粉 65%、玉米粉 29%、豆粕 4%、预混料 2%。混匀、制粒。每日定量饲喂 1.6kg/只。日饲料成本 1.74 元。

稻草青贮料 2.5kg、精料 0.3kg（玉米 74%、豆粕 18%、预混料 8%）。日饲料成本 2.1 元。

（3）稻草应用于妊娠后期及哺乳期母羊。建议稻草粉 60%、玉米粉 27%、豆粕 10%、预混料 3%。混匀、制粒。自由采食。日饲料成本 2.17 元。或稻草粉 1.4 kg、豆腐渣 2kg、精料 0.65kg（玉米粉 69%、豆粕 25%、预混料 6%）。混匀、调制成全混合日粮。自由采食。

稻草青贮料 3kg（或自由采食）、精料 0.7kg（玉米 69%、豆粕 24%、预混料 7%）。日饲料成本 2.72 元。

注：每千克稻草（或青贮料）、玉米、豆粕、预混料价格（元）分别以 0.3、2.36、3.5、3.6 计。

2. 油菜秆

油菜秆的干物质含量 92% 左右，干物质中粗蛋白 3.5%，消化能约 5.0MJ/kg，中性洗涤纤维 80%、酸性洗涤纤维 61%、粗脂肪 5%、粗灰分 5.7%、钙 0.63%、磷 0.26%。

有报道认为油菜秆的蜡质、硅酸盐、木质素含量和细胞壁的结晶度较高，天然的异味和粗硬的动物口感，导致动物采食量和消化率均较低，直接饲喂油菜秆不利于动物的生长及生产。将油菜秆粉碎后饲喂是最简便的途径。

（1）油菜秆应用于 25kg 体重生长湖羊。建议油菜秆 0.5kg、黑麦草（或豆腐渣）1.5kg、精料 0.45kg（玉米 43%、豆粕 52%、预混料 5%）。调制成全混合日粮，由湖羊自由采食。预期日增重 200g 以上。日饲料成本 1.56 元。

张勇等（2016）以生长湖羊为对象，研究了油菜秆饲料化利用技术，其中对照组日粮组成为花生藤 70%、玉米 18%、豆粕 10%、预混料 2%。试验组日粮组成为油菜秆粉 58%、玉米 21.3%、豆粕 18.7%、预混料 2%。分别混匀、制粒。颗粒饲料自由采食。获得了很有价值的应用效果（表6-1）。

表6-1　油菜秆颗粒饲料对6~8月龄湖羊体重及饲料转化效率的影响

项　目	对照组	试验组	SEM	P值
干物质采食量（kg/d）	1.47[a]	1.37[b]	0.14	0.04
初始体重（kg）	32.31	32.35	0.45	0.94
末重（kg）	39.79	39.98	0.92	0.86
日增重（g/d）	143	147	0.05	0.86
料重比	9.35	8.87	0.73	0.43
每千克增重成本/元	15.73	9.86		

　　注：各原料成本，花生藤1.2元/kg；玉米1.9元/kg；豆粕2.8元/kg；预混料3.5元/kg；油菜秆0.1元/kg。

　　（2）油菜秆应用于妊娠前期母羊。建议油菜秆0.7kg、黑麦草（或豆腐渣）2.5kg、精料0.3kg（玉米82%、豆粕8%、预混料10%）。调制成全混合日粮，由湖羊自由采食。日饲料成本1.1元。

　　（3）油菜秆应用于妊娠后期及哺乳期母羊。建议油菜秆0.7kg、黑麦草（或豆腐渣）2.5kg、精料0.6kg（玉米66%、豆粕27%、预混料7%）。调制成全混合日粮，由湖羊自由采食。日饲料成本1.97元。

　　注：每千克油菜秆和黑麦草、玉米、豆粕、预混料价格（元）分别以0.1、2.36、3.5、3.6计。

3. 花生藤

　　花生藤是花生收获后的废弃作物秸秆，我国年拥有资源量2千万t以上，是当前我国实现饲料化利用程度最高的废弃农作物秸秆之一，也是浙江规模湖羊场最常用的粗饲料，但均从外省购入。

　　花生藤的干物质含量90%左右，干物质中粗蛋白8.5%，消化能约8.5MJ/kg，钙0.97%，磷0.32%。

　　花生藤和花生秧是两种不同的粗饲料，不应混淆，花生秧的营养价值远高于花生藤。规模湖羊场的业主对花生藤均较认可，采购、饲喂方便。花生藤在湖羊养殖中饲用量巨大，在废弃作物秸秆饲料化利用方面，花生藤是最成功的案例。

　　对于浙江湖羊来讲，尤其应注意花生藤原料的霉变问题，若花生藤发生了霉变，其中的主要霉菌多是黄曲霉，因花生藤霉变导致羔羊腹泻、生长迟缓的现象在浙江规模湖羊场也偶有发生。黄曲霉、寄生曲霉等可产生有毒代谢产物——黄曲霉毒素，常导致动物肝脏病变。花生、玉米、麦类、饲草等在收获时或贮存过程中若未能保持充分干燥，也易导致黄曲霉滋长。湖羊采食被黄曲霉污染的饲料而引起消化机能紊乱、腹水、神经症状等慢性中毒性疾病。羔羊表现为食欲不振、腹泻；成年羊表现为黄疸；妊娠母羊易发流产。欧共体要求每千克羊饲料中黄曲霉毒素 B_1 控制在 0.05mg 以下。国内有企业规定奶牛日粮中黄曲霉毒素 B_1 控制在 0.09mg 以下。但我国对肉羊饲料的霉菌毒素限量未见有明确规定，随着绿色畜产品生产意识的增强，将来我国必定会在这方面作出明确规定。

4. 竹笋壳及竹叶

笋壳可分为毛笋壳和小笋壳，浙江地区毛笋壳的干物质含量 11% 左右，干物质中粗蛋白 17.5%，消化能约 9.5MJ/kg，钙 0.30%，磷 0.22%。小笋壳干物质中粗蛋白 4.5%，营养价值不如毛笋壳。

由于笋壳中含有湖羊难以消化的纤维束，日积月累，可在瘤胃中滚成球团，堵塞网瓣胃口，危及湖羊性命，因此，笋壳饲喂前用铡草机进行充分切碎是必要的，可确保笋壳饲喂的安全性，尤其是饲喂种羊。

竹叶干物质含量 91% 左右，干物质中粗蛋白 13.5%，消化能约 8.5MJ/kg，钙 0.45%，磷 0.07%。竹叶饲喂前最好也进行揉碎，可提高其消化率。

（1）毛笋壳应用于 25kg 体重生长湖羊。鲜毛笋壳 1.5kg、稻草（或油菜秆）0.5kg、精料 0.5kg（玉米 50%、豆粕 45%、预混料 5%）。调制成全混合日粮，由湖羊自由采食。预期日增重 200g 以上。日饲料成本 1.72 元。

毛笋壳青贮料 2kg、精料 0.5kg（玉米 48%、豆粕 47%、预混料 5%）。调制成全混合日粮，由湖羊自由采食。预期日增重 200g 以上。日饲料成本 1.78 元。

（2）毛笋壳应用于妊娠前期母羊。鲜毛笋壳 3kg、稻草（或油菜秆）0.7kg、精料 0.3kg（玉米 80%、豆粕 10%、预混料 10%）。调制成全混合日粮，由湖羊自由采食。日饲料成本 1.2 元。

毛笋壳青贮料 3kg、精料 0.3kg（玉米 60%、豆粕 30%、预混料 10%）。调制成全混合日粮，由湖羊自由采食。日饲料成本 1.3 元。

（3）毛笋壳应用于妊娠后期及哺乳期母羊。鲜毛笋壳 3kg、稻草（或油菜秆）0.6kg、精料 0.65kg（玉米 73%、豆粕 19%、预混料 8%）。调制成全混合日粮，由湖羊自由采食。日饲料成本 2.16 元。

毛笋壳青贮料 3kg、精料 0.65kg（玉米 66%、豆粕 28%、预混料 6%）。调制成全混合日粮，由湖羊自由采食。日饲料成本 2.24 元。

注：每千克鲜毛笋壳、毛笋壳青贮料和稻草、玉米、豆粕、预混料价格（元）分别以

0.1、0.2、2.36、3.5、3.6 计。

5. 蚕沙及桑叶

鲜蚕沙干物质含量约 30%，干物质中粗蛋白含量约 14%，消化能约 10 MJ/kg，中性洗涤纤维 13%、酸性洗涤纤维 8%、无氮浸出物 50%、粗灰分 16%、钙 2.7%、磷 0.25%，其中含有 10%~12% 的果胶有助于低质粗饲料的消化利用。由于养蚕过程中为了预防蚕病发生，常施用漂白粉消毒，因此，蚕沙中的钙含量因漂白粉的施用量而存在较大差异。蚕沙的营养价值介于精料与粗饲料之间，接近于麸皮，湖羊喜食。

桑叶的干物质含量接近 30%，干物质中粗蛋白 26% 左右，消化能约 11 MJ/kg，钙 1.5%，磷 0.25%。是养殖湖羊的优质粗饲料，可以与优质苜蓿草相媲美。但桑叶与常用蛋白饲料组合饲喂时存在负组合效应。

发酵蚕沙的应用试验（汤志宏等，2017）。发酵蚕沙制作，每吨鲜蚕沙加入复合益生菌 15g、麸皮 20kg，按常规青贮技术操作、窖贮，1 个月后开窖饲用。发酵蚕沙干物质 40.6%，干物质中钙 4.96%、磷 0.23%、粗蛋白 15.4%、中性洗涤纤维 12.3% 和酸性洗涤纤维 7.1%，pH 值 6.66。选用体重 23kg 左右的健康湖羊 30 头，分为三组。对照组日粮为花生藤 0.6kg，豆腐渣 1.5kg，精料 0.39kg；试 1 组日粮为稻草 0.4kg，发酵蚕沙 1kg，豆腐渣 0.5kg，精料 0.47kg；试 2 组日粮为稻草 0.3 kg，发酵蚕沙 1.5kg，精料 0.5kg，除钙外，各组日粮营养水平基本一致。均制成全混合日粮。试验期 50 天。测定湖羊日增重、干物质采食量、瘤胃发酵参数和养分表观消化率，分析养殖效益。

试验结果，对照组、试 1 组和试 2 组的日增重分别为 204.9g、208.3g 和 179.0g，试 2 组显著低于对照组和试 1 组（$P < 0.05$）；各组干物质采食量基本一致；料重比分别为 5.36、5.20 和 6.04，试 2 组显著高于试验 1 组（$P < 0.05$）。各组湖羊瘤胃液参数无显著差异。试 1 组的干物质、中性洗涤纤维的表观消化率显著高于对照组和试 2 组（$P < 0.01$），试 2 组的酸性洗涤纤维表观消化率显著低于对照组和试验 1 组（$P < 0.01$）。

蚕沙经厌氧发酵处理可实现长期保存。对照组、试 1 组和试 2 组湖羊增重饲料成本（元/kg）分别为 10.12、7.82 和 8.79，试 1 组可获得较好的经济效益。试 1 组日粮中蚕沙（DM 计）占 32.6%，试 2 组为 45.9%，均未超过一般观点的 50%，但试 2 组的蚕沙用量已导致显著的负面作用，其原因有待进一步研究；建议发酵蚕沙的饲喂量占日粮 DM 的 1/3 为宜。稻草与发酵蚕沙的组合饲用既丰富粗饲料供给的途径，又实现区域废弃物的资源化利用。

（1）发酵蚕沙应用于 25kg 体重生长湖羊。建议发酵蚕沙 1kg、稻草或油菜秆 0.5kg、精料 0.4kg（玉米 50%、豆粕 45%、预混料 5%）。预期日增重 200g 左右。日饲料成本 1.57 元。

（2）发酵蚕沙应用于妊娠前期母羊。建议发酵蚕沙 2kg、稻草或油菜秆 0.6kg、精料 0.25kg（玉米 90%、预混料 10%）。日饲料成本 1.34 元。

（3）发酵蚕沙应用于妊娠后期及哺乳期母羊。建议发酵蚕沙 2kg、稻草或油菜秆 0.6kg、精料 0.5kg（玉米 86%、豆粕 8%、预混料 6%）。日饲料成本 1.98 元。

注：每千克发酵蚕沙、稻草、玉米、豆粕、预混料价格（元）分别以 0.3、0.2、2.36、3.5、3.6 计。

6. 豆腐渣

豆腐渣是加工豆腐制品的副产物，资源量大、遍及全国。在浙江，豆腐渣是传统湖羊养殖中的常用饲料，适口性极佳、湖羊喜食，深受养殖业者认可，并认为饲喂豆腐渣的湖羊易肥，但实质是日粮中配入适量豆腐渣促进了湖羊对其他饲料的采食之故。如果仅喂豆腐渣，湖羊是无法增重，原因是豆腐渣的水分太高，这与饲喂过量黑麦草导致湖羊掉膘是一个道理。

豆腐渣的干物质含量 11% 左右，干物质中粗蛋白 16% 左右，消化能约 10 MJ/kg，钙 0.20%，磷 0.30%。豆腐渣的营养价值介于精料与粗饲料之间，有些业主也把豆腐渣当作蛋白饲料饲用，但是因豆制品加工企业的不同生产工艺使豆腐渣中的粗蛋白含量存在一定差异，随着提取工艺的不断进步，豆腐渣中的粗蛋白含量趋于下降，纤维含量大幅上升，又因纤维细小，在瘤胃中停留时间短，影响消化利用。

在南方夏天高温季节应注意豆腐渣的久存变质问题。

7. 大豆秸

大豆秸是我国大宗作物废弃秸秆，年拥有资源量 2500 万 t 左右。大豆秸类似于油菜秆，质感粗硬，属低质粗饲料，但其饲料化利用程度高于油菜秆，市售价格也不低。大豆秸饲用前必须进行适当的粉碎，以提高适口性。大豆秸因收获时的干燥，导致绝大部分的叶片散落田间，从而影响大豆秸的营养价值。浙江规模湖羊场也有用大豆秸作为湖羊饲料，但抽样测定其粗蛋白含量仅为 4.5%。浙江农区收获鲜食大豆后留下的大豆秸，基本保留了绝大部分的叶片，其干物质中的粗蛋白含量可达到 10% 以上，豆秆也相对柔软，是相对优质的湖羊粗饲料。

大豆秸干物质含量 90% 左右，干物质中粗蛋白 4.5%，消化能约 5.0 MJ/kg，钙 0.44%，磷 0.21%。但大豆秸的营养价值与收获时含叶片量有关，叶片含量高，营养价值则高。

8. 麦秸

麦秸是我国第三大废弃农作物秸秆，全国年拥有资源量 1.2 亿 t 左右。在浙江地区将麦秸用于湖羊饲料少见，其原因是大小麦收获时麦秸被就地粉碎、麦秸空心蓬松、难以收集；二是麦秸中性洗涤纤维高，消化率低。

麦秸干物质含量 90% 左右，干物质中粗蛋白 5.5%，消化能约 5.0 MJ/kg，钙 0.10%，磷 0.10%。对麦秸进行碱化处理是提高其消化率的可行途径。

另外，如喷浆玉米粉、大豆皮、米糠饼等均可成为湖羊养殖中的粗饲料，但是，这些加工副产物因不含长纤维，大量饲喂将影响湖羊反刍及瘤胃微生态环境、导致瘤胃 pH 下降，因此，要适量饲用。

（三）能量饲料

能量饲料是以干物质计算，粗蛋白质含量低于 20%，粗纤维含量低于 18% 的一类饲料。主要包括谷实类、糠麸类、块根块茎、油脂、乳清粉等。能量饲料淀粉含量高、适口性好，可利用能量高；在湖羊日粮中能量饲料的比例一般不应超过 40%，过高的能量饲料比例，往往导致瘤胃酸中毒，同时增加饲料成本、降低养殖效益。

能量饲料中的碳水化合物一般在 60% 以上，粗纤维多在 5% 以下，粗蛋白 7%~10%。

1. 玉米

玉米是湖羊养殖中最常用的能量饲料，玉米干物质含量 88% 以上，干物质中粗蛋白 9.5%，消化能约 16.5MJ/kg，钙 0.10%，磷 0.25%。可见玉米含能高，黄玉米中胡萝卜素含量丰富，蛋白质、钙、磷等含量均少，且缺乏赖氨酸、蛋氨酸，氨基酸平衡性差，钙低磷高，钙、磷比例不当，钙、维生素 A 及维生素 D 含量不能满足湖羊的需要，是一种养分不平衡的高能饲料。随着生物技术进步，我国培育了高油玉米品种，其蛋白质和能量高于普通玉米，尽管目前尚未饲用该品种玉米，将来可能也会用上。

玉米是湖羊肥育的最重要原料，湖羊上市前增加日粮中玉米的比例可显著提高日增重，改善肉质，使羊肉大理石花纹、不饱和脂肪酸含量以及嫩度提高。

玉米在饲喂前应该进行适度的粉碎，以提高玉米的消化利用率；但当玉米占日粮比例较高时，粉碎过细，会影响粗饲料的消化率，并可导致瘤胃酸中毒。浙江偶有规模湖羊场将整粒玉米直接喂羊的习惯，这是不合理的饲喂方式，将降低玉米的消化利用率；如果将整粒玉米用水浸泡后饲喂则是可行的方式。

蒸压玉米是近几年来出现的新颖玉米制品，是将高水分的新鲜玉米经蒸气加热熟化后压扁、干燥而成。其特点是淀粉经熟化后提高了玉米的消化利用率，目前多用于高产奶牛的饲料。评价蒸压玉米质量的重要指标是测定熟化度及水分含量；猪、禽颗粒料中的玉米淀粉熟化度一般在90%以上，如果蒸压玉米的淀粉熟化度在30%以下，那是有形无实；蒸压玉米熟化度越高、水分越低，质量越好。将来若有规模湖羊场饲用蒸压玉米要注意这些质量要求。

2. 大麦、小麦

在湖羊养殖中一般较少用大麦，但大麦的价格低于玉米。大麦干物质含量88%以上，干物质中粗蛋白12.2%，消化能约15.2MJ/kg，钙0.10%，磷0.33%。大麦的蛋白质含量高于玉米，粗纤维含量也高于玉米。由于大麦中含有可溶性纤维素，对于猪、禽来说不易消化，影响其消化利用率，常在含大麦的配合饲料中需加入酶制剂，因此，大麦用作猪、禽饲料相对较少。由于湖羊是反刍动物，在瘤胃微生物的作用下，可有效利用大麦。对于规模湖羊场来说，可以考虑用大麦作为湖羊的主要能量饲料。将大麦粉碎或压扁可以提高其消化利用率。

小麦干物质含量88%以上，干物质中粗蛋白13.2%，消化能约16.3 MJ/kg，钙0.15%，磷0.40%。对于湖羊来说，小麦的营养价值高于大麦，甚至略高于玉米，但小麦一般不用作饲料；常用的是其加工副产物——麸皮。

3. 麸皮

麸皮是小麦加工面粉时产生的副产物。麸皮干物质含量88%以上，干物质中粗蛋白16.3%，消化能约13.7 MJ/kg，钙0.20%，磷0.90%。麸皮在规模湖羊场较常见，业主对其也较认可。麸皮中含有较高的植酸磷，湖羊可以有效利用。麸皮具有轻泻作用，大量饲用，会软化羊粪、出现成团、粘连的羊粪；产后母羊适当增加麸皮饲喂量，有利母羊健复。因此，麸皮不能作为规模湖羊场主要的能量饲料。

4. 米糠

米糠是稻谷加工米时产生的副产物，米糠的营养价值随含壳量的增加而下降，如最差的砻糠，只能当作粗饲料。米糠干物质含量88%以上，干物质中粗蛋白13.4%，消化能约15.2MJ/kg，钙0.15%，磷1.20%。在传统湖羊养殖中米糠是湖羊的主要精饲料，但随着区域农业产业结构调整，浙江地区米糠的资源量锐减。米糠中含有丰富的植酸磷，在适量饲用米糠的湖羊日粮中，一般不需要再额外添加无机磷，就可满足湖羊对磷的需要。米糠的消化能高于麸皮是因为米糠中含有约17%的粗脂肪；如果米糠中的油脂被提取后，其消化能将大幅下降，如米糠饼。

在能量饲料中尚有稻谷、高粱、燕麦等，但较少用作湖羊饲料，若有资源、性价比合算，也可考虑用于湖羊养殖。

（四）蛋白质饲料

蛋白质饲料是指粗纤维含量在18%以下，粗蛋白含量在20%以上的饲料，蛋白含量较高。蛋白质饲料主要包括植物性蛋白饲料、动物性蛋白饲料、非蛋白氮饲料。但国家规定动物性蛋白饲料禁止用作牛羊等反刍动物饲料。蛋白质饲料的营养实际上是其中的氨基酸营养，因此，评价蛋白质饲料的优劣，不仅仅是蛋白质的含量，还要比较其必需氨基酸的平衡性，关键是赖氨酸和蛋氨酸的含量。在湖羊养殖中，关于必需氨基酸的供给，尚未获得认同。

1. 豆粕

豆粕是我国畜禽养殖中最常用的植物性蛋白质饲料，分为常规豆粕和去皮豆粕。目前规模湖羊场饲用的多为常规豆粕。常规豆粕的干物质为88%以上，干物质中粗蛋白47.5%，消化能约16.5MJ/kg，钙0.33%，磷0.62%。去皮豆粕的粗蛋白含量高于常规豆粕。豆粕的必需氨基酸组成比例是植物蛋白饲料中最好的，其中的赖氨酸含量最高，可达2.7%，蛋氨酸+胱氨酸含量为1.25%。有关奶牛赖氨酸与蛋氨酸适宜比例研究表明，当小肠代谢蛋白质中赖氨酸与蛋氨酸比例为3:1时，饲料蛋白质的利用效率最高，因此，通过不同蛋白质饲料组合或添加过瘤胃赖氨酸、蛋氨酸可显著提高饲料蛋白质的利用效率，并且通过日粮氨基酸平衡，降低日粮蛋白水平而不影响动物的生产性能。尽管这方面的技术目前尚未在湖羊养殖上应用，但是随着技术进步和产业水平的提高，这些新技术必然会用于湖羊生产，如哺乳期羔羊补饲料。因为降低饲养成本、提高养殖效益是湖羊产业发展的始终目标。

生豆粕或生黄豆中含有胰蛋白酶抑制剂，即所谓的抗营养因子，影响动物健康及生产性能，因此，生豆粕或生黄豆饲用前需经113℃、3min的加热处理或进行酶解发酵处理。

2. 菜粕（饼）

因菜籽榨油工艺不同，菜粕（饼）中的粗脂肪、粗蛋白含量存在一定差异，用浸提工艺的菜粕，粗脂肪含量较低，约1.5%；机榨工艺的菜饼，粗脂肪含量为 8.5% 左右，因此，机榨菜饼的消化能高些，而浸提菜粕的粗蛋白含量高。但目前市场上流通的菜粕基本上是采用浸提工艺的产品。浸提菜饼的干物质为 88% 以上，干物质中粗蛋白 39%，消化能约 14.5MJ/kg，钙 0.80%，磷 1.10%。菜饼中赖氨酸含量为 1.33%，蛋氨酸+胱氨酸含量为 1.42%。菜粕（饼）在瘤胃中的降解速度低于豆粕，过瘤胃蛋白较多，属慢速降解蛋白。在以稻草、大豆秸、油菜秆等劣质粗饲料为主的湖羊日粮中，配入适量（日粮的 15% 以内）菜饼可产生正组合效应，有利于劣质粗饲料的消化利用，其原因是能使日粮中的能氮释放速率保持同步。

菜粕（饼）中含有硫葡萄糖苷、芥子酸等有毒物质，且适口性差，尽管瘤胃能降解这些有毒物质，大量饲用时仍存在潜在危害，经济上也不见得合算，因此，在湖羊日粮中应控制用量；羔羊及妊娠母羊尽量少喂或不喂。

3. 棉粕

目前市场上常见的产品多为棉粕，棉饼已极少见。棉粕的干物质为 88% 以上，干物质中粗蛋白 49%，消化能约 14.5MJ/kg，钙 0.25%，磷 1.10%。棉籽的脱壳程度严重影响棉粕的营养价值。棉粕的氨基酸组成比例不理想，其中的赖氨酸含量为 2.13%，蛋氨酸+胱氨酸含量为 1.22%；而精氨酸的含量高达 5%，是植物蛋白饲料中最高的。棉粕的粗蛋白含量甚至高于豆粕，但其赖氨酸的含量只有豆粕的 79%。因此，对于湖羊营养来讲，笔者认为棉粕的价格比豆粕低 20% 是有一定道理的。棉粕在瘤胃中降解较缓慢，也属慢速降解蛋白。

棉粕中含有害物质——游离棉酚，可导致湖羊中毒。棉粕的饲喂量应根据游离棉酚的含量而定，但在羔羊、种公羊日粮中还是以限量饲喂为好，并且要注意添加维生素和微量矿物质元素。

随着棉粕加工工艺的不断进步，棉粕中的游离棉酚含量大幅下降，粗蛋白含量也可达到 50% 以上。由于其赖氨酸含量低，大量饲用，性价比差些。

4. DDGS

DDGS 是由玉米生产酒精后的副产物，经干燥后的产品，又称玉米酒精糟。DDGS 的干物质为 90%，干物质中粗蛋白 28.3%，消化能约 16.2MJ/kg，钙 0.20%，磷 0.74%。DDGS 中的赖氨酸 0.59%，蛋氨酸+胱氨酸含量为 0.98%；氨基酸的平衡性是比较差的。DDGS 在瘤胃中降解率较低，因此，过瘤胃率较高。由于 DDGS 含有 13.7% 的粗脂肪，因此，具有较高的消化能值，也可以当作能量饲料使用，是肉羊肥育期较好的原料。国内市场上有国产和进口产品之分，其主要区别是 DDGS 中霉菌毒素的含量。

5. 啤酒糟

啤酒糟是大麦酿造啤酒后的副产物，大多以湿啤酒糟饲用。啤酒糟的干物质含量约为23%，干物质中粗蛋白27.5%，消化能约12.5MJ/kg，钙0.38%，磷0.77%。啤酒糟中的赖氨酸0.72%，蛋氨酸+胱氨酸含量为0.87%；氨基酸的平衡性欠佳；但啤酒糟中的蛋白质具有较高的过瘤胃率。啤酒糟的干物质含量变动较大，低的只有15%，因此，业主在采购啤酒糟时应注意这一问题。

6. 酱油渣

酱油渣是黄豆或豆粕、糠麸等混合酿造酱油后的副产物。酱油渣的干物质含量约为23%，干物质中粗蛋白34%，消化能约15MJ/kg，钙0.45%，磷0.12%。酱油渣中的赖氨酸1.85%，蛋氨酸+胱氨酸含量为0.90%。酱油渣中含有较高的盐，约8%~15%，配制湖羊日粮时应考虑这一因素。

7. 尿素

尿素属非蛋白氮饲料，价廉易得，由于瘤胃微生物可以利用非蛋白氮合成菌体蛋白，因此，可以用作湖羊饲料。尿素含氮46%左右，相当于粗蛋白质含量为288%。饲用时应与富含淀粉的精料均匀混合后饲喂，饲用量为精料的1%~2%，过量饲用或混合不均匀极易造成湖羊的尿素中毒，甚至死亡。

8. 硫酸铵与氯化铵

硫酸铵和氯化铵也属非蛋白氮饲料，含氮量分别为18.5%和26.0%左右，相当于粗蛋白质含量为115%和160%。硫酸铵中的氮和硫均可被瘤胃微生物利用，合成菌体蛋白。硫酸铵和氯化铵也被称为阴离子盐，适量饲喂可使湖羊尿液pH下降，呈弱酸性；对预防公羊尿道结石，母羊产后胎衣不下、产后瘫痪具有显著效果。饲喂方法同尿素；每日饲喂量为日粮干物质的0.5%~1.0%。但饲用硫酸铵可能会对肝细胞产生一定损害，而相同饲喂量的氯化铵则不存在此风险、且日粮中可减少或不加食盐。

在蛋白饲料中尚有胡麻饼、花生饼、米糠饼、芝麻饼、向日葵饼、椰子粕、玉米胚芽粕、玉米蛋白粉等，规模湖羊场可以因地制宜选择性价比最佳的原料用于湖羊养殖。

（五）矿物质饲料

1. 食盐

食盐的主要成分是氯化钠。配制日粮时通常忽略饲料原料中的钠、氯含量，食盐在湖羊日粮中一般定量添加，以日粮干物质的0.4%~0.8%添加，简便易行。湖羊喜咸，但过高的食盐添加量，将增加湖羊的饮水量及排尿量，易导致羊床潮湿。若日粮中配入酱油渣时，应扣除酱油渣中的盐含量，酌情减少食盐的添加量。

2. 含钙、磷的矿物质饲料

常用的为磷酸氢钙、含2个结晶水，钙、磷含量分别为23%、18%。由于湖羊瘤胃微生物能降解植物饲料中的植酸磷、用于生产需要、而高丹草、麸皮、米糠、菜饼等原料中含有较高的植酸磷，通过优化配制，日粮原料中的磷含量可以满足湖羊的生产需要，而不需再额外添加磷酸氢钙。磷是水源污染主要物质，在满足湖羊生产需要的前提下，减少日粮中磷的含量，对保护环境具有重大作用。

3. 含钙的矿物质饲料

常用的有石粉、贝壳粉、蛋壳粉等，其主要成分为碳酸钙。石粉中钙含量为38%，贝壳粉、蛋壳粉中的钙含量为33%。碳酸钙是满足湖羊生产所需钙的主要原料，通过添加碳酸钙可以平衡不同生长阶段湖羊日粮中钙的水平。

4. 碳酸氢钠及氧化镁

碳酸氢钠和氧化镁是调控瘤胃pH值的重要原料，是瘤胃缓冲剂。可以单一添加，但碳酸氢钠和氧化镁组合添加，调控瘤胃pH值的作用更佳，并且碳酸氢钠与氧化镁以（2~2.5）:1的比例添加效果最好。在大量饲喂含淀粉的日粮时，往往导致湖羊瘤胃pH下降，发生瘤胃酸中毒，严重影响湖羊的健康生产。因此，在母羊妊娠后期及哺乳期、肥育羊或饲喂全价颗粒料中有必要添加碳酸氢钠和氧化镁，用量为精料的1%~2%，可有效避免湖羊瘤胃pH值过度下降，保持瘤胃内环境的稳定，以确保瘤胃微生物的正常生长。

5. 硫酸钠

硫是肉羊的必需营养物质，是合成蛋氨酸、胱氨酸以及B族维生素中硫胺素、生物素组成成分，对羊毛的生成具有重要作用。但在湖羊养殖中对硫的补充往往不被重视。建议在湖羊日粮干物质中硫的含量保持在0.18%~0.25%可能是比较合适的。含蛋白质较高的饲料中通常含硫也较高，因此，在饲喂高比例蛋白饲料的情况下也能提供足够的硫。但是在湖羊养殖中一般以粗饲料为主，尤其是日粮中添加尿素等非蛋白氮饲料时，有必要增加硫的添加量；因此，在湖羊日粮中适量添加硫酸钠有利于湖羊生长、提高生产性能。

（六）饲料添加剂

饲料添加剂具有完善饲料的营养平衡性，提高饲料的转化效率，促进湖羊的生产性能以及预防疾病，减少饲料在贮存期间的营养损失，改善畜产品品质等作用。湖羊养殖中通常涉及的饲料添加剂有维生素添加剂、微量元素添加剂、氨基酸添加剂、药物添加剂、益生菌、或预混合饲料等。

1. 维生素添加剂

湖羊瘤胃微生物能够合成维生素 K 和 B 族维生素，肝脏和肾脏能合成维生素 C，因此，除哺乳期羔羊外，一般不需额外添加这些维生素。日粮中需要额外添加的维生素是维生素 A、维生素 D、维生素 E。湖羊是全舍饲养殖，因此，为实现精细化高效养殖目标，在湖羊日粮中添加维生素 A、维生素 D、维生素 E 尤为重要。当然粗放的低水平养殖可以不考虑添加。

2. 微量元素添加剂

在湖羊高效养殖日粮中一般需要补充铁、锌、锰、铜、硒、碘、钴等微量元素，以补充日粮中微量元素的不足，确保湖羊的健康生长。在湖羊粗放型养殖中一般不重视添加微量元素，因为日增重在100g 以下时，饲料原料中的微量元素基本可以满足湖羊的生长需要。

3. 氨基酸添加剂

蛋白质营养实质上是氨基酸营养，在猪禽营养需要中有必需氨基酸和限制性氨基酸的概念，必需氨基酸是指动物不能由体内代谢合成或合成量不能满足动物需要，必须由饲料供给的部分氨基酸。限制性氨基酸是指日粮中所含必需氨基酸的量与动物需要相比，差距较大的氨基酸。一般认为牛羊因瘤胃微生物能合成菌体蛋白而不存在必需氨基酸或限制性氨基酸的问题，但在高产奶日粮中添加过瘤胃蛋氨酸、赖氨酸可显著提高奶牛的泌乳性能。关于肉羊的限制性氨基酸的研究，国内外已有报道，但生产中尚未得到相应的关注。饲养试验表明，在哺乳期羔羊补饲颗粒料中添加适量赖氨酸和蛋氨酸能显著提高羊羔的日增重及饲料转化效率。

4. 药物添加剂

在药物添加剂中最常用的是莫能霉素，为聚醚类抗生素，属抗球虫药。其产品中的含量一般为20%。在哺乳期羔羊饲料中添加莫能霉素，既可有效预防羔羊球虫性下痢，又可显著提高羔羊的日增重，适宜添加量为每千克羔羊体重的1~2mg/日。在瘤胃发育成熟以后的湖羊日粮中添加莫能霉素可显著提高饲料转化效率及湖羊增重效率 15%以上，日粮中粗饲料比例越高，添加效果越好，投入产出比奇高。适宜添加量为每千克体重 0.3~0.5mg/日。

茶皂素是从茶粕中提取的有效成分，产品中茶皂素的含量一般为 60%，味辣，适量应用于湖羊日粮的作用与莫能霉素类似。添加量为每千克体重40~80mg/日。可显著提高饲料转化效率及湖羊增重效率，是生产绿色羊肉的高效途径。与此类似的还有无患子皂甙、皂角苷等。

5. 益生菌

益生菌是近十几年来快速发展的一类微生物添加剂，农业部规定了可以在动物饲养中使用的微生物种类。牛羊等反刍动物中常用的益生菌主要有酵母、芽孢杆菌、乳酸杆菌等。经笔者研究，在湖羊日粮中添加复合益生菌能够改善并维持瘤胃微生态平衡，提高营养物质的消化率以及湖羊生产性能，如日增重可以提高 10%以上。益生菌提高湖羊生产性能的主要原因，一是可加速消耗瘤胃中的氧气、维持瘤胃的厌氧环境，增加瘤胃总厌氧菌的数量，尤其是增加纤维降解菌和乳酸利用菌的数量；乳酸菌利用饲料中的碳水化合物分解产生乳酸，而乳酸利用菌发酵乳酸产生乙酸、丙酸和二氧化碳等，提高了饲料的利用率，同时可缓解因采食高淀粉精料导致瘤胃内乳酸积累，从而降低酸中毒的风险。二是益生菌可分泌蛋白酶、纤维分解酶、淀粉酶等，有利饲料养分的消化，提高饲料利用率。三是益生菌可分泌抗菌肽等物质，提高动物机体的免疫水平，有利于动物健康生长。

6. 预混合饲料，又称添加剂预混料

预混合饲料是指一类或几类饲料添加剂与载体或稀释剂按一定比例配制的均匀混合物。如要配制出营养均衡的湖羊日粮，往往要添加十几种的微量成分，每种用量极少，大多以百万分之（mg/kg）来计算。这些微量成分直接加入饲料，不仅配料麻烦，称量难以准确，而且很难保证混合均匀，以致效果不好；此外有的微量成分，既是动物的必需营养物质，又是剧毒物质，如硒添加剂，混合不均匀就会造成中毒事故。因此，需要在饲料添加剂中加入适合的载体或稀释剂以制成不同浓度、不同要求的添加剂预混合饲料。

预混合饲料分为单一预混合饲料和复合预混合饲料，单一预混合饲料是将一类微量添加剂混合在一起的预混料，如维生素预混料、微量元素预混料等；复合预混合饲料是指两类以上的微量添加剂混合在一起的预混料，如将维生素、微量元素、药物添加剂及其他成分的均匀混合物。湖羊日粮配制中常用的是复合预混合饲料。使用复合预混合饲料可实现湖羊日粮的快速配制，日粮微量营养物质的精准添加、营养均衡，避免因有毒微量成分混合不均衡

导致的养殖危害。

二、饲养标准

饲养标准是对不同种类与状态的动物，在一定的饲养条件与生产水平下，所需要的各种营养物质进行定额供给所作出的规定。标准中的各项指标均是通过大量饲养实验获得的数据经统计学方法的科学处理，得到可靠、有代表性的结果，并经过了广泛的生产实践验证。我国农业部于 2004 年制定了《肉羊饲养标准》（NT/T 816-2004），规定了肉用绵羊和山羊对日粮干物质进食量、消化量、代谢能、粗蛋白质、维生素、矿物质元素每日需要量值；并附以相对应的饲料成分表。我省桐乡市农业局俞坚群研究员于 2003 年制订了《湖羊饲养标准》（DB330483/T 007.2-2003）。

《肉羊饲养标准》的作用是指导肉羊生产，是规模化湖羊养殖实现高效率生产的重要技术支柱。饲养标准的提出，使湖羊的科学饲养有据可依，日粮配制有章可循，克服了主观盲目性。因此，在湖羊饲养实践中应力求符合饲养标准，坚持饲养标准的原则性。然而，饲养标准制定时受诸多因素影响，如肉羊的性别、年龄、生产水平、生理状态、生产目的、饲养条件、生产方式、饲料种类及配比等；可见饲养标准只是在设定条件下对某一特定群体的结果，因此，其本身具有一定的局限性，只是相对合理性。另外，动物生产实际的复杂性，也要求我们对饲养标准的使用既要坚持原则性，又要掌握灵活性，不能把标准绝对化。但灵活性不是随意性，饲养标准承认各种养分的利用存在差别，其相互关系错综复杂，饲养标准的灵活运用是以营养科学为依据，以具体实践为根据的。有了理论依据和实际根据，各规模湖羊养殖场可以在生产实践中调整饲养标准不同的指标，提出不同的安全系数，使饲养标准更切合具体的生产实际，获得较好的养殖效果。

《肉羊饲养标准》使用技巧。标准中提出的各生产阶段每日营养需要量是相对合理的，应该充分肯定。但生产实践中，根据标准配制日粮的饲养结果与标准参数往往出现偏差，其主要原因是饲料原料的营养成分以及不同饲料组合效应导致的。标准中附以的《中国羊常用饲料成分及营养价值表》提出了每种饲料原料的干物质、消化能、代谢能、粗蛋白、粗脂肪、粗纤维、无氮浸出物、中性洗涤纤维、酸性洗涤纤维、钙和总磷等参数，并对原料的基本性状进行了描述。对于能量饲料、蛋白饲料来说，这些参数基本不会有大的变异。但对于不同种类的粗饲料，尤其是区域废弃作物秸秆来说，这些参数因收获阶段不同会产生较大差异。湖羊是草食动物，粗饲料是其日粮中的主体成分，因此，影响饲养效果的权重更大。相对来说，在饲料成分及营养价值参数中影响饲养效果的主要参数是消化能，通俗地讲，就是饲料的消化率会有较大的不同。粗饲料的消化能不仅受饲料收获期的影响，而且也受不同饲料组合以及瘤胃发酵类型影响。如生长期收获的粗饲料因木质化程度低，枝叶齐全，肉羊瘤胃微生物对其易于消化，表现为消化能高。而成熟期收获的粗饲料消化能相对低些，譬如豆秸，收获时有较大部分易消化的叶子散落于田间，枝干的木质化程度高，最终影响豆秸的整体消化率。又如稻草等低质粗饲料与菜粕、棉粕等在瘤胃中慢速降解的蛋白饲料组合，因能实现瘤胃中能氮的同步释放，使稻草的消化率得到提高。又如肉羊日粮组成中添加适量茶皂素（茶粕提取物）、无患子皂甙（无患子果实提取物）、莫能霉素等能改变瘤胃发酵类型的添加剂，使发酵产物中甲烷生成量显著减少、丙酸生成量显著增加，既提高饲料可利用能值、又增加菌体蛋白产量，表现为饲料转化效率及动物生产性能的提高。因此，在湖羊饲养实践中，应充分掌握饲料原料特性、反刍动物营养的基本原理及日粮配制技巧，灵活运用《肉羊饲养标准》，可降低湖羊的饲养成本、提高养殖效益。

三、湖羊日粮配方设计

由于湖羊耐粗、易养，传统饲养模式是家里有啥就给湖羊吃啥，因此，许多规模湖羊场，尤其是由工商资本投资的新建羊场，依然移植了传统的饲养模式，尽管养殖过程羔羊死亡率偏高、母羊产后瘫痪较多，但也能确保湖羊场不出大问题。湖羊传统饲养模式带有较大的盲目性，许多规模羊场都不清楚日粮供给了多少消化能、粗蛋白以及钙和磷，基本是跟着感觉走，几乎无科学性和合理性。

在湖羊养殖中饲料成本约占总成本的70%以上，是影响湖羊养殖效益的最大因素，也是企业挖掘内部潜力的最重要环节。在肉羊市场低迷时，广大湖羊养殖业主惊呼养殖湖羊日子不好过，即不重视挖掘企业内部的潜力。市场规律是大浪淘沙、适者生存。规模湖羊场开展湖羊日粮配方设计、优化配制工作是提高企业市场竞争力的重要环节，当市场低迷时可保存实力、待机而发，而当市场回暖时即可获得高额利润。

由于各湖羊养殖场所饲用的饲料原料、日粮的调制技术等并不一致，因此，并没有适用于所有湖羊场的通用日粮配方，除非照搬照抄，但好经也会念歪。对于湖羊场个体来讲，如果要获得日粮饲料成本最低、饲养效果最好，必须根据各自羊场的实际情况，以《肉羊饲养标准》为基础，设计湖羊各生产阶段的日粮配方，通过饲养效果测定，结合反刍动物营养科学知识，不断完善各生产阶段的日粮配方，逐渐建立适合本羊场的日粮配方及日粮加工技术，实现湖羊的精细化养殖，以获得最佳的饲养效果和经济效益。如笔者曾为长兴昌达羊场设计了各生产阶段的基础日粮配方，业主李正秋先生通过饲养效果测定，对基础日粮配方进行了不断的完善，获得了较好的饲养效果和经济效益，同时提升了企业的技术水平。

以下结合实例介绍湖羊日粮配方设计的一般方法。

1. 20kg 生长肥育羊日粮配方设计示例

（1）确定饲养目标。如日增重 200g。

（2）查饲养标准。确定营养需要量，见表6-2。

表6-2 饲养标准

体重（kg）	日增重（kg/d）	DMI（Kg/d）	消化能（MJ/d）	粗蛋白（g/d）	钙（g/d）	磷（g/d）	食用盐（g/d）
20	0.20	0.9	11.3	158	2.8	2.4	7.6

（3）确定饲料原料。如玉米秸、玉米、豆粕、盐。

（4）从饲养标准中查各饲料成分及营养价值表（根据实践结果和经验，可以适当调整各参数），DM%（表6-3）。

表6-3 饲养标准成分含量（DM）

类别	干物质（%）	消化能（MJ/kg）	粗蛋白（%）	钙（%）	总磷（%）
玉米秸	90	8.6	6.5	0.43	0.25
玉米	88	16.5	9.7	0.09	0.24
豆粕	90	16.5	46.0	0.35	0.55

（5）日粮配方计算。参考以下计算公式。

干物质：玉米秸 0.53kg×90%＋玉米 0.23kg×88%＋豆粕 0.26kg×90%＋盐 0.0076kg×98% =0.921kg/日。

消化量：玉米秸 0.53kg×8.6MJ/kg＋玉米 0.23×16.5MJ/kg＋豆粕 0.26×16.5MJ/kg =11.3MJ/日。

粗蛋白：玉米秸 0.53kg×6.5%＋玉米 0.23×9.7%＋豆粕 0.26×46.0% = 158.3g/日。

钙：玉米秸 0.53kg×0.43%＋玉米 0.23×0.10%＋豆粕 0.26×0.33%=3.03g/日。

总磷：玉米秸 0.53kg×0.25%＋玉米 0.23×0.25%＋豆粕 0.26×0.62%=3.15g/日（表6-4）。

表 6-4 日粮配方计算结果

	体重 (kg)	日增重 (kg/d)	干物质采食量 (Kg/d)	消化能 (MJ/d)	粗蛋白 (g/d)	钙 (g/d)	磷 (g/d)	食用盐 (g/d)
标准	20	0.20	0.9	11.3	158	2.8	2.4	7.6
日粮			0.921	11.3	158.3	3.03	3.15	7.6

日粮配方的计算可以通过 Excel 工作表进行测算，建立运算模式后，只要输入各种饲料原料的每日供给量，即可得到日粮的营养参数，方便易行。羊场技术人员通过学习，均能掌握这一技能。当然也可用日粮配方软件进行设计（图 6-2）。

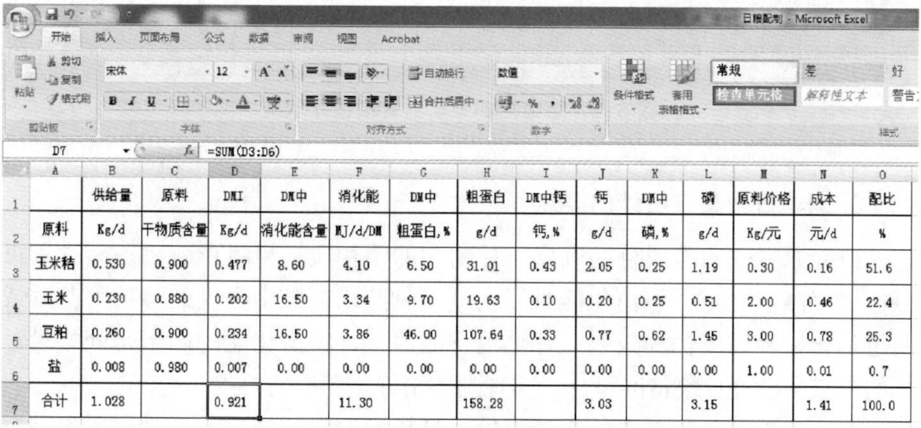

图 6-2 日粮配方软件设计示例

（6）日粮组成。如玉米秸 0.53kg、玉米 0.23 kg、豆粕 0.26 kg、盐7.6g；其中粗饲料比例为 61.1% DM。按比例配制日粮为玉米秸 51.6%、玉米22.3%、豆粕 25.3%、盐 0.7%。

2. 妊娠后期母羊的日粮设计示例

《肉羊饲养标准》中分列了怀单羔和双羔的每日营养需要量，多羔性是湖羊的种质特性，湖羊怀双羔是基本要求，怀三羔、四羔的母羊在群体中也占有一定比例，因此，在设计妊娠后期母羊的日粮配方时，可根据怀双羔母羊实际体重，上浮 5kg 的标准设计日粮配方，即母羊实际体重 55kg，按标准中 60kg 的营养需要量设计日粮配方（图 6-3），其基本设计过程同生长肥育羊日粮配方示例。

D11 =SUM(D6:D10)

	A	B	C	D	E	F	G	H	I	J	K	L	M	N	O
1	妊娠后期怀双羔母羊	体重	DMI	消化能	粗蛋白	钙	磷	食用盐							
2		Kg	Kg/d	MJ/d	g/d	g/d	g/d	g/d							
3	参考标准NY	60	2.20	21.76	203.00	9.00	5.30	9.50							
4		供给量	干物质	DMI	DM中	消化能	DM中	粗蛋白	DM中	钙	DM中	磷	原料价格	每日成本	配比
5	原料	Kg/d	%	Kg/d	消化能含量	MJ/d/DM	粗蛋白，%	g/d	钙，%	g/d	磷，%	g/d	公斤/元	元	%
6	稻草	1.400	90.0	1.260	6.00	7.56	5.50	69.30	0.12	1.68	0.05	0.63	0.30	0.42	34.4
7	玉米	0.460	88.0	0.405	16.50	6.68	9.70	39.27	0.10	0.46	0.25	1.01	2.00	0.92	11.3
8	豆粕	0.160	90.0	0.144	16.50	2.38	46.00	66.24	0.33	0.53	0.62	0.89	3.00	0.48	3.9
9	豆腐渣	2.000	11.0	0.220	15.00	3.30	16.00	35.20	0.20	4.00	0.30	0.66	0.25	0.50	49.2
10	预混料	0.045	98.0	0.044	0.00	0.00	0.00	0.00	11.28	5.08	5.38	2.37	3.00	0.14	1.1
11	合计	4.065		2.073		19.92		210.01		11.74		5.57		2.46	100.0

图 6-3 妊娠后期母羊的日粮设计示例

3. 湖羊日粮配方设计的要点

（1）原料中营养成分的确定。原料中的干物质、粗蛋白、钙、磷含量可以通过实测值确定，但消化能难以实测，只能以标准中提供的参数为基础或通过消化试验以及饲养效果，评估消化能值，日粮消化能的确定是配方设计中的难点，也是日粮精准设计、实现湖羊精细化养殖的要点。

（2）日粮中各营养素的均衡供给。日粮配方设计的目的就是在确定湖羊生产阶段、生产目标的条件下确保消化能、粗蛋白、钙、磷等养分的均衡供给，各营养素的供给如同水桶原理，桶中最低一块板的高度预示了水能装多满，高出的其他板实际是浪费。而湖羊养殖中的情况则更为严重，如过高的粗蛋白供给量不仅增加饲料成本，而且将加重湖羊对剩余蛋白质代谢的负担，影响湖羊健康，如在山羊日粮中因供给粗蛋白过高导致妊娠后期母羊阴道外翻的严重问题。

（3）钙、总磷供给。反刍动物耐受钙磷的比例不同于猪，许多动物营养教课书中认为反刍动物耐受钙磷的最大比例可以达到 7:1，但实际生产中一般不会出现这样的情况。对于湖羊来讲，日粮中钙磷的比例在（1~3）:1 的范围内是适宜的。日粮中钙过高往往是因某些原料中钙含量较高引起的，如花生藤、蚕沙、预混料等。健康的湖羊一般不会因钙过高而引发尿道结石的问题，广大湖羊养殖业主当发现公羔肥育过程发生尿道结石时，往往简单地归结为日粮中添加的预混料，尽管有一定道理，但是偏面的。当公羔出现尿道结石时，一般以日粮中同时饲用国产 DDGS（发酵副产物）、花生藤、预混料或高精料时多见，因此，并不能排除饲料中的霉菌毒素或瘤胃偏酸等其他因素对湖羊泌尿系统的直接或间接慢性损害。在设计日粮磷供给时应尽量少用磷酸氢钙等这一类的无机磷，以减少粪中磷对环境的污染。可以多用些米糠、菜粕、高丹草等含植酸磷较高的饲料原料，猪等单胃动物难以利用植酸中的磷，而湖羊等反刍动物瘤胃中的微生物能降解植酸、释出磷而被湖羊利用。这也是湖羊等肉羊产业的优势之一。

（4）能量供给。生产实践中往往会过高地估算日粮的消化能值，在配方设计时应重点注意。在确定湖羊生产阶段、生产目标的条件下，根据气候环境酌情增减日粮的消化能值，如夏季适用的日粮配方，到了冬季饲用，就会出现日粮消化能不足的问题，因此，设计冬季湖羊日粮时应增加消化能值，尤其是冬季的北方地区，建议比夏季日粮增加 10% 左右的消化能是必要的。另外，如果日粮中添加茶皂素、莫能霉素添加剂或商品预混料（一般含莫能霉素）时，日粮消化能会有 10% 以上的增加值，因此，设计日粮配方时，消化能值可以比标准酌情降低。

四、湖羊全混合日粮加工技术

全混合日粮又称 TMR（Total Mixed Rations），是根据牛羊等反刍动物不同生长发育阶段和生产目的的营养需要标准，科学设计能量、粗蛋白质、粗纤维、矿物质和维生素等营养素平衡的日粮配方，通过专用的搅拌混合机将各种粗饲料揉碎、并与精饲料及饲料添加剂进行充分混合而成的营养均衡日粮。从形态上来讲可以分为两种：一种是含水量相对较高的粉状散料，属经典 TMR；另一种是颗粒状 TMR。TMR 饲养技术最早在奶牛生产上应用，技术也已非常成熟。近几年来，我省湖羊养殖中已有 TMR 饲养技术的基础，如许多规模湖羊场，将粉碎的粗饲料与精饲料通过手工翻拌或简易搅拌机混合后进行饲喂。但使用专用 TMR 搅拌混合机加工的技术刚刚起步，随着浙江省湖羊振兴计划的实施，这一技术将得到快速普及。

1. 应用 TMR 技术饲养湖羊的好处

湖羊等反刍动物都具有一定的挑食性，传统饲养湖羊的模式一般是精粗分饲、混群饲养，精料定量饲喂，粗料自由采食。尽管设计了一个科学合理的日粮配方，但难以达到预期的饲养效果。因为湖羊喜食精料，对粗饲料的采食随意性较大，尤其是当日粮中设计了较大比例的低质粗饲料时，往往出现大量的剩余粗饲料，导致"第二个日粮配方"，这是其一。其二是瘤胃内的消化代谢波动较大，湖羊采食精料后，由于精料中玉米等易消化，使瘤胃 pH 值大幅下降，纤维分解菌活力降低，不利于粗纤维的消化，导致饲料利用率下降，造成饲料浪费；同时，不同程度上表现为湖羊生长缓慢、饲养周期长、生产成本高等问题。因此，传统湖羊饲养模式不符合现代畜牧业高效养殖的发展要求。而 TMR 饲料是根据肉羊各阶段的生产目的和营养需要，应用现代营养学原理和加工技术调制出能够满足其需求的营养均衡日粮，实现肉羊饲养的科学化、机械化、自动化、定量化和营养均衡化，克服传统饲养方法中的精粗分饲、营养不均衡、难以定量和效率低下的问题。

使用 TMR 饲养技术，提高瘤胃发酵效率和饲料利用率。由于 TMR 饲料营养均衡全面，瘤胃内的碳水化合物与蛋白质的分解利用更趋于同步，使各种瘤胃微生物活动更加协调一致，使瘤胃 pH 更加趋于稳定，有利于微生物的生长繁殖，改善了瘤胃机能，提高瘤胃发酵效率。因此，使用 TMR 饲喂技术，可以提高肉羊对饲料的利用效率。如柴君秀等（2014）研究显示，使用 TMR 饲喂技术的肉羊料重比为 12.44，而传统精粗分饲组肉羊料重比为 16.82，TMR 饲喂组肉羊的饲料利用率显著提高了 35.2%。

使用 TMR 技术，提高肉羊养殖效益。有研究表明，肉羊饲喂 TMR 与常规饲喂相比，可显著提高肉羊的生产性能。笔者将稻草粉碎后，制成以稻草为主的颗粒料饲喂湖羊，显著提高湖羊对稻草的采食量，降低饲料成本，提高养殖效益。林嘉等（2001）将 TMR 中粗饲料碱化处理后再进行颗粒化加工，通过饲喂幼龄湖羊，发现 TMR 饲料的颗粒化处理使试验羊日增重、日采食量和饲料转化率分别提高 83.16%、54.74%、15.52%，每只羊每日获利可增加 69.68%，与未颗粒化加工组比较，效益非常显著。又如马春萍（2012）使用中国美利奴后备公羊，对比了 TMR 饲喂与常规饲喂的效果，结果显示，TMR 饲喂组平均月增重 5.53 kg，常规饲喂组平均月增重 3.04 kg，TMR 饲喂组显著高于常规饲喂组，而且 TMR 饲喂组周岁平均毛长 12.74 cm，常规饲喂组周岁平均毛长 10.87 cm，表明 TMR 饲喂技术对绵羊的生长发育和羊毛生长都具有促进作用。TMR 技术适应了当前肉羊产业向集约化、规模化和标准化发展的需要，许多应用 TMR 饲喂技术的羊场，综合养殖效益大大提高。史清河等（1999）研究认为，使用 TMR 技术利于开发、利用原来单独饲喂时适口性差的饲料资源（如尿素、NaOH 干法处理的秸秆等），从而降低饲料成本，提高养殖效益。柴君秀等（2014）在 TMR 与传统精粗分饲技术效果对比试验中发现，TMR 试验组饲养效益极显著优于传统精粗分饲组；TMR 试验组肉羊 150 天的只均净收益为 173.27 元，对照组肉羊则为 95.69 元，TMR 试验组肉羊比对照组肉羊只均多增收 77.58 元，只均收益提高了 81.07%（$P<0.01$）。

使用 TMR 饲养技术，提高肉羊健康状况。营养与抗病力紧密相关，均衡全面的营养能够保障和提高动物的抗病力。TMR 饲料充分满足了肉羊的营养需求，在保障羊群健康水平方面显示出良好的效果。杨文博等（2011）在新疆紫泥泉种羊场从改善羊只的营养状况入手，利用 TMR 饲喂技术，结合其他综合性防控措施，使羔羊腹泻病的发病率大幅度下降，同时羔羊断奶成活率 2010 年较 2009 年提高了 17.61%，达到 95.16%。俞联平等（2014）选择适度规模的肉羊繁育场和养羊户，对比了 TMR 与传统精粗分饲技术的试验效果，结果显示，妊娠母羊采用 TMR，较精粗分饲的传统饲养方式流产率降低 1.0~2.8 个百分点，羔羊成活率提高 2.3~3.0 个百分点。

使用 TMR 饲养技术，提高劳动效率。TMR 加工过程中的粗饲料切碎、混合、卸料等环节均由机械操作，运转过程定时进行，一般半个小时即可完成 TMR 制作。喂料环节使用电动撒料车，一个 3000 头规模湖羊场可以在 2~3h 轻松搞定日粮加工、喂料工作，实现劳动高效率。

使用 TMR 饲养技术，是规模羊场实现标准化饲养的新型生产模式，是我国肉羊产业转型升级的必然趋势，也是未来肉羊产业持续健康发展的关键技术，具有广阔的应用前景。

2. 常规 TMR 加工技术

TMR 制作时的原料投放基本原则：遵循先长后短，先干后湿，先轻后重的投放原则。或先干料后湿料，先粗料后精料，先小密度原料后大密度原料的投放原则。其中投料过程中一般先投放不易切碎的粗饲料，如稻草、羊草、燕麦草等较长的草料。立式混合机：先粗后精，按干草、青贮、糟渣类和精料顺序添加。卧式混合机：先精后粗，按精料、干草、青贮、糟渣类顺序添加。

TMR 加工技术要点：

（1）原料营养成分检测。各种饲料原料营养成分含量是科学配制 TMR 的基础，在制定日粮配方前须对各原料进行营养成分测定，建议对各批次原料均进行检测化验，并以此为基础对配方进行调整。

（2）原料水分检测。TMR 日粮要求水分在 40%~50%。当原料水分偏低时，制作 TMR 时需额外添加水，否则精料难以黏附于粗料上，易使精粗分离。夏季饲用的 TMR 水分可以适当高些。原料水分是影响 TMR 饲喂效果的重要因素。水分变化会引起日粮干物质含量的变化，影响羊的干物质采食量；如奶牛 TMR 日粮应用研究表明，水分超过 50% 后、每高出 1%，干物质采食量下降幅度为体重的 0.02%，这一结果也可供肉羊 TMR 加工参考。TMR 的水分含量一般可以通过各种原料成分测定得到控制。精细化管理可用水分快速测定仪检测每批次的TMR水分含量。

(3) 科学设计日粮配方。根据饲料原料及羊所处生理阶段、体况等科学配制日粮配方。对于万头以上规模的羊场来讲，建议结合各生产阶段的群体情况，尽可能设计与各生产阶段营养需要相适应的多种TMR日粮配方；并适时进行调整。规模较小的羊场，由于特定生产阶段的群体较小，TMR日粮需要量较少，为避免因生产多配方日粮造成TMR调制时间过长，可以生产一个基础TMR，再根据每个特定生产阶段羊群的营养需要另加部分精料或粗料。

(4) 准确称量、顺序投料、合理控制混合时长。每批原料添加须进行记录、存档，每批原料的投放量不少于20kg，若少于20kg的原料需进行预混合后再投放，否则影响混合均匀度。各原料的投放量必须根据设计配方精准称量、投放，否则会出现俗称"第二个配方日粮"，打折原来科学设计的日粮配方的营养价值。

原料的投放顺序和混合搅拌时间影响TMR的混合均匀度。应严格贯彻TMR制作时的原料投放基本原则。混合搅拌时间一般在最后一批原料添加完后，再搅拌5~7min为宜。搅拌时间太短，原料混合不均匀。但对于搅拌时间过长，TMR过细，有效纤维不足，会使瘤胃pH降低，但可能造成营养代谢疾病的危害程度有待进一步研究，笔者认为肉羊对日粮中有效纤维的需要可套用奶牛日粮中的概念，在理论上是成立的，但肉羊对有效纤维的适宜长度和在日粮中的比例有待深入研究。

(5) 搅拌细度的控制。可用宾州筛或颗粒振动筛进行测定。测定日粮样品时，顶层筛上物料重应占样品重的6%~10%，且筛上物不能有长粗草料。测定料脚时，检测结果与采食前的检测结果差值不超过10%，如超过则说明羊出现挑食现象，俗称"第三个配方日粮"。应在TMR日粮水分过低、干草过长、搅拌时间等方面找原因。测定TMR颗粒细度也是确定适宜搅拌时间的关键指标。

(6) 合理选择TMR机械。选择TMR机械，除考虑耗能、售后服务及使用寿命等因素外，主要根据羊场规模、日粮种类、机械化操作水平和混合均匀度要求等选择。可参见第二章的相关内容。

3. 常规TMR加工应注意的问题

(1) 完善饲养标准、建立常用饲料营养参数的数据库。日粮配方的设计是建立在原料营养成分准确测定以及不同生产阶段湖羊饲养标准明确的基础上。而我国目前所用的肉羊饲养标准中的营养需要参数与我国各地肉羊良种培育及各品种的种质特性存在一定的差异，而饲料原料中干物质含量和营养成分由于受产地、品种、部位、批次、收获时间和加工处理方式等的影响而常有变化，个别指标甚至变化极大，由此，常常导致实配 TMR 饲料的营养含量与标准配方的营养含量有差异，所以，为避免差异太大，有条件的规模羊场应定期抽样测定各饲料原料养分的含量，并通过饲养效果测定，调整各生产阶段的营养需要参数，不断完善符合各自羊场生产特点的饲养标准。

(2) 控制适度的 TMR 水分。TMR 水分是确保 TMR 质量的关键因素，如果水分过低，将导致精粗分离。TMR 水分也是影响饲喂效果的重要因素，水分过低或过高，均影响湖羊干物质采食量；适度的水分含量可改善 TMR 的适口性，促进湖羊采食，提高饲料利用率和湖羊的生产性能。因此，在调制 TMR 过程中要高度重视 TMR 中的水分含量。一般通过各原料水分的准确测定，并调整各原料在配方中比例，即可控制 TMR 中的水分含量。另外，应根据不同季节调整 TMR 中的水分含量，建议春秋冬季节的 TMR 水分含量以 40%~50% 为宜，夏季的 TMR 水分含量可略高些，预留被蒸发的量，以 48%~53% 为宜。适宜的 TMR 水分含量也可用手握法简单判定，即紧握不滴水，松开手后 TMR 蓬松且较快复原，手上湿润但没有水珠渗出，则表明含水量适宜 (45% 左右)。但无论环境条件如何，使精料均匀黏附于粗料表面是判别适宜水分含量的基本准则。

(3) 注意原料的准确称量，掌握正确的投料顺序。原料要准确称量，说说每人都懂，但在实际生产中往往存在较大偏差，这跟操作员工的认真度有关，只要操作员工认真执行，就能做得很棒。投料顺序影响 TMR 的混合均匀度，立式搅拌机一般是先粗后精，按"干草—青贮(湿料)—精料"的顺序投料混合；在混合过程中，要边投料 (加水)，边搅拌，待物料全部加入后再搅拌 5~7min。卧式搅拌车 (机) 可采用先精后粗的投料顺序。

(4) 注意原料去杂、进行必要的预处理。在原料添加过程中，要防止铁器、石块、包装绳等杂质混入，以免造成搅拌机损伤。大型草捆应提前散开，用粉碎机或铡草机进行适度处理，可提高 TMR 搅拌机的工作效率；如用粉碎机预处理，可选用筛孔直径为 1.0~1.4cm 的筛网，粉碎效率高、草粉长度适中。部分种类的秸秆等可预先加水进行软化。

(5) TMR 饲料外观品质优劣鉴别。从外观上看，精粗饲料混合均匀。精料附着在粗料表面，松散而不分离，色泽均匀，质地新鲜湿润，无异味，柔软而不结块。在实际生产中，技术人员要定期检查 TMR 饲料的品质。

4. 发酵全混合日粮加工技术

发酵全混合日粮（FTMR）是一种新型的 TMR 日粮，是根据肉羊不同生长阶段的营养需要，将秸秆、青贮、干草等粗饲料切割成一定长度，并与精饲料、矿物质、维生素等添加剂按设计比例搅拌混合后，通过一个密闭空间的厌氧发酵（产生乳酸）而调制成的一种营养相对平衡的日粮。发酵 TMR 实质上是将调制好的 TMR 进行再加工处理（额外添加微生物进行厌氧发酵）的日粮，其优点是可以有效利用含水量高的饲料原料，而且可以长期贮存、便于运输，是商业化运作肉羊日粮配送的有效模式；另外，饲料开封后的好气稳定性增强、适口性也有所改善；添加的微生物（益生菌）对肉羊的瘤胃发酵产生促进作用，提高饲料利用率、改善机体健康等。邱玉朗等（2013）将FTMR 与 TMR 和精粗分离日粮进行比较，结果显示，相比 TMR 和精粗分离饲料，FTMR 具有促进肉羊生长、提高饲料效率和提高营养物质消化率的作用，并且对提高机体免疫力、改善肉羊消化吸收功能和增强蛋白质合成也有一定效果。

羊用发酵 TMR 在实际生产中目前尚未开展，随着肉羊饲养人员观念的不断更新、肉羊生产技术水平的不断提升，羊用发酵 TMR 可能会在将来的肉羊生产中得到应用、发展。

五、湖羊颗粒化 TMR 加工技术

羊用颗粒化 TMR 加工技术是在猪禽颗粒料加工技术的基础上发展起来的一种肉羊饲养新模式，尽管该技术也体现了日粮全混合的特性，但与经典TMR 技术存在较大差异。

该技术涉及的设备主要是粉碎机、混合机和制粒机，设备技术参数请见第二章。该技术的优点是：通过制粒可以杜绝肉羊挑食、确保日粮设计配方的精准实施，同时既减少饲养员喂料时间，又提高肉羊采食速度；成倍增加肉羊对低质、适口性差的粗饲料采食量，如稻草、油菜秆、麦秸等，降低饲养成本；颗粒化 TMR 的饲喂效果优于相同原料组成的散状 TMR；适用于肉羊的快速肥育以及商品颗粒化 TMR 肉羊饲料的推广。该技术的不足是：不能配入青贮料、青绿饲料以及含一定水分的糟渣类饲料，适用饲料种类远不如经典TMR；粗饲料的消化利用率会有所降低。

另外，从理论上讲，颗粒化肉羊 TMR 违背了有效纤维这一反刍动物固有的营养生理需求，可能导致肉羊反刍机能衰退、甚至消失，瘤胃发酵异常以及代谢病的出现。但已有的生产实践表明，并未出现上述负面作用，如由笔者设计的山羊全混合颗粒化日粮在湖州长兴钱兴发羊场的长期饲用，该羊场各生产阶段肉羊全年饲喂颗粒化日粮，均表现为健康、高效。长兴昌达羊场、吴兴明峰羊场均进行过较大规模的颗粒化日粮饲养湖羊，也表现出较好的养殖业绩。不过肉羊颗粒化 TMR 应用技术尚缺乏基础理论支撑，是值得研究的一个重要课题。

加工技术要点：

1. 原料粉碎

草料、玉米等原料用粉碎机粉碎。其中玉米等用筛网的筛孔直径 0.3~0.4cm 为宜。粗饲料粉碎的适宜筛网孔径以 0.6~1.0cm 为宜。

2. 混合

根据日粮配方设计，先将配方中的玉米、豆粕、预混料（或盐、石粉、磷酸氢钙）等精料部分原料混合，然后再与草粉混合。简单的操作可用人工混合，但一定要注意混合的均匀度。一般可选用搅拌机混合，以确保混合均匀度，并提高工作效率。常用混合机型有卧式混合机、立式混合机。

3. 制粒

一般选用平模制粒机制粒，平模制粒孔径以 0.8cm 为宜，制粒效率高，颗粒成形性适中；若颗粒成形性欠佳，可在混合料中额外加入 5% 的水，可改善颗粒的成形性，但制成的颗粒应现制现喂、不能久贮，以免霉变。用平模制粒机孔径为 0.6cm 制粒，颗粒过硬、且制粒效率低，但适用于全精料制粒；用平模制粒机孔径为 1.0cm 制粒，颗粒松散、成形性较差。

六、影响湖羊日粮品质的因素

（一）饲料霉变

饲料霉变后残留的霉菌毒素是影响湖羊日粮品质的是主要因素。对于鲜料的霉变，一般能感观发现，霉变的饲料往往不会再饲用，不会产生大的危害。而产生危害的则是那些霉变了的糟渣、花生藤等经干燥后的饲料，因难以用感观判别而被饲用，其产生危害的程度与饲料中残留的霉菌毒素含量高低相关；实际生产中往往是无明显症状的低残留霉菌毒素对湖羊健康的隐性损害，是湖羊养殖中常被忽略的暗亏。饲料中残留的霉菌毒素一般较难去除，目前只有通过添加吸附剂可去除一部分。因此，对如 DDGS 之类的饲料应进行霉菌毒素残留量的检测，以确保日粮品质以及肉羊的健康。以下是常见霉菌毒素产生危害的概述。

1. 黄曲霉毒素

黄曲霉毒素是由黄曲霉、寄生曲霉等产生的有毒代谢产物，常导致动物肝脏病变。花生、玉米、麦类、饲草等在收获时或贮存过程中若未能保持充分干燥，易导致黄曲霉滋长。对于浙江湖羊来讲，尤其应注意花生藤原料的霉变问题，若花生藤发生了霉变，其中的主要霉菌多是黄曲霉，因花生藤霉变导致羔羊腹泻、生长迟缓的现象在浙江规模湖羊场也偶有发生。湖羊采食被黄曲霉污染的饲料而引起消化机能紊乱、腹水、神经症状等慢性中毒性疾病。羔羊表现为食欲不振、腹泻；成年羊表现为黄疸；妊娠母羊易发流产。欧共体要求每千克羊饲料中黄曲霉毒素 B_1 控制在 0.05mg 以下。

2. 赭曲霉毒素

赭曲霉毒素有多个种类，其中赭曲霉毒素 A 毒性最强。由赭曲霉、黑曲霉、疣包青霉等产生，常污染玉米、麦类、豆类等谷物及其加工副产品，如果湖羊大量或长期采食这些饲料，可引起中毒。主要表现为湖羊食欲减退、精神沉郁，消瘦，尿频。妊娠母羊易发流产。

3. 杂色曲霉毒素

杂色曲霉毒素主要由杂色曲霉、构巢曲霉和离蠕孢霉产生。是饲草霉败变质的最常见霉菌。湖羊采食被杂色曲霉毒素污染的饲草易导致肝脏病变，羔羊易发，轻则食欲不振，消瘦，腹泻，尿黄或红。重则可导致死亡。

4. 霉麦芽根

麦芽根是大麦酿造啤酒的副产物，即啤酒糟，是湖羊的常用饲料。啤酒糟如贮藏不当、堆积时间过长，易被霉菌污染发生霉变败坏，大量采食，就会造成以神经症状为主的中毒性疾病。初时表现为食欲减退，精神沉郁、呆立。后期呼吸困难，眼球凸出，站立不稳，卧地不起，角弓反张，最后口吐白沫而死。

5. 黑斑病甘薯

甘薯贮藏过程中易感染黑斑病而发生霉烂。大量或长期饲喂霉烂的甘薯或甘薯藤，易导致湖羊肺部损伤。

霉菌产生的毒素不仅影响湖羊的健康，同时影响畜产品的安全。建议湖羊日粮或原料中（以每千克风干物计），黄曲霉毒素 B_1<20μg，褐曲霉毒素<100μg，玉米赤霉烯酮<500μg，呕吐霉素<5mg，烟曲霉毒素<30mg。

(二) 日粮营养的均衡性

日粮营养的均衡性是当前湖羊养殖技术中最薄弱的环节。如当前大力推广的 TMR 技术就是要确保湖羊日粮营养的均衡供给，利用 TMR 技术实现高效养殖目的涉及 TMR 日粮配方设计、加工以及饲喂技术，新建湖羊场在参观学习 TMR 技术时往往着重 TMR 技术外在的形式，而忽略 TMR 技术最关键的内涵——营养物质供给的均衡性。湖羊日粮的营养物质包括铁、锌、锰、铜、碘、硒、钴等微量元素，维生素 A、维生素 D、维生素 E，钙、磷、硫、镁、钠、氯、钾等常量元素，能量，蛋白质，精粗比例。不同生产阶段湖羊的营养需要存在较大差异，如果湖羊日粮营养物质不能确保均衡供给，将削弱养殖效果。

第七章　湖羊疾病控制与保健

在浙江民间，湖羊以传统模式进行饲养几乎无疾病发生，粗饲、简陋的羊舍内体现了强大的生命力。许多从业者觉得湖羊耐粗、好养，不断扩大养殖规模，而饲养方式仍停留于传统模式，有啥吃啥，不注重湖羊日粮营养的优化配制，由此导致湖羊疾病日渐呈现。目前规模湖羊场出现的疾病大多数是吃出来的、与饲养方式密切相关。随着国内肉羊市场流通趋于频繁，规模化湖羊养殖由于饲养相对集中、密度大，疫病的潜在威胁也日趋严峻，其风险逐渐大于市场风险。疫病一旦发生，传染性极高，造成的损失也巨大。因此，发展规模化湖羊养殖，必须加强饲养管理，坚决遵循"预防为主、防重于治"的管理原则。

一、综合防疫技术

疫病传播有三个基本环节：传染源（携带病毒、细菌、真菌等病原微生物的病畜或隐性感染者）、传播途径（病原微生物侵入易感动物体内的通道或方式）以及易感动物（有些个体对某种病原具有易感性）。易感动物感染后将变成新的传染源，导致疫病扩散。综合防疫技术就是采取一系列有效方法，切断疫病流行中的一个或数个环节，从而有效阻止传染病的发生发展，进而控制甚至扑灭传染病。

1. 合理布局，确保羊场环境整洁

综合防疫应从羊场选址、建设抓起。规模羊场选址必须有利于防疫，并以标准化为目标进行建设，对羊场内的管理区、生活区、生产区、饲料贮存加工区、病羊隔离治疗区、羊粪收存区等各功能区域进行合理布局，分块清晰，整然有序，避免交叉污染。每天清扫羊舍、场内通道等区域。定期消毒羊舍内墙壁、羊床、设施、用具，正常情况时每周1次，周边或本场有疫情时每天1次；可用聚维酮碘溶液或百毒杀溶液交替（或隔月更换）使用，喷

雾消毒。聚维酮碘杀菌谱广，对细菌、真菌、病毒等均有杀灭作用，且杀菌效率高，对设施、设备无腐蚀性。定期开展灭虫、灭鼠、灭蝇工作，减少病原传播源，防止疫病滋生。做好防暑保温工作，保持羊舍内空气清新流通等。

2. 优化日粮营养，提高湖羊体质

针对湖羊不同生产阶段的营养需要，合理配制湖羊日粮。日粮配制需满足湖羊对蛋白质、能量、粗纤维、钙、磷、硫、镁、盐等常量矿物质元素，铁、锌、锰、铜、硒、碘、钴等微量矿物质元素以及 V_A、V_E、V_D 等维生素的需求。确保湖羊健康生产，既能提高湖羊养殖效率，又可节约兽医成本。饲喂复合益生菌可提高饲料利用率、湖羊体质，减少粪污腐败发酵产生的氨气、硫化氢等有害气体。同时应提倡动物福利，加强饲养管理，减少各种应激，提高机体抵抗力，如饲喂全混合日粮，不喂霉变、有毒、有害饲料。增强湖羊体质至关重要，疾病通常是由于羊体质虚弱引起的。

3. 执行严格的检疫制度

规模湖羊场应提倡自繁自养，尽量不从外场引入湖羊。若要从外地引入湖羊，则必须要来自非疫区，并有动物检疫合格证。引入的湖羊应先进行隔离饲养，隔离时间一般在 15~45 天，经再次严格检疫、确信健康后才能进入生产圈舍。出售湖羊同样需要执行严格检疫。禁止人员随意进入羊场，特别是严禁不同区域的湖羊场员工进入。杜绝羊贩进入生产区和隔离区。

4. 有计划地进行免疫接种

根据当地湖羊传染病的流行情况和流行特点，结合湖羊养殖场抗体监测结果和不同疫苗特性，应合理制订适合于本场湖羊的免疫计划，包括疫苗的类型、接种途径、顺序、时间、次数、方法、时间间隔等规程和次序，进行免疫接种。

5. 定期驱虫

寄生虫感染不仅会影响湖羊的生产性能，还会使其抵抗力下降从而导致其他疾病的发生。因此，规模湖羊场应定期驱虫，驱虫时间需依据本地羊寄生虫流行情况而定，以提高防治的针对性。一般情况下，可选择每年的 3、6、9、12 月份，尤其是 3 月份和 9 月份各进行一次全群驱虫，但妊娠后期母羊可以不驱虫。肉羊肥育前驱虫，可显著提高肥育效果。体外寄生虫可选用伊维菌素、阿维菌素、敌百虫、双甲脒等驱虫药，体内寄生虫则使用丙硫苯咪唑、左旋咪唑、吡喹酮等。

6. 勤巡视, 仔细观察羊群

要养成每日早晚巡视羊群、细心观察羊群采食和健康状况的习惯, 及时掌握羊群的细微变化。当发现采食、精神或行为异常的湖羊或病羊时, 应立即隔离、观察、治疗, 早发现早治疗, 减少不必要的损失。

二、营养性疾病防治技术

1. 湖羊妊娠毒血症

湖羊妊娠毒血症是妊娠末期母羊由碳水化合物和挥发性脂肪酸代谢障碍而发生的一种营养代谢性疾病。低血糖、高酮血、酮尿及神经功能紊乱是本病的主要特征。常见于经产母羊, 尤其是高龄母羊, 母羊肥瘦均有可能发生。

(1) 病因。本病主要见于怀 3~4 羔或胎儿过大的母羊。发病原因还不十分清楚, 可能是由于胎儿生长发育需要消耗大量的营养物质, 母羊在营养不良的情况下, 为了满足胎儿发育的需要, 大量动用体内储存的脂肪, 造成中间代谢产物酮体增多, 导致体内脂质代谢紊乱。但营养丰富的母羊也可能患此病, 由此可见其病因的复杂性。母羊怀孕的最后 1 个月, 尤其是分娩前 5~15 天, 最易发生此病。发病母羊中瘦弱母羊占多数。妊娠末期营养不足、饲料单一、维生素及矿物质缺乏, 均是发病诱因。据报道妊娠早期肥胖的母羊, 至妊娠末期突然降低营养水平, 更易发生此病。

(2) 症状。病初母羊低血糖, 表现为精神委顿, 常离群孤立, 对外界刺激反应迟钝, 小便频繁, 视力减退, 角膜反射消失, 头颈颤动, 呈现脑抑制状态, 意识扰乱。之后病羊精神极度沉郁, 不愿走动, 强迫行走时步态蹒跚、无方向感, 或将头部紧靠在某一物体上, 作转圈运动, 似瞎眼; 食欲减退或废绝, 磨牙, 反刍停止; 呼吸浅快, 呼出的气体具丙酮味, 脉搏快而弱。发病 3~5 天, 病羊卧地不起, 头向前伸直或后视肋腹部或弯向一侧, 全身痉挛、昏迷而死。病程一般持续 3~7 天, 死亡率可达 80%~100%。病羊如果流产或者经过引产及适当治疗, 并改善饲养和营养状况, 可缓解症状, 免于死亡。病死羊体消瘦, 剖检可见肝脏高度肿大、质变脆, 肝细胞脂肪变性, 色泽变土黄色; 肾脏肿大, 包膜极易剥离; 肾上腺肿大, 皮质变脆, 呈土黄色; 心脏扩张, 心肌为棕黄色。

(3) 诊断。根据妊娠后期有明显的神经症状、失明等症状进行诊断。血中酮体浓度高于 7mmol/L, 尿中酮体高于 80mmol/L, 血糖低于 2.5mmol/L。呼出气体或尿样加热蒸气中带有酮臭。

(4) 防治。

①预防：预防本病的关键是优化日粮配制及营养供给量。对于妊娠前期母羊，由于胚胎生长缓慢，在确保矿物质、维生素均衡供给外，还要控制能量和蛋白质的日供给总量，避免母羊体重增加过多。妊娠3个月后至产羔（即妊娠后期）可逐渐增加能量、蛋白质、矿物质和维生素的日供给量，以保证胎儿发育对各种营养素的需要。胎儿的生长发育主要在妊娠后期，增重量可达80%以上，尤其是妊娠最后20天，胎儿增重量最大，而这段时间也是本病的高发时期，是预防的关键点。

②治疗：为保护病羊肝、肾机能及满足机体对碳水化合物等能量需要，在日粮精粗比维持4:6的前提下，增加玉米等可消化碳水化合物及豆粕等蛋白饲料的饲喂量，每日灌服丙二醇20~30g，直至痊愈。同时将10~20ng氢化可的松加入10%葡萄糖150~200mL，静脉注射。如出现酸中毒症状，可灌服碳酸氢钠8g、氧化镁5g，同时静脉注射碳酸氢钠溶液30~50mL。

以上治疗方法效果不显著时，可实施人工流产，方法是用开膣器打开阴道，在子宫颈口或阴道前部放置纱布块。娩出胎儿后，症状随之减轻。但已卧地不起的病羊，即使引产，也会出现预后不良。

2. 食毛症

食毛症主要发生于快速生长期湖羊和哺乳期母羊，是一种以嗜食被毛成癖为特征的综合性营养缺乏疾病。常发于饲养管理粗放的规模湖羊场。

（1）病因。病因尚未完全清楚，一般认为日粮蛋白质供给不能满足湖羊的生产需要、蛋白质中氨基酸不平衡是本病发生的主要原因，而钙、磷、硫、铜、锰、钴、锌等饲料矿物元素缺乏是辅助病因。但有研究报道认为成年绵羊体内常量元素硫缺乏是主要病因，被毛中硫含量（2.61%）显著低于正常值（3.06%~3.48%）；也有学者认为是钙、磷、钠、铜、锰、钴、锌等饲料矿物元素缺乏、维生素和蛋白质供给不足才是本病发生的基本原因；还有人强调饲料中缺乏含硫氨基酸是主要病因。

（2）症状。发病羊啃食其他羊或自身被毛，以臀部啃毛最多，而后扩展到腹部、肩部等部位。被啃食羊只，轻者被毛稀疏，重者大片皮肤裸露、甚至全身净光；有些病羊出现掉毛、脱毛现象。采食羊常在幽门、肠道内形成大小不等的毛球，从而导致消化不良、逐渐消瘦、食欲减退，抑或发生消化道毛球梗阻，表现为肚腹胀满、腹痛，严重者死亡。部分病羊还会出现啃食毛织品、泥渣、杂物等异食癖症状。剖检可见三胃内和幽门处有许多毛球，坚硬如石。

（3）诊断。发现大量啃毛现象即可初步诊断。

(4) 防治。按《肉羊饲养标准》（NY/T 816–2004）配制日粮，在发病羊日粮中增加豆粕饲喂量，母羊每日每只豆粕 200~300g、玉米 400g、复合预混料 40~50g，干草等粗饲料自由采食。只要提供充足的优质蛋白饲料、矿物质，保持营养平衡，满足生产需要，即可有效防止食毛症或异食癖的发生。

3. 白肌病

白肌病是由于饲料中缺乏微量元素硒和维生素 E 而引起的一种代谢性疾病，以骨骼肌变性、坏死为特征。病变部位肌肉色浅，呈白色斑点，故名白肌病。本病在世界各地均有发生，快速生长羔羊易发，主要表现为肌肉营养不良。成年湖羊发病，则表现为繁殖性能降低，但不易察觉。

（1）病因。由羊体内微量元素硒和维生素 E 缺乏所致。硒元素缺乏主要原因为饲料、牧草中含硒量不足或缺乏，而饲料中的硒含量与土壤中可利用的硒水平密切相关。低硒土壤在世界范围内占有相当大的比例，浙江地区就属低硒土壤，因此，产于浙江的饲料一般硒含量较低。维生素 E 广泛存在于动、植物性饲料中，尤其在谷物胚芽中较多。通常情况下饲料中维生素 E 充足，但其是强抗氧化剂，受暴晒、霉变、烘烤、水浸后易失效。

（2）症状。羔羊白肌病的主要症状是肢体僵硬，尤其后驱运动不灵活。体质虚弱并发肺炎、拒食、心力衰竭。根据病程经过，分为急性、亚急性、慢性三种类型。

①急性型：患病羔羊通常侧卧。心率常增加至每分钟 150~200 次，但体温正常。发病羔羊在症状出现 16~20h 左右死亡；规模湖羊场中常见于羔羊运动之后，莫名突发死亡。急性型约占本病发生概率的 15%，死亡率近 100%。

②亚急性型：病羊多以消化机能紊乱、机体逐渐衰弱、运动障碍、呼吸困难为特征，呈现精神萎靡，站立不稳，易跌倒，喜卧。重者前后肢呈轻度瘫痪，卧地不起，继发感染时体温升高，但多数病羊食欲不受影响。

③慢性型：生长发育停滞，心功能不全，运动障碍，出现顽固性腹泻。羔羊多在 2~4 周时发病，全身衰弱，肌肉迟缓无力，行走困难，共济失调，可视黏膜苍白、黄染。呼吸频率为每分钟 80~100 次，浅而快。脉搏每分钟 180~200 次，快而弱。成年湖羊发病则表现为繁殖率降低。多数病例发生结膜炎，严重者出现角膜浑浊、软化，可继发支气管炎、肺炎，后期食欲废绝，多因心力衰竭和肺水肿而死亡。

（3）诊断。本病多发于幼龄羊，表现为运动障碍、心力衰竭、渗出性素质、神经机能紊乱时可初步诊断。剖检可见骨骼肌、心肌、肝脏呈现典型营养不良病变，骨骼肌色淡、有白色斑点。

（4）防治。在日粮中添加适量的微量元素硒及维生素 E，即可避免本病的发生。

①预防：每天日粮中，按每千克湖羊体重添加 1g 复合预混料，或按羊只数量在日粮中加入复合预料 25~40g/只，即可有效防止本病的发生。

②治疗：肌内注射亚硒酸钠和维生素 E，亚硒酸钠每千克湖羊体重0.1mg、维生素 E 100mg/只，间隔 10 天注射 1 次。

4. 尿结石

尿结石是指尿液中的盐类成分结晶析出，形成凝结物刺激尿路黏膜引起泌尿系统出血、炎症和阻塞的疾病。临床上以排尿疼痛、尿细、尿少、点滴尿、尿闭为特征。公羊易发，母羊少见。

（1）病因。关于结石形成的真实原因尚不十分清楚，但与日粮营养不平衡、矿物质含量过高、缺乏维生素 A 以及霉菌毒素超标有关，如高钙易形成碳酸钙结石，高镁、高磷易形成碳酸铵镁结石。维生素 A 缺乏会引起钙等物质排泄不畅，形成结石。饮水不足时尿液浓缩，盐类浓度过高，导致结石的形成。饲料中的霉菌毒素会引起肾损伤导致尿结石。在饲喂高钙日粮情况下，当玉米等谷物、DDGS 等副产物中的赭曲霉毒素和杂色曲霉毒素含量超标时，更易发生尿结石。另外，公羊的尿道细长，有"S"状弯曲，易使结石停留在尿道中。

（2）症状。病羊初期精神委顿，食欲减退，头抵羊栏。小便失禁，呈点滴下流，因尿液浸润，包皮明显肿胀。随之阴茎根部发炎肿胀，呈频繁排尿状，并发出呻吟声，不时起卧。病羊行走困难，强迫行走时，后肢作艰难短步移动。如腹腔内积尿液，则有腹水症状。若尿液滞留导致膀胱破裂，则引发尿毒血症。后期病羊食欲废绝，卧地不起，发生死亡。

（3）诊断。尿结石无特征性的临床症状，若不出现尿道阻塞，诊断较为困难，一般根据临床症状如排尿障碍、肾性腹痛、尿闭、尿痛、血尿等进行综合论断。

（4）防治。本病以预防为主，调整日粮中的钙磷比例（1.5~2.5）:1，补充维生素 D，控制日粮盐的添加量。本病发生后用药物疗法效果不明显，对于种公羊可通过手术取出、辅以补饲氯化铵 10~15g/日，连喂 1 周左右，使尿液变酸，避免结石再生并溶化原有结石。

5. 生产瘫痪

生产瘫痪又称乳热病或低钙血病，是指母羊分娩前后突发的一种严重的代谢性疾病。常见于成年母羊，发病于产前或产后数日内。

（1）病因。引发本病的原因尚不十分清楚。根据血液生化指标检测结果，生产瘫痪发生时，病羊血钙、血磷、血糖浓度均降低，推测可能是大量的钙质随初乳排出，或可能是妊娠后期能量、蛋白等过于丰富而钙磷不足及钙磷吸收、代谢失衡所致。

（2）症状与诊断。发病初期，病羊精神萎靡、食欲减退、反刍停止，后肢发软，行走不稳，随后倒地不起，不排粪便和尿液。用针刺皮肤时，疼痛反应很弱，一般体温正常。严重时，头和四肢伸直，呼吸深而慢，心跳微弱，耳和角根厥冷，常处于昏迷状态。

（3）防治。加强妊娠后期母羊的饲养管理，提供充足钙磷和维生素 D，确保日粮中各营养素的均衡供给。产前 2 周在日粮中添加氯化铵等阴离子盐，每日每只 10~15 g，可有效避免本病的发生。

三、传染性疫病防治技术

1. 绵羊痘

绵羊痘是由绵羊痘病毒引起的急性、热性、接触性传染病，病羊皮肤和黏膜上出现特异性痘疹。具有典型的病程，表现为丘疹、水疱、脓疱、结痂。

（1）病原。绵羊痘病毒，痘病毒科山羊痘病毒属，为双股 DNA 病毒。病毒对外界抵抗力较强，耐干燥，在干燥的痂皮中能存活 3 个月。使用 3%石碳酸溶液、0.5%甲醛溶液、2%氢氧化钠溶液几分钟可将其杀死。

（2）流行特点。病羊及病愈后带毒羊只是本病的传染源，病毒主要存在于病羊皮肤和黏膜的丘疹、脓疱及痂皮内，鼻分泌物及被毛中也含有病毒。绵羊易感，幼龄羔羊更易感。主要通过呼吸道传染，水泡液和痂块易与飞尘或饲料混合而进入呼吸道。也可通过消化道或损伤的皮肤、黏膜侵入机体，但较少见。用具、毛、皮、饲料、垫草等都可成为间接传染的媒介。多见于春季流行。气候骤变、饲养管理不良等因素可促进发病并加重病情。若无继发感染，死亡率较低，一般 20 天内可以耐过、痊愈。

（3）症状和诊断。本病平均潜伏期 6~8 天。典型病例表现为病初体温升高到 41~42℃，呼吸和脉搏增快，结膜潮红，食欲减少，从鼻孔流出浆性或脓性分泌物，经 1~3 天后开始发痘。发痘时，痘疹大多发生于皮肤无毛或少毛部分，如眼周围、唇、鼻、颊、四肢和尾的内面，阴唇、乳房、阴囊及包皮上出现红斑，次日形成丘疹，突出皮肤表面，随后丘疹渐增大，变成灰白色水疱，并伴随体温下降。2~3 天后水疱变为脓疱，体温再度上升。脓疱破溃，逐渐干燥、结痂，痂脱落后逐渐愈合、耐过康复。羊痘流行过程中，由于个体差异，个别病羊呈非典型经过，症状严重，痘疹密集，互相融合连成一片，且由于化脓菌侵入，皮肤发生坏死或坏疽，伴有全身症状；或在痘疹聚集的部位或呼吸道和消化道出现出血症状。这些重病例多死亡。如有并发肺炎（羔羊较多）、胃肠炎、败血症等时，病程延长或早期死亡。根据典型症状本病易诊断，但应与口蹄疫、羊传染性脓疱相区别。

（4）防治。

①平时仔细检查羊群状况：加强综合防疫措施，定期消毒，保持羊舍清洁、干燥。加强饲养管理，提高湖羊体质。关注冬末春初气候骤变，做好防寒保暖工作。

②每年 3、4 月份对羊群进行定期预防接种：注射羊痘鸡胚化弱毒疫苗，大小湖羊一律尾部皮下注射 0.5mL。免疫持续期为 1 年。

③发生羊痘时：立即将病羊隔离，羊具和管理用具等进行消毒。对尚未发病羊群，用羊痘鸡胚化弱毒疫苗进行紧急注射。

④对皮肤病变部位可酌情进行对症治疗：如用 0.1%高锰酸钾清洗后，涂聚维酮碘软膏或紫药水。对发病羔羊，为防止继发感染，可肌内注射青霉素 80 万单位，每日 1~2 次；或用 10%磺胺嘧啶 10~20mL，肌内注射 1~3 次；若用痊愈羊血清治疗羔羊，效果更好，每只 5~10mL，皮下注射。

2. 羊传染性脓疱

羊传染性脓疱俗称"羊口疮"，是由传染性脓疱病毒引起的一种急性接触性人畜共患传染病。其特征是口内外的皮肤和黏膜形成丘疹、脓疱、溃疡并结成疣状厚痂。

（1）病原。传染性脓疱病毒属痘病毒科副痘病毒属，含双股 DNA 核心和脂质囊膜。对外界环境抵抗力较强，干痂内的病毒在夏季经 30~60 天才丧失传染性，秋、冬季土壤中的病痂到次年春季仍有传染性。对高温敏感，60℃ 30min 可将其杀灭。1%聚维酮碘溶液、10%石灰乳液等常用消毒剂也可有效杀灭该病毒。

（2）流行特点。湖羊属易感动物，其中哺乳期至 6 月龄羔羊最易感，接触病羊的人也可感染。病羊和带毒羊是本病的主要传染源，病毒主要存在于病羊唾液和痂块中。传染方式为间接传染，主要通过损伤的皮肤、黏膜感染。健康羊因与病羊接触，或经污染的羊舍、饲料、饮水等而感染。病毒在上皮样细胞中繁殖，引起细胞坏死、液化，形成水疱、脓疱、结痂、烂斑。多发于春、秋季，常散发或呈地方性流行。若无继发性感染，死亡率较低。

（3）症状和诊断。本病潜伏期为 2~4 天。临床上分为三型，唇型、蹄型和外阴型，多为单一型感染，偶见混合型感染。

①唇型：该型感染最为常见。轻型病例在口角、上唇或鼻镜上出现散在的小红斑，很快出现豆粒大小的小结节，小结节渐变成水泡，继而形成脓疱，脓疱破溃后结成黑色桑葚状厚痂，厚痂于患病 1~2 周后干燥、脱落，皮肤逐渐恢复正常。重型病例因患部不断产生丘疹、水疱、脓疱、结痂，并互相融合，可波及整个口唇周围、颜面、眼睑以及耳廓等部位，形成大面积的龟裂和易出血的污垢痂皮。由于痂皮不断增厚，影响病羊正常采食，导致其体质日趋衰弱；此时若有继发感染可使病情加重，导致病羊机体衰竭而死，死亡率高达 10%~20%。

②蹄型：一般仅一足发生，在蹄叉、蹄冠或系部皮肤上出现水泡或脓疱，破裂后在溃疡面上形成一层浓性覆盖物。若有继发感染，则发生化脓和坏死病变，常波及皮基部和蹄骨，病羊表现为跛行，喜卧不愿走动。久拖不愈的病羊，剖检可见肝脏、肺脏、乳房中发生转移性病灶。重者因衰竭或因败血症而死亡。

③外阴型：此型较少见。母羊表现为阴道有黏性或脓性分泌物，肿胀的阴唇及其附近皮肤上有溃疡，乳房或乳头皮肤上出现脓肿、烂斑和污垢痂皮。公羊表现为阴茎肿胀，在阴茎鞘口皮肤和阴茎上出现脓疱和溃疡。

本病根据流行病学及临床症状，一般容易诊断。

（4）防治。平时加强饲养管理，用 0.5%~1%聚维酮碘溶液、10%石灰乳溶液等消毒剂定期消毒羊舍和用具是预防本病最有效的办法。注意保护黏膜和皮肤勿受损伤，防止因外伤而感染本病。发现病羊时应立即隔离治疗，对被污染的羊舍、用具进行彻底消毒。对病羊加强护理，供给清洁饮水、适口性佳的饲料，在水或饲料中可以加入适量复合维生素等营养素。对唇型和外阴型病例，首先用 0.1%~0.2%高锰酸钾溶液冲洗创面，然后涂 5%聚维酮碘软膏，每日 2 次，直至痊愈。对蹄型病例，用 0.1%~0.2%高锰酸钾溶液彻底清洗蹄部，并浸泡 1~2min，每日 1 次，必要时可涂 5%聚维酮碘软膏，每日 1 次，直至痊愈。

3. 传染性角膜结膜炎

羊传染性角膜结膜炎又称眼炎、红眼病。其特征是病原侵害眼结膜和角膜引起炎症，出现流泪、角膜混浊或呈乳白色，传染迅速。

（1）病原。羊传染性角膜结膜炎是由多种病原引起的疾病，其病原有鹦鹉热衣原体、立克次体、结膜支原体、奈氏球菌、李氏杆菌等，一般以鹦鹉热衣原体感染较多见。鹦鹉热衣原体呈卵圆形，革兰氏染色阴性。该病原对环境的抵抗力较强，60℃ 10min 灭活，0.5%石炭酸溶液需 24h 才能灭活。

（2）流行特点。不同生产阶段的湖羊均易感，年幼羔羊更易感。患病羊及被病羊眼泪、鼻涕等污染的饲料是本病的传染源，主要通过间接接触传染，也可通过蚊、蝇等传播感染。本病发生没有季节性，但炎热、潮湿天气更易发，常呈地方性流行。发病率可达 70%以上。

（3）症状和诊断。常见为先一眼患病，后双眼感染。病初主要表现为流泪、羞明，眼不能张开，呈结膜炎症状。随病程发展，眼角流出黏液性分泌物，随后变成脓性，眼睑肿胀，结膜潮红，引发角膜炎，角膜周围血管有树枝状充血。1~2 天后出现虹膜粘连，角膜混浊，形成白翳，角膜溃疡，若溃疡愈合，则角膜逐渐透明，若溃疡久拖不愈，可导致角膜破裂，晶状体脱出，造成失明。病羊一般无明显的全身性症状，20 天内可自然康复。本病可根据眼部病变症状、发病季节及发病速度进行诊断。

（4）防治。湖羊场的规模扩展应坚持自繁的原则，对引入的羊只应严格隔离、检疫，杜绝病原进入羊场。平时做好羊场环境的消毒及扑杀蚊蝇工作，保持羊舍整洁卫生。若发现本病应尽早治疗。对羊舍及病羊所处羊栏进行彻底清扫，并用 1%聚维酮碘溶液或 5%漂白粉溶液进行彻底消毒，同时饲养员也要注意自身消毒，避免病原扩散。将病羊移至避光处，进行隔离治疗，用 4%硼酸溶液或 0.1%聚维酮碘溶液逐只洗眼，拭干后涂以氯霉素、青霉素、土霉素、四环素等软膏，每日 2~3 次，直至痊愈。

4. 巴氏杆菌病

巴氏杆菌病是由多杀性巴氏杆菌引起的一种人畜共患传染病，其特征是高热、呼吸困难、皮下水肿。

绵羊表现为败血症和肺炎。呈地方性流行或散发，在冷热交替、天气骤变、羊营养不良和环境污浊等条件下易发生流行。

（1）病原。本病的病原体为多杀性巴氏杆菌，是两端着色的革兰氏阴性短工杆菌。病羊组织涂片或血液涂片经瑞氏或美蓝染色，可见菌体近似椭圆形，两端浓染。抵抗力不强，对干燥、热和阳光敏感，在干燥的空气中 2~3 天死亡。用一般消毒剂如 10%石灰乳、0.05%聚维酮碘溶液经 1~2min 即可杀死。

（2）流行特点。多发于幼龄羊和羔羊，病羊和带菌羊是本病的传染源。主要经消化道和呼吸道传播，通过与病羊直接接触或经被污染的垫草、饲料、饮水而感染。一般为散发，有时也呈地方性流行。本病的发生无明显的季节性，当饲养环境不佳、日粮营养不平衡、冷热交替、天气剧变、闷热潮湿时，湖羊体质下降，易发本病。急性患病的羔羊死亡率接近100%。

（3）症状和诊断。本病按病程长短可分为最急性型、急性型和慢性型3种。

①最急性型：多见于哺乳期羔羊，突然发病，出现寒颤、虚弱、呼吸困难等症状，常在数小时内死亡。

②急性型：病羊精神沉郁，食欲废绝，体温升高到41~42℃，咳嗽、鼻孔流血混有黏液。病初便秘，后期腹泻，有的粪便呈血水样，最后因严重腹泻、脱水而死亡。

③慢性型：病程久长，病羊食欲减退，逐渐消瘦，咳嗽、呼吸困难，腹泻、粪便恶臭，死前极度消瘦。

剖检可见皮下有浆体浸润和小点状出血。肺脏淤血，肝脏变性，偶见有黄豆至胡桃大的化脓灶，胸腔内有黄色渗出物，全身淋巴结水肿、出血，胃肠道呈出血性炎症，间有小点状出血。病程较长者尸体消瘦，常见纤维素性胸膜肺炎和心包炎。根据临床症状及剖检结果可做出初步诊断。

（4）防治。平时做好综合防疫工作，定期消毒，保持羊舍环境整洁卫生，确保日粮营养均衡、充足，增强湖羊抵抗力。预防接种羊巴氏杆菌组织灭活苗，可有效避免本病发生。本病发生时，对病羊和可疑病羊立即隔离治疗，每千克体重使用青霉素1万单位，链霉素1万单位，卡那霉素5~15mg，磺胺嘧啶首次量0.14~0.20g、维持量0.07~0.1g，肌内注射，直到体温下降、食欲恢复为止。对全群湖羊紧急注射抗巴氏杆菌高免血清，每只肌内注射30~80mL。

5. 小反刍兽疫

小反刍兽疫又称羊瘟，是由小反刍兽疫病毒感染绵羊、山羊引起的一种急性接触性传染病，其特征是高热、眼鼻有大量分泌物、上消化道溃疡和腹泻。本病是OIE规定必须通报的A类烈性传染病。

（1）病原。小反刍兽疫病毒属副粘病毒科麻疹病毒属，为单股负链RNA病毒。该病毒对温度敏感，56℃时半衰期仅为2.2min。对酒精、乙醚、甘油及一些非离子去垢剂敏感，大多数化学灭活剂如酚类、2%氢氧化钠溶液等作用24h可以灭活该病毒。

（2）流行特点。患病动物和隐性感染动物是主要传染源，尤其处于亚临床型的病羊更具传染性。病羊的分泌物和排泄物均含有病毒，可传播感染。易感动物为山羊和绵羊，3~8月龄山羊最易感。主要分布于非洲和亚洲的部分国家，近几年传入我国。主要通过呼吸道飞沫传播，亦可经精液和胚胎垂直传播。本病在流行地区的发病率可达100%，严重暴发期死亡率为100%，中等暴发期死亡率不超过 50%。

（3）症状与诊断。本病潜伏期 4~6 天。临床表现为发病急，体温高热41℃以上，并可持续 3~5 天。病羊精神沉郁，食欲减退，鼻镜干燥。口鼻腔分泌物逐渐变为脓性黏液，若患病动物尚存，这种症状可持续 14 天。发热开始 4 天内，齿龈充血，而后发展为口腔黏膜弥漫性溃疡和大量流涎，严重时可能转变为坏死。发病后期出现咳嗽、胸部啰音及腹式呼吸，常排血液粪便。尸体剖检可见结膜炎、坏死性口炎等肉眼病变，在鼻甲、喉、气管等处有出血斑。真胃常出现糜烂，创面红色、出血，在盲肠和结肠结合部呈特征性斑马样条纹出血。淋巴结肿大，淋巴细胞和上皮样细胞坏死。根据上述症状可对本病做出初步诊断，确诊需要实验室病毒学诊断。本病应与牛瘟、羊传染性胸膜炎、巴氏杆菌病、羊传染性脓疱、口蹄疫和蓝舌病相区别。

（4）防治。按照国家规定，对本病的处理方法是严密封锁，隔离消毒，病羊就地扑杀，进行无害化处理。至今对本病尚无有效的治疗方法，发病初期可用抗生素和磺胺类药物进行对症治疗，以预防继发感染。本病以预防为主，加强综合防疫技术，在流行季节，可用牛瘟病毒弱毒疫苗进行免疫接种，或用感染病羊的组织制备小反刍兽疫病毒（氯仿）灭活苗，效果较好。

6. 羊快疫

羊快疫是由腐败梭菌感染绵羊引起的一种急性传染病，其特征是发病突然，病程极短，真胃黏膜呈出血或坏死炎性损害。

（1）病原。腐败梭菌在动物体内外均能产生芽孢，为革兰氏阳性的厌氧大杆菌，不形成荚膜。病料涂片镜检时，常能发现单在或 2~3 个相连的粗大杆菌，形成圆形膨大的中央或偏端芽孢，有的呈无关节长丝状。这是腐败梭菌的突出特征，具有重要的诊断意义。本菌可产生 α 和 β 两种外毒素。腐败梭菌的繁殖体抵抗力很弱，一般消毒药均能将其杀死，但芽孢抵抗力很强，必须用 20% 漂白粉等强力消毒药进行消毒处理。

（2）流行特点。本病易发于 6~18 月龄湖羊，一般经消化道感染。腐败梭菌属自然界常在菌，存在于土壤和饲料中，健康湖羊的消化道也存在这种细菌，但并不发病，属条件致病菌。当秋、冬和初春气候剧变、阴雨连绵之际，湖羊受寒感冒或采食了冰冻带霜的草料导致机体抵抗力下降时，腐败梭菌趁机大量繁殖、产生外毒素，使胃肠黏膜发生炎症和坏死，毒素通过血液循环侵入中枢神经系统，引起神经细胞中毒而致急性休克，使羊只迅速死亡。

（3）症状和诊断。病羊突然发病，往往来不及表现临诊症状就突然死亡。慢性发病的羊只常离群独处、不愿走动、喜卧，强迫行走时，表现共济失调。

腹部膨胀，有腹痛症状。粪粒粘连、变大，色黑而软，或排黑色下痢、稀而恶臭。病羊最后剧烈痉挛、昏迷，快速死亡。病羊尸检可见真胃出血性炎症变化，黏膜肿胀、有出血斑点以及坏死区，尤其是胃底部及幽门附近的黏膜。黏膜皮下胶样浸润，肠道内充满气体，十二指肠常见有充血、出血，严重者坏死和溃疡等急性炎症，胸腔、腹腔和心包有大量积液，心内膜可见点状出血，肝脏、胆囊多肿大。本病根据羊只突然死亡，尸检发现真胃、十二指肠等处有急性炎症，肠内充气等症状即可初步诊断。应与羊黑疫、炭疽、羊肠毒血症相区别。

（4）防治。本病发生通常较为突然，一般来不及治疗即死亡。因此，预防是防治本病的主要办法。平时要加强饲养管理措施，确保不同生产阶段湖羊日粮营养的均衡供给，提高湖羊体质、增强抗病力；在秋、冬、初春季节做好保暖御寒工作，避免湖羊遭受寒冻。每年定期免疫接种三联苗（羊快疫、羊猝疽和羊肠毒血症）或五联苗（羊快疫、羊猝疽、羊肠毒血症、羊黑疫和羔羊痢疾），尾下注射，免疫期6~9个月。

对病程稍长的病羊可试行对症治疗，用青霉素肌内注射，每次80万~160万单位，每日2次；或青霉素160万单位、10%安钠咖5mL加于5%葡萄糖溶液500~1000mL中，静脉滴注，直至痊愈。同时可灌服10%~20%石灰乳，每次50~100mL，连服1~2次。

7. 羊肠毒血症

羊肠毒血症是由产气荚膜梭菌D型在肠道内大量繁殖产生毒素而引起。因病羊死后肾组织易软化，又称"软肾病"。其特征是肠毒血症和软肾症。

（1）病原。产气荚膜梭菌又称魏氏梭菌，能产生强烈的外毒素，共12种，其中α、β、ε、ι四种毒素在传染病学中具有重要作用。α毒素具溶血、杀白细胞等作用，β、ι毒素可使肠黏膜坏死，ε毒素可致肾皮质及脑组织坏死。四种毒素均为蛋白质，具有酶活性，不耐热，有抗原性，用化学药物处理可变为类毒素。根据其产生的毒素与抗毒素中和试验，分为A、B、C、D、E、F共6型，每型产气荚膜梭菌产生一种主要毒素，一种或多种次要毒素。羊肠毒血症的病原菌是D型，以产生ε毒素为主，菌体两端钝圆，为微厌氧性粗大杆菌，无鞭毛，不能运动。革兰氏染色阳性。在动物体内能形成荚膜，芽孢位于菌体中央或近端。繁殖体易被常规消毒剂杀灭，但芽孢体抵抗力较强，95℃需2.5h才可杀死。

（2）流行特点。不同年龄段湖羊均可感染，但多见于2~12月龄、膘性较好的湖羊。本菌常存在于土壤中，湖羊通过采食被污染的饲料、经消化道感染，当气候剧变、羊只体质下降时易发，一般为散发性流行。湖羊大量采食精饲料后，瘤胃pH降至5.0以下，大量淀粉进入小肠，促使本菌快速繁殖，产生大量ε毒素，导致肠黏膜通透性增加，大量毒素进入血液，引发全身中毒造成毒血症，病羊因休克而死亡。

（3）症状和诊断。感染羊发病突然，一般在见到症状时便很快死亡。死亡前病状可分为两种类型：一类以抽搐为特征，死亡前四肢出现强烈的划动，肌肉颤搐，眼球转动，磨牙，流涎，然后头颈显著抽搐，常于2~4h内死亡。另一类以昏迷和安静死去为特征，与前类相比，病程相对较缓，病初症状为步态不稳，后卧倒不起，并有感觉过敏，流涎，上下颌"咯咯"作响，继以昏迷，角膜反射消失。有的病羊发生腹泻，排黑色或黄褐色的恶臭稀粪。1~2天后死亡。剖检可见肾脏表面充血，实质松软如泥，触压即溃散的典型症状；体腔积液，小肠黏膜出血，严重的肠壁呈血红色或有溃疡。胆囊极度肿大，肺脏出血、水肿，脑膜出血、组织坏死；全身淋巴结肿大，切面湿润，髓质呈黑褐色。由于病程短促，死前难于确诊，通过尸检确认症状即可初步诊断。本病与羊快疫、炭疽、羊猝狙、巴氏杆菌病症状有相似之处，应区别诊断。

（4）防治。本病病程短促，往往来不及治疗即死亡。因此，防治本病的主要办法是预防，平时在饲养管理中，要确保日粮中粗饲料的供给比例在60%以上及日粮营养的均衡供给。其中相对高的粗饲料及长纤维比例，既能保证瘤胃的正常发酵，避免瘤胃菌群失调，有效预防本病的发生，又能降低饲养成本，实现湖羊高效健康养殖。每年按计划免疫接种三联苗（羊快疫、羊猝狙和羊肠毒血症）或五联苗（羊快疫、羊猝狙、羊肠毒血症、羊黑疫和羔羊痢疾），尾下注射，免疫期6~9个月。

对病程稍长的可试行对症治疗，用青霉素肌内注射，每次80万~160万单位，每日2次；或青霉素160万单位、10%安钠咖5mL加于5%葡萄糖溶液500~1000mL中，静脉滴注，直至痊愈。同时可灌服10%~20%石灰乳，每次50~100mL，连服1~2次。

8. 羊猝狙

羊猝狙是由产气荚膜梭菌C型引起的一种毒血症。其特征是急性死亡，溃疡性肠炎和腹膜炎。

（1）病原。病原为产气荚膜梭菌C型，革兰氏染色阳性，以产生β毒素为主，菌体为两端钝圆的微厌氧性粗大杆菌，无鞭毛，不运动，在动物肠内容物中常见有荚膜，芽孢位于菌体中央。芽孢体抵抗力较强，饲料中的芽孢体菌株可耐煮沸1~3h。

（2）流行特点。各生长阶段湖羊均能感染，但以 1~2 岁湖羊最易感。病羊、带菌羊、被污染的饲料、饮水均可成为本病的传染源。主要经消化道感染，多发于冬、春季节，呈地方性流行。本菌经消化道侵入小肠后快速繁殖，产生大量 β 毒素，引起羊发病并快速死亡。

（3）症状和诊断。本病突然发病，病程极短，呈急性中毒的毒血症状，往往未见明显症状就死亡，与羊肠毒血症的临床症状类似。病羊常见卧地不起、衰弱、痉挛和眼球突出等症状。剖检可见肠内容物混有气泡，十二指肠和空肠黏膜严重充血、溃烂，有大小不等的溃疡。肝肿大、质脆、色变淡，常伴有腹膜炎。胸、腹腔和心包多有积液，暴露于空气后易形成纤维性絮块。根据湖羊突然死亡，剖检见溃疡性肠炎、体腔积液，即可初步确诊。本病与羊肠毒血症、羊快疫、炭疽、羊黑疫、巴氏杆菌病症状有相似之处，应区别诊断。

（4）防治。本病防治措施与羊肠毒血症病相似，可参照执行。

9. 羊黑疫

羊黑疫是由诺维氏梭菌感染绵羊引起的一种急性致死性中毒性传染病，其特征是发病突然，病程极短，肝脏坏死，因此又称传染性坏死性肝炎。

（1）病原。诺维氏梭菌是革兰氏阳性厌氧大杆菌，不产生荚膜，有鞭毛能运动，可形成芽孢。根据外毒素产生情况，常分为 A、B、C 三型，A 型菌产生 4 种外毒素，B 型菌产生 5 种外毒素，C 型菌不产生外毒素。羊黑疫的病原菌为诺维氏梭菌 B 型。病料涂片镜检时，常能发现粗大、两端钝圆的菌体。芽孢体具有较强的抵抗力，95℃可存活 15min，在 5%石炭酸溶液、0.1%硫柳汞溶液中可存活 1h，20%漂白粉溶液可将其快速杀死。

（2）流行特点。本病易发于成年湖羊，以 2~4 岁湖羊最易感。多发于夏末、秋季。病羊及被污染的饲料、饮水为本病的传染源，并与肝片吸虫病密切相关。一般经消化道感染。健康羊肝脏中常潜伏着诺维氏梭菌 B 型芽孢体，但不发病。肝片吸虫在肝内迁徙破坏肝组织引起肝脏炎症，或其他原因导致肝脏损伤时，潜伏的芽孢体在坏死区迅速繁殖，并产生大量毒素，造成致命的毒血症，引起动物急性休克、迅速死亡，死亡率 100%。

（3）症状和诊断。病羊多突然死亡，因此通常只能见到病死尸体。发病羊表现为精神萎靡，食欲废绝，卧地不起，1h 内安静死亡。个别病羊可拖延1~2 天，食欲废绝，精神不振，呼吸困难，体温升至 41.5℃，常以昏睡俯卧姿势死亡。病羊尸体皮下静脉显著瘀血发黑，羊皮呈暗黑色外观，故称之黑疫。剖检可见腔体积液，有大量清淡状胶样体液。肝脏肿大，其表面及内面有大小不等的黄白色坏死区，坏死区周围有明显充血。根据病羊急性死亡，剖检肝脏有坏死灶，即可初步诊断。本病与羊肠毒血症、羊快疫、炭疽、羊猝狙症状有相似之处，应区别诊断。

（4）防治。本病发生后少有治疗时间。因此，防治本病的主要方法是预防，其中最关键的措施是防止肝片吸虫的感染，应定期驱虫。平时要加强饲养管理措施，定期消毒，保持环境整洁。确保不同生产阶段湖羊日粮营养的均衡供给，提高湖羊体质、增强抗病力。每年定期免疫接种五联苗（羊快疫、羊猝狙、羊肠毒血症、羊黑疫和羔羊痢疾），尾下注射 5mL，注射后 2 周产生免疫力，保护期 6~9 个月，可有效预防本病的发生。病死羊应进行无害化处理。

对病程稍缓的羊可试行对症治疗，用青霉素肌内注射，每次 80 万~160万单位，每日 2 次，直至痊愈。

10. 羔羊大肠杆菌病

羔羊大肠杆菌病又称羔羊白痢，是致病性大肠杆菌及其毒素引起的一种急性传染病，其特征是剧烈腹泻和败血症。

（1）病原。致病性大肠杆菌属肠杆菌科埃希菌属中的大肠埃希氏菌，简称大肠杆菌。大肠杆菌为中等大杆菌，有鞭毛，能运动，无芽孢，革兰氏阴性菌。有许多血清型，以 O78 最常见。该菌对外界环境抵抗力较强，在土壤和水中可存活数月，但对理化因素变化较敏感，0.1%聚维酮碘溶液、10%漂白粉溶液、20%石灰乳、4%石碳酸敏感可将其快速杀灭。

（2）流行特点。出生 1~6 周的新生羔羊及断奶期间羔羊最易感。病羊和带菌羊是本病的主要传染源，被污染的垫草、饲料、饮水也可成为传染源。本病通过直接或间接接触病源，经消化道和呼吸道而感染。多发于冬季，尤其是体质较弱的羔羊受冻后易发，呈地方流行性。发病急，死亡率较高，严重时可达 50%以上。

（3）症状和诊断。本病潜伏期为数小时至 2 天，临床上分为败血型和肠型两种。

①败血型：主要发生于 1~6 周龄的羔羊，病初体温升高达 41.5~42℃。病羔精神萎靡，呼吸浅快，四肢僵硬，运步失调，继之卧地，磨牙，头后仰，一肢或数肢作游泳样，多于发病后 4~12h 死亡。剖检可见胸、腹腔和心包内有大量积液，内有纤维素。肘、腕关节肿大，滑液混浊，内含纤维素性脓性絮片。脑膜充血，有很多细小出血点，大脑沟常含有大量脓性渗出物。

②肠型：主要发生于 7 日龄以内的羔羊。病初体温升高至 40.5~41℃，不

久即下痢，体温降至正常或略高于正常。粪便先呈半液状，由黄色变为灰白色，后呈液状，有时混有血和黏液。病羊腹痛、弓背、委顿、卧地，24~36h死亡。剖检尸体严重脱水，真胃、小肠和大肠内容物呈黄灰色半液状，黏膜充血，肠系膜淋巴结肿胀、发红。

（4）防治。冬季出生的羔羊应着重做好保暖工作。对母羊应强化饲养管理，供给营养均衡、充足的日粮，保证优质乳的生产，提高新生羔羊体质、增强抗病力。给产前母羊接种疫苗，预防羔羊发病。本病急性经过往往来不及救治，慢性经过者可用蒽诺沙星或环丙沙星以每千克体重 2.5mg，肌内注射；或庆大霉素以每千克体重 2~4mg，肌内注射，每日 2 次，直至体温下降，食欲恢复为止。同时用 0.1%聚维酮碘溶液等消毒剂对环境进行彻底消毒。

11. 羔羊梭菌性痢疾

羔羊梭菌性痢疾又称羔羊痢疾，是产气荚膜梭菌 B 型感染新生羔羊引起的一种急性毒血症，其特征是持续性腹泻和小肠溃疡。主要危害 7 日龄以内的羔羊，常致其大批死亡。

（1）病原。本病的病原主要是产气荚膜梭菌 B 型，其次是产气荚膜梭菌 A、C、D 型，沙门氏菌、肠球菌等是诱发本病的条件性病原。产气荚膜梭菌 B 型以产生 β 毒素为主，与羊肠毒血症、羊猝狙属同一类微生物。

（2）流行特点。本病多发生于 7 日龄以内的羔羊。主要经消化道感染，也可经脐带或伤口感染。污染的羊舍及带菌母羊是本病的传染源。多发于冬、春季，一般为散发性流行。本病的发生与母羊孕期营养状况有关，营养差的母羊所生羔羊体质虚弱，当遇气候剧变、寒冷袭击、环境潮湿、产房不洁时，易发本病。病原菌进入小肠后大量繁殖，产生 β 毒素，引起羊毒血症而发病。死亡率极高。

（3）症状和诊断。病初羔羊精神萎靡，食欲减退；继而发生粥样或水样腹泻，粪便恶臭，初时粪便呈黄色逐渐变为黄绿色或棕色；后期粪便带血，甚至为血便。病羔呼吸急促，黏膜发紫，口流泡沫状唾液，卧地不起，经 1~2 天衰竭死亡。剖检可见尸体严重脱水，真胃内有乳凝块，胃黏膜充血，可见出血点。小肠黏膜有不同程度的发炎，可见小溃疡灶，严重的可见核桃大小的溃疡和坏死性病灶，肠内容物常混有血液。肠系膜淋巴结肿胀、充血或出血。心包积液，心内膜偶见出血点。

（4）防治。加强母羊孕期饲养是关键，适时增加母羊营养以促进胎羔发育，使出生羔羊体质强健，增强抗病力。对羊舍环境进行定期消毒，杀灭病原菌，保持环境整洁卫生。配置新生羔羊保温设施，避免羔羊受冻，确保羔羊吃足初乳。在易发季节采用抗生素预防，羔羊出生后12h内，每只灌服土霉素0.15~0.2g，每天1次，连续灌服3~5天。对母羊接种羔羊痢疾甲醛灭活菌苗也是有效的预防方法，在产前30天和20天，分别皮下注射灭活菌苗2mL和3mL，可使羔羊获得被动免疫。

对于患病初期羔羊，可注射抗羔羊痢疾血清，每只10~20mL，大腿内侧皮下注射。肌肉注射青霉素10万~20万单位，每隔4h1次。同时将土霉素0.2~0.3g、胃蛋白酶0.2~0.3g，用20~60mL补液盐调制灌服，每天灌服3次，连服3天；或将磺胺脒0.5~1g、鞣酸蛋白0.2g、次硝酸铋0.2g、小苏打0.2g，用20~60mL补液盐调制灌服，每天灌服3次，连服3天。

12. 羊破伤风

羊破伤风是由破伤风梭菌经创伤感染引起的一种人畜共患急性中毒性传染病。其特征是全身或部分肌肉发生强直性痉挛，呈僵硬状。

（1）病原。破伤风梭菌简称强直梭菌。该菌为两端钝圆的厌氧性细长杆菌，革兰氏染色阳性。多数菌株周生鞭毛，能运动，在动物体内外均能形成圆形或椭圆形芽孢，位于菌体一端，呈鼓槌状。本菌可产生破伤风痉挛素和溶血素等多种毒素。芽孢体抵抗力很强，耐热，在土壤中可存活几十年，煮沸1~3h、121℃高压15min才可将其杀死。10%聚维酮碘溶液、漂白粉溶液能快速将其杀死。

（2）流行特点。羔羊和产后母羊易感，羔羊多见于脐带感染，母羊多发于产死胎和胎衣不下时。也可见于剪毛损伤、断脐或其他外伤等消毒不严的情况。破伤风梭菌普遍存在土壤中，动物的肠道中也偶有芽孢存在。病原经伤口侵入而感染，也可经胃肠粘膜损伤而感染。病菌侵入伤口后，于厌氧条件下，在创口内大量繁殖，并产生毒素，危害中枢神经系统而发病。多为散发，没有季节性。

（3）症状和诊断。本病潜伏期5~15天。病初羊表现为起卧不停，步履不稳，但不易察觉。随病程发展，出现特征性症状，表现为遇音响易惊，病羊痉挛倒地；四肢逐渐僵硬，呈高跷步态，双耳直竖，牙关紧闭、流涎，颈背部强硬，头向后仰；最后常因急性胃肠炎而出现腹泻，角弓反张，全身强直而死。剖检无特征性病理变化。本病根据临床症状基本可以确诊，但应与风湿病、脑膜炎等病进行区别。

（4）防治。本病应着重于预防。避免创伤发生。对于外伤及一切手术伤口，应及时用10%聚维酮碘溶液、或2%高锰酸钾溶液严密消毒，并避免泥土、粪便侵入伤口。在感染风险较大时，皮下注射破伤风类毒素0.5mL，进行预防。

治疗以加强护理、消除病原、中和毒素、缓解解痉为主。护理是治疗本病的重要环节，将病羊移至通风黑暗、清洁干燥、安静处，给予营养均衡易吞咽的饲料，避免肠炎、肺炎以及跌伤等并发症的发生。对感染创口进行彻底的清创、消毒处理，并在创口周围或全身注射青霉素 160 万单位，每日 2次，连续 1 周，以消除病原。先静脉注射 40%乌洛托品 15~25mL，再静脉注射抗破伤风血清，羔羊用量 5 万~10 万单位，成年羊用量为 10 万~15 万单位，每日 1 次，连用 1 周，以中和毒素。用 25%硫酸镁溶液静脉或肌内注射，每只羊 20mL，以缓解痉挛。

13. 口蹄疫

口蹄疫是由口蹄疫病毒感染偶蹄动物（牛、猪、绵羊、山羊）引起的一种急性、热性、高度接触性传染病。其特征是在口、唇、鼻黏膜、蹄部和乳房皮肤发生水泡，并溃烂形成烂斑。本病是世界动物卫生组织（OIE）规定必须通报的 A 类烈性传染病。

（1）病原。病原为口蹄疫病毒，属微 RNA 病毒科口蹄疫病毒属。核酸类型为单股核糖核酸（RNA），具有多型性和易变性特征。目前已知有 7 个血清型，即 O 型、A 型、C 型、南非Ⅰ型、南非Ⅱ型、南非Ⅲ型和亚洲Ⅰ型，同一血清型又分为若干亚型。口蹄疫病毒对日光、热、酸碱均较敏感，常用消毒剂如 0.05%~0.1%聚维酮碘溶液、0.2%~0.5%过氧乙酸溶液、2%氢氧化钠溶液和4%碳酸氢钠溶液均可将其灭活。

（2）流行特点。病羊和带毒动物是最主要的传染源。猪、牛最易感，绵羊、山羊次之，幼龄动物极易感。本病广泛分布于世界各地，绝大多数国家都流行过口蹄疫，但目前仅在亚洲部分国家地区、非洲、中东和南美呈地方性流行或零星散发。口蹄疫以直接接触和间接接触两种方式进行传播，以间接接触传播为主，其中以通过污染空气经呼吸道传播最为重要。冬季易发，发病率高，死亡率低，但传染性极强，不易控制和消灭，常造成较大的经济损失。

（3）症状与诊断。一般潜伏期 2~14 天。病羊体温升高到 40~41℃，食欲减退，口角流涎增多，1~2 天后口腔（唇、颊和齿龈）黏膜上出现黄豆大小的水泡，趾间、蹄冠及其球部、乳头和乳房皮肤上出现豆粒大小水泡，跛行，不愿站立。2~3 天后水泡破裂，露出红色糜烂区，体温下降。剖检可见口腔、蹄部有明显水泡和烂斑，咽喉、气管、食道、前胃等黏膜有时可见烂斑和溃疡，真胃、大小肠可见出血性炎症。心脏有心肌炎病变，心肌现灰白色或灰黄色条纹状病变，呈虎斑心外观。羔羊常因出血性胃肠炎和心肌炎而发生急性死亡，死亡率可达70%以上。若无继发感染，成年羊在15天之内康复，死亡率在5%以内。根据病羊口腔、蹄部特征性的水泡和烂斑，及剖检发现出血性胃肠炎和虎斑心的病变，即可做出诊断。但本病应注意与羊痘、羊传染性脓疮、蓝舌病相区别。

（4）防治。

①预防：平时加强综合防疫措施，定期用聚维酮碘等消毒剂进行环境消毒，确保日粮营养素供给，提高湖羊体质。常发地区要按计划进行预防接种。预防免疫接种疫苗使用口蹄疫结晶紫甘油疫苗、甲醛灭活疫苗及乙基乙烯亚胺灭活疫苗，制苗方法简单，免疫保护率一般为80%~90%，接种免疫后10天产生免疫力，免疫持续期为6个月。

②治疗：本病一般不充许治疗，必须按《中华人民共和国动物防疫法》及有关规定，上报疫情、划定疫区，实施隔离和封锁措施，病羊就地扑杀，进行无害化处理。病羊进行对症治疗时，可用0.1%高锰酸钾溶液冲洗溃疡面，然后涂以5%聚维酮碘软膏。必要时静脉注射磺胺嘧啶预防继发感染。

14. 布鲁氏菌病

布鲁氏菌病又简称"布病"，是由布鲁氏菌感染引起的人畜共患传染病，其特征是生殖器官和胎膜发炎，导致流产、不育和各种组织的局部病灶。

（1）病原。本病的病原为羊型布鲁氏菌，呈球形、球杆形和短杆形，成对或单列，无鞭毛，不形成芽孢，革兰氏阴性，可兹罗夫斯基氏染色呈鲜红色。该菌对外界环境抵抗力较强，在土壤和水中可存活1~4个月，但对湿热的抵抗力不强，100℃数分钟死亡。一般消毒剂均能很快将其杀死。

（2）流行特点。多种家畜、人对布鲁氏菌均有不同程度的易感性。本病的传染源是病羊及带菌羊，尤其是受感染的妊娠母羊，在其流产或分娩时，可随胎水、胎儿和胎衣排出大量布鲁氏菌。该菌具有高度的侵袭力，可通过皮肤、黏膜侵入，也可通过污染的饲料、饮水从消化道侵入，或吸入污染的粉尘从呼吸道侵入。病公羊的精液中也含有大量布鲁氏菌，可随配种而传播。病母羊多于公羊，常出现生殖器官炎症、生殖机能障碍等症状。

（3）症状和诊断。本病潜伏期15天至羊年，绵羊布鲁氏菌主要引起公羊睾丸炎和附睾炎。妊娠母羊因胎盘坏死引起流产，常发于妊娠后第3~4个月。流产前，病羊食欲减退，体温升高，精神萎靡，阴唇潮红肿胀，阴道流出黄色黏液等。个别病羊还出现乳腺炎、支气管炎、关节炎及滑液囊炎等症状。剖检可见胎膜呈浅黄色胶样浸润，胎儿胃中有淡黄色或白色黏液絮状物，肠胃和膀胱的浆膜下可见有点状或线状出血。淋巴结、脾脏和肝脏有不同程度的肿胀。睾丸和附睾内有坏死性炎症。本病以流产、不孕、不育为主要特征，但衣原体病、弯曲菌病、沙门氏菌病均有相似症状，因此，要确诊本病需进行细菌学等实验室诊断。

（4）防治。本病理论上可通过接种布鲁氏菌弱毒苗进行预防，但效果并不稳定。杜绝本病的最好办法是自繁自养，必须引入种羊时，要严格执行检疫。羊群若被确诊为布鲁氏菌病或在检疫中发现本病，均应采取封锁、隔离、就地扑杀，并进行无害化处理。

15. 炭疽

炭疽是由炭疽芽孢杆菌感染引起的一种人畜共患急性、热性、败血性传染病。主要特征是高热，败血症，脾脏显著增大，皮下及浆膜下有出血性胶冻样浸润，血液凝固不全。

（1）病原。炭疽杆菌为革兰氏阳性菌，呈刀切竹节状，具有荚膜，无鞭毛，不运动。病畜体内的病菌不形成芽孢，一旦暴露在空气中，在12~42℃条件下，可形成芽孢。炭疽杆菌为兼性需氧菌，对外界理化因素的抵抗力不强，60℃ 30~60min 即可杀死，但形成芽孢后抵抗力极强，在土壤中可长期生存。未剖开的尸体，炭疽杆菌可在其骨髓中存活1周。临床上常用20%漂白粉、10%氢氧化钠溶液或0.5%过氧乙酸溶液进行消毒。

（2）流行特点。草食动物，尤其是幼龄羔羊易感。病羊是主要传播源，经消化道感染，主要为采食炭疽杆菌污染的饲料、饲草和饮水。其次是通过皮肤感染，主要由吸血昆虫叮咬所致。本病常呈地方流行性，夏季雨水多、洪水泛滥、吸血昆虫多易发生传播，因此多发于6~8月。

（3）症状和诊断。本病潜伏期一般1~5天，绵羊常发生急性型炭疽，表现为食欲废绝，行走摇摆，磨牙，呼吸困难，全身痉挛，迅速倒地，可见天然孔流出血液，很快死亡。剖检可见尸体迅速腐败，尸僵不全，天然孔有暗红色血液，血液不凝、呈煤焦油样。可视黏膜发绀，皮下、肌间、浆膜下呈胶样出血点。肝脏肿大2~5倍，脾髓软化如糊状，切面呈暗红色，出血。全身淋巴结肿胀，呈黑红色，切面呈褐红色，有出血点。但可疑炭疽病死羊禁止剖检，可用消毒棉棒浸透血液，涂片、美蓝染色，镜检即可初步确诊。本病要注意与巴氏杆菌病进行区别。

（4）防治。必须严格执行兽医卫生防疫制度。

① 预防：在本病流行地区饲养的湖羊，每年按免疫计划接种疫苗。常用炭疽Ⅱ号芽孢苗注射 1mL，或无毒炭疽芽孢苗皮下注射 0.5mL。疫苗接种后

15 天产生免疫力，免疫期为 1 年。

② 治疗：若发现可疑病羊应立即隔离治疗，并马上报告当地畜牧管理行政部门。划定疫区，封锁发病场所，实施一系列防疫措施。病羊接触过的地面、栏舍、墙壁、用具等立即用 20%漂白粉连续消毒三次，每次间隔 1h。病羊的尸体、粪便、垫草、剩余饲料等全部焚烧。对假定健康羊群应紧急免疫接种。

发病时，用抗炭疽血清注射全群湖羊，病初应用有特效，每只羊肌内分点注射 30~80mL。必要时 12h 后再重复注射 1 次。用青霉素、土霉素、链霉素、氯霉素以及磺胺嘧啶对本病治疗均有较好疗效，最常用的是青霉素，第一次用 160 万单位，以后每隔 4~6h 用 80 万单位，肌内注射。

四、寄生虫病防治技术

1. 螨病（疥癣）

羊螨病是由疥螨和痒螨寄生于体表引起的一种慢性皮肤寄生虫病，其特征是剧烈痒觉、脱毛及皮肤炎症。

（1）病原。痒螨，寄生在皮肤表面，成虫呈椭圆形，虫体长 0.5~0.9mm，灰白色，肉眼可见。疥螨，寄生于短毛或少毛处的皮肤角化层下，虫体在表皮内挖掘隧道完成发育和繁殖，又称为穿孔疥虫，虫体细小，呈近圆形，体表粗糙有小刺，成虫体长 0.2~0.5mm，浅黄色，肉眼不易看见。痒螨和疥螨整个发育过程在湖羊体表完成，发育周期约为 15 天左右。螨虫对外界环境具有一定抵抗力，痒螨在 6~8℃潮湿的羊舍内能存活 2 个月，疥螨能存活半个月。

（2）流行特点。湖羊多见为痒螨，疥螨少见，幼龄羔羊及体质瘦弱羊易患螨病。带螨羊只是本病的主要传染源。螨病既可直接接触传播，也可因污染的羊舍、用具等间接传播。多发生于秋末、冬季和春初，在阴暗潮湿、卫生不洁的环境中，易发螨病。本病具有高度传染性，短期内可导致羊群感染，危害严重。

（3）症状。湖羊痒螨病多始发于臀部、尾根部及背部等被毛稠密和温湿度较恒定的皮肤部分，而后蔓延至体侧及全身。病羊因虫体分泌的毒素刺激神经末稍，引起奇痒，磨擦搔痒，被毛零乱，严重的还会在栏墙等处疯狂摩擦、啃咬患部，导致羊毛大块脱落，露出红肿、渗血皮肤。若感染细菌，则发生脓疮，以后形成疮痂和龟裂。患疥螨病羊多始发于头部及四肢等短毛部位。病羊因虫体挖掘隧道时的刺激，引起剧痒。患部肿胀，皮屑增多，继之可见水泡，水疱破裂后结成干涸的灰色疮痂。患病湖羊因终日瘙痒，烦躁不安，影响采食和休息，体质日渐衰弱，抗病力下降，最终因极度衰竭而死。本病根据临床症状即可基本确诊。

（4）防治。保持羊舍整洁卫生、干燥、通风，在干燥环境中痒螨易死。定期对羊舍、用具进行清扫、消毒。定期用伊维菌素对羊群进行驱虫可达到有效的防治效果。发现少数病羊时，应将病羊隔离治疗，用3%的敌百虫溶液涂擦患部，每次涂擦面积不应超过体表面积的1/3，以防中毒，间隔5~7天再涂擦1次。口服伊维菌素或阿维菌素，每千克体重50mg。浙江地区群发性湖羊螨病极少见，若在温暖季节发生，可用0.5%~1%敌百虫水溶液药浴，每次药浴时间1~2min。

2. 虱病

虱病是羊虱寄生在羊体表引起的一种慢性皮肤寄生虫病。其特征是皮肤发炎、发痒，脱毛或脱皮，消瘦，贫血。

（1）病原。羊虱可分为两大类：吸血虱和食毛虱。吸血虱具有刺状吸口器，可吸吮血液；食毛虱嘴硬而扁阔，具有咀嚼器，专食羊体被毛、皮屑以及表皮组织。羊虱的发育周期约为1个月。

（2）流行特点。不同生长阶段湖羊均可感染，但发病较少。虱病主要通过接触感染，带虱病羊或被污染的用具是主要传染源，阴暗羊舍、养殖密度高易滋生羊虱。羊虱是永久寄生于羊体的外寄生虫，一旦离开羊体，一般在2~7天内死亡。雌虱将卵产在羊毛上，虱卵约经2周可变成幼虱，侵害羊体。

（3）症状。羊虱吸血啃食皮肤表皮，引起羊皮肤发痒，烦躁不安，羊毛粗乱。羊虱大量寄生时，病羊会因摩擦或啃咬，导致皮肤损伤，引起皮肤发炎、脱毛或脱皮。因羊虱长期骚扰，影响采食和休息，羊体消瘦，贫血，抗病力下降，继发其他疾病，严重者死亡。

（4）防治。具体防治方法可参见螨病防治方法。

3. 消化道线虫病

寄生于羊消化道的线虫种类繁多，通常为混合感染，引起的疾病基本相似，其特征是胃肠炎、腹泻、消化紊乱、营养不良、羊体瘦弱。

（1）病原。羊消化道线虫中，主要有捻转血矛线虫、奥斯特线虫、仰口线虫、食道口线虫、毛尾线虫、毛圆线虫、细颈线虫、马歇尔线虫等，多数寄生于真胃、小肠、大肠等部位。各种线虫对羊造成不同程度的危害，其中危害最为严重的是捻转血矛线虫（又称捻转胃虫）。

（2）流行特点。各种消化道线虫均为土源性发育，没有中间宿主环节，羊吞食被感染性幼虫或虫卵污染的饲料、饮水均可感染。不同胃肠道线虫的生活史各不相同，但其虫卵均随粪便排出体外，在外界环境中发育成感染性幼虫或虫卵，这些感染性幼虫或虫卵在自然环境中具较强的抵抗力，少则几个月、多则可存活数年。羔羊寄生线虫病易发，且危害严重。

（3）症状。多数胃肠道寄生线虫以吸食宿主血液为生，损伤宿主肠道黏膜、扰乱宿主造血机能。病羊感染各种消化道线虫后，常表现为食欲不振，消化紊乱，胃肠道发炎，下痢，粪中带血，羊体消瘦，眼结膜苍白、严重贫血，羔羊生长受阻。严重病例下颌、胸下或腹下水肿，病羊逐渐消瘦，后驱无力，行走不稳，最终因身体极度衰竭而死亡。剖检可见各段消化道有数量不等的相应线虫寄生。尸体消瘦，血液稀薄，内脏苍白，胸、腹腔以及心包内有淡黄色积液，大网膜、肠系膜胶样浸润，肝脏、脾脏出现不同程度萎缩、变性，真胃黏膜水肿、有时可见虫咬的痕迹和针尖大至粟粒大的结节，小肠和盲肠黏膜有卡他性炎症，大肠可见黄色小点状结节或化脓性结节、肠壁上遗留有瘢痕状斑点。大肠上的虫卵结节向腹膜面破溃时，可引发腹膜炎和泛发性粘连；向肠腔内破溃时，则引起溃疡性和化脓性肠炎。本病通过饱和盐水漂浮法镜检粪便虫卵或尸检症状即可确诊。

（4）防治。避免感染性幼虫、虫卵污染饲料及饮水。确保日粮营养均衡、充足，增强湖羊体质。实施离地平养，粪便堆积发酵，杀死虫卵，场内净道、污道严格分开，减少虫体感染机会。预防为主，定期用丙硫咪唑、伊维菌素等驱虫。发病时一次性口服丙硫咪唑，每千克体重 5~20mg；伊维菌素或阿维菌素，每千克体重 0.2mg。左咪唑，每千克体重 6~10mg；甲苯咪唑，每千克体重 10~15mg；精制敌百虫，每千克体重 50~70mg。

4. 绦虫病

绦虫病是寄生于羊小肠内的扩展莫尼茨绦虫、贝氏莫尼茨绦虫、盖氏曲子宫绦虫和无卵黄腺绦虫等病原引起的寄生虫病。其特征是食欲降低，腹泻，贫血，生长受阻，逐渐消瘦。

目前有发生趋重的态势。该病主要对羔羊危害严重，甚至可以造成批量死亡。

（1）病原。扩展莫尼茨绦虫体长 1~6m，宽 16mm；贝氏莫尼茨绦虫体长 1~4m，宽 26mm；盖氏曲子宫绦虫体长 2m，宽 12mm；无卵黄腺绦虫体长 2~3m，宽 3mm。绦虫分头节、颈节和体节，头节上扁圆有吸盘，颈节能分生体节，绦虫雌雄同体，每一体节中含有生殖器官及虫卵，体节可脱落、随粪便排出体外。

（2）流行特点。粪便中的绦虫体节在外界环境中崩裂，释放虫卵，虫卵被中间宿主小蜘蛛（地螨）吞食后，发育为具有感染力的拟囊尾蚴，羊吞食含拟囊尾蚴的地螨后，拟囊尾蚴即在羊消化道内翻出头节，吸附在肠壁上，逐渐发育成成虫。成虫以机械作用、毒素作用和夺取营养的方式使羊致病。本病分布广，常成地方性流行。6月龄以内羔羊感染本病，危害严重。

（3）症状。轻度感染羊症状不明显。严重感染病羊表现为食欲降低，饮欲增加，生长迟缓，腹泻、粪中混有绦虫节片，病羊迅速消瘦、贫血，偶见病羊转圈或头部后仰的神经症状，最后因衰弱而仰头倒地，咀嚼不停、口吐泡沫而死。若虫体成团阻塞肠道，则出现腹部鼓胀现象，甚至发生肠破裂而死亡。

（3）防治。定期驱虫即能有效防治本病的发生，常用丙硫咪唑，每千克体重10mg；氯硝柳胺（驱绦灵），每千克体重60mg。

5. 血吸虫病

血吸虫病是由分体科吸虫寄生在动物门静脉或肠系膜静脉内引起的寄生虫病。其特征是动物高度贫血、机体消瘦、消化紊乱。

（1）病原。感染湖羊的吸虫为日本血吸虫，该虫雌雄异体，虫体细长，肉眼可见。雄虫乳白色，粗短，呈镰刀状弯曲。雌虫暗褐色，细长，呈线形，常呈雌雄合抱状。虫卵呈椭圆形，淡黄色，卵内含有毛蚴。一般从动物感染尾蚴至成虫产卵需30~40天，成虫可在体内生存20年以上。

（2）流行特点。日本血吸虫是人畜共患的寄生虫。成虫在肠系膜静脉和门静脉产卵，部分虫卵逆流到肠壁，形成结节，结节破溃后，虫卵进入肠道，并随宿主粪便排出体外，污染草地、水田、江河、湖泊等沼泽地，成为本病的传染源。沼泽中孳生的钉螺是日本血吸虫发育的中间宿主，虫卵在沼泽中孵出毛蚴，毛蚴遇钉螺时迅速钻入螺体内，经无性繁殖产出大量尾蚴，尾蚴逸出螺体进入水中。当羊进入该水域饮水或采食牧草时，尾蚴钻入羊皮肤或经口腔黏膜进入体内，通过血液循环，最后到达寄生部位发育为成虫。本病多见于我国长江沿岸及以南地区，常呈地方性流行。严重影响人体健康和畜牧业的发展。

（3）症状和诊断。轻度感染时症状不明显。严重感染时呈急性经过，主要表现为病羊被毛粗乱，无光泽，行动迟缓，腹泻，粪中带血、腥臭，体温升高，黏膜苍白，日渐消瘦，生长羊发育受阻，母羊不孕或流产。病羊多因衰竭而死亡。剖检可见尸体消瘦，腹腔大量积水，肝脏、肠道组织中有灰白色虫卵结节，肝脏萎缩或硬化。挤压门静脉和肠系膜静脉时，可检出雌雄合抱的虫体。本病根据临床症状，并经粪便毛蚴孵化法即可确诊。

（4）防治。本病流行的决定性条件是钉螺，消灭钉螺即可避免疾病流行。定期驱虫，简单高效。对于患病湖羊可一次性口服吡喹酮，每千克体重30mg；或一次性口服哨硫氰醚，每千克体重70mg。

6. 片形吸虫病

片形吸虫病又称肝蛭病，是由肝片吸虫和大片吸虫寄生于动物肝脏胆管中引起的一种寄生虫病。其特征是急性或慢性肝炎和胆管炎，并伴发全身中毒、消化紊乱和发育受阻。

（1）病原。肝片吸虫雌雄同体，呈扁平叶状，活虫棕红色，肉眼可见。虫卵椭圆形，黄褐色，卵内充满卵黄细胞和一个胚细胞。大片吸虫形态结构与肝片吸虫基本相似，呈长叶状，虫卵呈深黄色。一般从动物感染囊蚴至成虫产卵需80~120天，成虫在动物体内可生存3~5年。

（2）流行特点。几乎所有哺乳类动物都会感染片形吸虫。片形吸虫的成虫寄生于羊的胆管内，产出的虫卵随胆汁进入消化道，与粪便一起排出体外，污染草地、水田、江河、湖泊等沼泽地，成为本病的传染源。沼泽中孳生的各种椎实螺是片形吸虫发育的必须中间宿主，虫卵在适宜水域中经10~25天孵化出毛蚴，毛蚴遇到椎实螺时迅速钻入螺体内发育，产出大量尾蚴，并逸出螺体，在水中形成囊蚴。当羊进入该水域饮水或采食牧草时吞食囊蚴而感染，囊蚴进入十二指肠脱囊，一部分童虫穿过肠壁进入腹腔，再由肝包膜钻入肝脏、移行至胆管；另一部分童虫钻入肠黏膜，经肠系膜静脉进入肝脏、移行至胆管发育成成虫。片形吸虫病存在于世界各地，是我国分布最广、危害最严重的寄生虫病之一。本病在温暖的春末、夏、秋季多发。

（3）症状和诊断。本病根据感染程度及羊抵抗力不同呈现的不同临床症状分为急性型和慢性型。急性型多发于夏末和秋季，因短时间内吞食大量囊蚴所致。童虫在体内移行时，造成移行线上各组织器官的严重损伤和出血，尤其肝脏受损严重，引发急性肝炎。病羊食欲减退，体温升高，很快出现贫血，黏膜苍白，衰弱，重症病例在出现症状3~5天内死亡。剖检可见急性肝炎及腹膜炎病变，在肝脏切面组织中有明显的暗红色虫道，虫道内有凝固的血块及幼虫。

慢性型多见于病羊耐过急性期或轻度感染后，多发于冬季和春季，表现为步行极慢，食欲不振，被毛粗乱无光、易脱落。眼睑、颌下水肿，有时也见胸、腹下水肿。便秘、腹泻交替发生。日渐消瘦，贫血，黏膜苍白，逐渐衰弱而死。剖检可见慢性增生性肝炎，在肝组织中有童虫移行留下的淡白色索状瘢痕。肝脏萎缩、硬化，胆管肥厚、内有细小结石。

本病应根据临床症状、剖检及虫卵检查等进行综合诊断。

（4）防治。本病流行的先决条件是各种椎实螺，消灭椎实螺即可避免本病的流行。每年进行 2 次预防性驱虫，简单易行、高效。对于患病湖羊可用丙硫咪唑（抗蠕敏），每千克体重 15mg，一次性口服；或硝氯酚，每千克体重 5mg，一次性口服；均能有效驱杀片形吸虫的成虫。对于急性病例用溴酚磷(蛭得净)，每千克体重 16mg，一次性口服，可有效驱杀片吸虫的成虫及未成熟的童虫；或一次性口服三氯苯唑（肝蛭净），每千克体重 12mg，高效驱杀片吸虫的成虫、幼虫及童虫。

7. 双腔吸虫病

双腔吸虫病又称复腔吸虫病，是由矛形双腔吸虫和中华双腔吸虫寄生于羊肝脏胆管和胆囊内引起的一种寄生虫病。其特征是胆管卡他性炎症和增生性炎症，肝硬化，营养代谢障碍，消化紊乱。

该病是以黏膜黄染、水肿等为特征的寄生虫病。羊的感染率可高达 70%~80%，且有明显的季节性，一般在夏、秋季感染，冬、春季发病。

（1）病原。矛形双腔吸虫雌雄同体，虫体扁平，呈矛状，活虫棕红色，肉眼可见。虫卵椭圆形，暗褐色，内含毛蚴，对外界环境具有较强抵抗力，能耐极端低温。中华双腔吸虫与矛形双腔吸虫相似，但虫体两侧较宽。

（2）流行特点。几乎所有哺乳类动物都会感染双腔吸虫。双腔吸虫发育过程需两个中间宿主，第一中间宿主为陆地蜗牛，第二中间宿主为蚂蚁。成虫在羊胆管和胆囊内产卵，虫卵随胆汁进入肠道，从粪便排出。含毛蚴的虫卵被陆地蜗牛吞食后，孵出毛蚴，毛蚴在陆地蜗牛体内移行发育，产出大量尾蚴，在呼吸腔集聚成尾蚴囊群，称为胞囊，从蜗牛的呼吸腔排出体外，黏附于植物或其他物体上。其在蜗牛中的发育时间约为 82~150 天。尾蚴被蚂蚁吞食后，在其腹腔发育成囊蚴。羊采食饲料时吞食含有囊蚴的蚂蚁而感染。囊蚴在羊肠内脱囊，由十二指肠经总胆管到达胆管和胆囊内寄生。在羊体内经72~85 天发育成成虫。双腔吸虫完整的发育过程约需 160~240 天。本病分布地域广泛，多呈地方性流行，南方地区温暖潮湿，陆地蜗牛与蚂蚁全年活动，病发无季节性；北方多为春秋感染、冬春发病。

（3）症状和诊断。病羊临床症状因感染程度不同而存在差异。轻度感染时，一般无明显症状。严重感染时，表现为消化紊乱，腹泻，黏膜发黄，颌下水肿，逐渐消瘦，甚至因极度衰竭而死亡。剖检可在胆管和胆囊内找出棕红色虫体。胆管出现卡他性炎症病变、胆管壁增厚，呈索状。肝脏肿大、硬化。本病根据粪便虫卵检测、剖检情况即可确诊。

（4）防治。每年进行预防性定期驱虫是避免本病发生的有效方法。本病发生时用海涛林（三氯苯丙酰嗪），每千克体重50mg，配成2%混悬液，一次性灌服，驱虫率100%，安全、高效；或丙硫咪唑，每千克体重40mg，一次性口服。

8. 球虫病

球虫病又称出血性腹泻或球虫性痢疾，是由艾美尔属的多种球虫寄生于羊肠道上皮样细胞内引起的一种寄生虫病。其特征是急性或慢性出血性肠炎，腹泻，消瘦，贫血和生长受阻。

（1）病原。寄生于绵羊的球虫有14种之多，其中以阿撒他艾美尔球虫致病力最强，球虫的卵囊近圆形，其孢子化卵囊内有4个孢子囊，每个孢子囊内又含有2个子孢子。

（2）流行特点。成年羊一般均为带虫者，因其已有免疫力，少见发病，但粪便中的卵囊污染环境，是本病的主要传染源。羔羊因缺乏免疫力，极易感染，危害较大。羊因吞食球虫孢子化卵囊而感染，孢子化卵囊在肠道内破裂释出子孢子，侵入肠上皮样细胞内，先进行无性裂体增殖，继之进入新的细胞进行有性配子生殖，并形成卵囊，卵囊随粪便排出体外，在适宜的自然环境中，经2~3天完成孢子生殖过程，形成具有感染性的孢子化卵囊。本病多发于春、夏、秋季，温暖潮湿环境易引发流行。

（3）症状与诊断。本病临床症状因球虫种类、羊只抵抗力不同而存在差异，分为急性型和慢性型。急性型多见于哺乳期羔羊，表现为精神委顿，食欲减退，腹泻，粪中带血、恶臭，有时体温升高至40~41℃，病羊迅速消瘦、贫血，甚至因极度衰竭而死亡。慢性型表现为长期腹泻，日渐消瘦，生长迟缓。剖检可见小肠黏膜充血、有带状或斑点状出血及明显的球虫结节。肠系膜淋巴结炎性肿大。本病根据临床症状、粪便虫卵检测及对球虫结节涂片镜检即可确诊。

（4）防治。着重强化日粮营养，增强羊只抗病力。在日粮中添加复合预混料(因含抗球虫药)，既有效预防球虫病发生，又提高饲料转化效率。对患病羊用莫能霉素或盐霉素与饲料混合饲喂，每千克体重20~30mg，连续饲喂7~10天。应注意日粮中粗饲料比例在70%以上。

五、普通病防治技术

1. 口炎

口炎是指因饲养管理不善导致口腔黏膜炎症的总称，不具传染性。其特征是病羊采食、咀嚼困难，食欲减退，流涎。

在病理过程中，口腔黏膜和齿龈发炎，可使病羊采食和咀嚼困难，口流清涎，痛觉敏感性增高。临床常见单纯性局部炎症和继发性全身反应。

(1) 病因。原发性口炎多因饲养管理不善导致外伤或采食霉败饲料引起。羊因采食尖锐的秸秆饲料，或接触氨水、强酸、强碱等腐蚀性物质损伤口腔而发病；也可因采食黑穗病菌、锈病菌等污染的霉败饲料引起发病。

(2) 症状。病羊因口腔黏膜发生炎症，食欲减退，咀嚼缓慢，唾液分泌增多或流涎，口的边缘附有白色泡沫。口腔黏膜潮红、肿胀。因饲喂霉变饲料引起的口炎还可见唇、口角、齿龈或舌面有粟粒状水泡，溃破后形成红色烂斑。若病程久拖不愈，影响采食，导致体质下降，生长受阻；或继发其他病原感染。本病应与羊口疮、口蹄疫、羊痘等病引起的口炎区别诊治。

(3) 防治。平时加强饲养管理，避免饲喂尖锐秸秆饲料及霉败饲料，防止接触化学腐蚀物。对患病羊应加强护理，除去刺伤口腔黏膜的异物，饲喂优质青绿饲料和清洁饮水。轻度口炎，用2%食盐水或0.1%高锰酸钾溶液或0.1%百毒杀溶液冲洗口腔；流涎时用2%明矾溶液或鞣酸溶液冲洗口腔，唇、口角患部涂5%聚维酮碘软膏或0.2%龙胆紫溶液。

2. 胃肠炎

胃肠炎是因饲养管理不善或继发感染病菌，导致胃肠表面黏膜及其深层组织出现出血性或坏死性炎症的疾病。其特征是精神委顿，厌食，反刍停止，腹泻，粪便恶臭，机体脱水、虚弱，喜卧。

(1) 病因。引发本病的主因往往是饲养管理不善，规模湖羊场多见于饲喂霉败变质饲料及饮用不清洁的冰冻水，或营养不良，羊体质虚弱以及不合理使用广谱抗生素导致肠道菌群失调而致病。某些传染病、寄生虫病等也可引发继发性胃肠炎。

(2) 症状。原发性症状多见病羊急性消化紊乱，继之食欲减退或废绝，口腔干燥、发红，口气发臭，反刍次数减少或停止。体温升高至40~41℃，喜卧，反应迟钝。腹泻，粪中带血及坏死组织碎片。病羊因腹泻脱水，尿水色黄，眼球下陷，迅速消瘦。若期间继发感染其他病原，在胃肠炎症状基础上出现相应的病变症状。

（3）防治。加强饲养管理措施，科学搭配日粮中的精粗饲料，提供营养均衡、充足的日粮，增强湖羊体质。确保饮水清洁卫生，杜绝污浊、冰冻水，保持羊舍整洁。避免饲喂霉败变质饲料以及霉菌毒素超标的饲料。尽可能避免广谱抗生素口服给药。对于病羊可肌内注射环丙沙星，100mg，每日2次；或肌内注射青霉素和链霉素各80万单位，每日2次，直至痊愈。对脱水严重的病例可用5%葡萄糖200mL静脉注射，每日1~2次。也可在日粮中添加小苏打、氧化镁以及复合益生菌，促进康复。

3. 感冒

感冒又称伤风，是由春初秋末湿冷或气候剧变引起呼吸道上部炎症的急性发热性疾病。其特征是体温升高、咳嗽、流鼻涕。本病预后良好，但继发感染疾病可导致严重的并发症。

（1）病因。引发本病的主因多是饲养管理不善，常见于春初秋末环境湿冷，气候冷暖变化多端季节，尤其是气候剧变、寒潮突袭，而羊舍设施或管理上又疏于御寒保暖。羊只抵抗力下降时也可引发本病。羔羊易发。

（2）症状。病羊精神委顿，被毛蓬乱，食欲减退，反刍减少。初时鼻流清涕、继之黄色浓涕。喷嚏不断，摇头擦鼻。耳尖、鼻端发凉。体温升高，呼吸急促，鼻黏膜潮红肿胀，鼻塞不通，肌肉震颤。眼结膜潮红，常伴发结膜炎。病期一般7~10天。

（3）治疗。加强饲养管理，保持环境整洁，注意保暖，防止羊只受冻，预防流感侵袭。发现病羊可肌内注射复方氨基比林或30%安乃近5~10mL；也可肌注复方奎宁、百尔定、穿心莲、柴胡、鱼腥草等注射液10mL。为防继发感染，可分别肌注复方氨基比林10mL、青霉素160万单位、硫酸链霉素50万单位，加蒸馏水10mL，每日2次。口服感冒通，每次2片，每日3次。

4. 肺炎

羊肺炎是由气候剧变、机体虚弱引发细菌、病毒、寄生虫等侵害机体导致的肺实质炎症。其特征是高热，咳嗽，鼻孔流液，呼吸困难。多发于羔羊，危害较大。

（1）病因。因多雨潮湿、环境不洁，或气候剧变、寒流突袭、羊舍保暖措施不到位引发羊只感冒时，若护理不周，即可发展成为肺炎。羊只体质虚弱、抗病力下降时，巴氏杆菌、葡萄球菌、绿脓杆菌、链球菌等条件性病原可乘虚而入引发本病。肺部寄生虫可造成肺实质损害，并导致羊只营养不良而发生肺炎。灌药或草粉等异物误入呼吸道也可引发本病。子宫炎、乳房炎、口蹄疫等可引起继发性肺炎。

（2）症状。症状因病因性质而异。本病发展速度较缓。病初精神委顿，食欲下降，被毛粗乱，继之咳嗽，流鼻涕，体温升高到 40~42℃，寒颤，呼吸急促，心悸亢进，脉搏细弱而快，眼、鼻黏膜潮红。后期常呻吟、干咳，食欲废绝，呼吸极度困难，或久立不卧或卧地伸颈呼吸，终因衰竭而亡。剖检可见咽喉充血，内有大量泡沫状液体。体腔有水样积液。肺部硬化、呈暗红色。

（3）防治。平时加强饲养管理。优化日粮营养，增强羊只体质。保持羊舍清洁卫生、通风干燥。冬季羊舍要做好保暖工作。饲喂 TMR 日粮，日粮水分控制在 40~50%，避免湖羊吸入细小饲料。灌药使用胃管，避免插入气管。对细菌、病毒、寄生虫病应及时治疗，避免继发肺炎。发现病羊首先应加强护理，尽早移至环境整洁、干燥、温暖处饲养，多喂青绿饲料或青贮饲料以及清洁饮水。同时肌内注射四环素 50 万单位或卡那霉素 100 万单位，每天 2次，连用 3~4 天。必要时口服氯化铵 1g，每日 2 次，也可口服咳必清、甘草合剂等药物祛痰止咳。

5. 前胃驰缓

前胃驰缓是前胃肌肉神经兴奋性降低，收缩力减弱，瘤胃内容物运转迟缓导致的一种消化不良综合征。其特征为喜卧，瘤胃蠕动微弱，反刍次数减少，食欲减退，往往继发瘤胃酸中毒。

（1）病因。前胃驰缓病因复杂，主因是饲养管理不善。如长期过量饲喂精料，日粮中易消化的长纤维粗饲料不足。饲喂霉败饲料，扰乱前胃活动机能，影响反刍。日粮中矿物质、维生素缺乏导致消化功能下降，肌肉神经紧张度减弱，反刍次数减少。消化道炎症以及其他疾病导致机体衰弱，均可继发前胃驰缓。本病发生无季节性，多为散发。

（2）症状。急性症状表现为食欲废绝，瘤胃蠕动微弱或停止，反刍缓慢、次数减少或停止；常见病羊低头伸颈、背拱起。粪便色黑而硬。后期病羊瘤胃内容物腐败发酵，胀气明显，喜卧不起。若久拖不愈，会导致营养不良、消瘦，甚至因衰竭死亡。慢性症状表现为被毛粗乱，精神委顿，喜卧地，食欲逐渐减少，反刍趋于缓慢或停止。

（3）防治。优化配制不同生产阶段湖羊日粮，日粮中精粗饲料应合理搭配，确保易消化的长纤维粗饲料占日粮干物质的 60% 以上，满足湖羊对各种矿物质、维生素的需要。做好综合防疫措施，避免疾病发生。各项饲养管理措施到位，可避免本病的发生。对于患病羊，先消除病因。病初可限制饲喂量、并喂以易消化的青绿饲料，同时日粮中添加小苏打和氧化镁提高瘤胃

pH，每日 10~20g 和 4~8g，或禁食 1~2 天。中后期病羊可一次性内服缓泻剂石蜡油 200~300mL 或硫酸镁 20~30g；同时内服吐酒石 0.2~0.5g、木鳖酊 10~20mL，以兴奋瘤胃、促进反刍。

6. 瘤胃酸中毒

本病多数是因管理不善，由湖羊过量采食玉米粉、大麦等富含碳水化合的谷物类饲料，在瘤胃内快速发酵产生大量乳酸引起的急性乳酸中毒病。

（1）病因。饲养过程中突然增加精料饲喂量，湖羊不适应而发病，如肥育期用大量谷物饲料肥育湖羊。谷物、精料因保管不当被湖羊大量偷食。大量饲喂含有赭曲霉毒素、杂色曲霉毒素的霉败玉米、小麦、豆类等。病羊瘤胃正常微生物种群遭到破坏，产酸的牛链球菌和乳酸杆菌迅速繁殖，产生大量乳酸，瘤量 pH 降至 6 以下，分解纤维素的相关菌群被抑制，pH 越低危害越严重。由于瘤胃内渗透压升高，体液向瘤胃内渗透，致使瘤胃膨胀、机体脱水；同时，大量乳酸被机体吸收，引起机体酸中毒。瘤胃内存在的大量乳酸将引发瘤胃炎，导致瘤胃壁坏死、脱落，继发毒血症。

（2）症状。一般在大量采食玉米粉等精料后 4~8h 发病，发病迅速。病初湖羊表现精神沉郁，目光呆滞，不断起卧，食欲和反刍废绝。触诊瘤胃胀软，体温正常或升高。随着病情的发展，出现眼球下陷，尿量减少、呈酸性，心跳加快，呼吸困难、急促，有时张口伸舌或喘气呻吟。肌肉发生阵发性痉挛、卧地昏迷而死亡。急性病例常于发病后 4~6h 死亡，轻型病例可以耐过，但病程久拖不愈多亦死亡。剖检可见瘤胃内容物为粥状，呈酸性、恶臭，瘤胃黏膜脱落、有大批黑色坏死区。

（3）防治。

①预防：加强饲养管理，避免湖羊过量采食精料，肥育期湖羊增加精料量要有 7~10 天的过渡期，逐日增加精料，使其有一适应过程。精料与粗料搭配应合理，一般干草等粗饲料占日粮干物质的 60% 以上，都不会引发本病。按日粮配方加工成全混合日粮则更合理，饲料利用率高，湖羊采食后也更健康。有个别规模湖羊场一早先喂精料、再喂草料是不合理的饲喂方法。对于湖羊来说，精料日喂量应控制在 800g 以内，精料日喂量超过 1kg 就有可能引发本病。

②治疗：采用瘤胃冲洗疗法。用开口器开张口腔，将内径 1cm 胃管经口腔插入胃内，吸出瘤胃内容物，用石灰水（生石灰 1 份，水 10 份，充分搅拌，待沉淀后，取其上清液）或 2% 碳酸氢钠水溶液 1000~2000mL 反复冲洗，直至瘤胃液呈中性，最后灌入碳酸氢钠 6g、氧化镁 4g，可缓解酸中毒。同

时，用5%碳酸氢钠注射液200mL、5%葡萄糖生理盐水注射液500~1000mL、10%安钠咖5mL静脉滴注，每天一剂。为了控制和消除炎症，可肌内注射8万单位庆大霉素2~3支，每天2次，一般用药2~3次即可痊愈。对有食欲的轻型病例，可在日粮中添加碳酸氢钠6g、氧化镁4g，连续饲喂至痊愈。

7. 流产

流产是指胚胎被吸收或胎儿不足月就排出子宫而死亡的一种怀孕中断疾病。湖羊的种质特性具多羔性，一胎3~4羔也常见。对于湖羊来说，流产很少见。

（1）病因。主因是饲养管理不善。临床上将流产分为两类：传染性和非传染性。由布鲁氏菌、变形杆菌、鹦鹉衣原体、弓形虫病等病原体引起的流产为传染性流产。而非传染性流产原因包括：由子宫畸形、胎膜水肿，羊水过多或过少，胎膜炎等引起生殖器官疾病；肺、肝、肾、胃肠疾病及神经性疾病等；饲喂发霉饲料、长期营养不良等饲养管理问题；外伤、饲养密度过大、运输拥挤等机械性损伤。

（2）症状。妊娠母羊流产往往是在子宫内胎儿死亡2~3天后发生。病羊在流产前2~3天表现为精神不振，喜卧，食欲消失，饮水增多，常由阴门排出黏液或带血的黏性分泌物，并可能伴有体温升高。随后阴户流血、胎儿和胎盘先后排出。在妊娠初期发生流产，因胚胎和胎盘尚小、与子宫黏膜结合较松，妊娠母羊流产迅速。妊娠后期发生流产，其症状与正常分娩相似，因胎儿较大或子宫收缩力不足等原因，易发生瘫产。病羊表现为食欲减退、行为异常、常努责，阴户流出血色黏液。

（3）防治。根据病因采取相应的防治措施。

对于非传染性流产，应加强饲养管理，饲喂的饲料要营养平衡、无霉变，不拥挤、不受冷等。定期驱虫，避免寄生虫病的侵害。按计划进行免疫接种，控制传染病的发生。

布鲁氏病最易侵害胎盘和乳房，引起流产和乳房炎，流产率高达30%~40%。要防止由布鲁氏菌感染引起的流产，必须经细菌检验，发现阳性者均应及时隔离，严禁与健康羊接触。对污染的用具和场地进行彻底消毒，对流产的胎儿、胎衣及产道分泌物做深埋处理。对菌检呈阴性者，可用布鲁氏菌猪型2号弱毒苗或羊型5号弱毒苗进行免疫接种。

对有流产征兆的母羊，可用子宫收缩抑制药黄体酮10~30mg，肌内注射，每日或隔日1次，连用数次。如果胎儿死亡但未排出，而子宫颈口未开张，可先注射乙烯雌酚2~3mg；见子宫颈口已开张，则可注射脑垂体后叶素1~

2mL。

8. 难产

难产是指分娩过程中因胎儿或胎位异常、阵缩或努责微弱及产道或骨盆狭窄，导致胎儿排出困难，不能将胎儿顺利排出的疾病。

（1）病因。导致湖羊难产病因较多，主要是由饲养管理不善引起，如饲料喂量不足或过多，饲料品质不良或重要营养素缺乏等。高龄母羊易发。临床上，常见原因有胎儿过大，与产道大小不适应，胎儿畸型、胎位不正等。母羊子宫过度扩张，胎儿过多、产程过长，或子宫发育不全，或因感染疾病使子宫肌纤维退化导致分娩时阵缩及努责微弱等易引发难产。产道狭窄，尤其是骨盆狭窄易引发难产。

（2）症状。母羊分娩时力量不足或正常努责，胎儿不能排出。根据临床症状进行诊断即可。

（3）防治。本病多由饲养管理不当引起。在母羊孕期应确保日粮的质与量。对于后备母羊应单独饲养，禁止公母混养，避免过早配种。不同品种杂交繁育时，应坚持正确的体型选配原则，禁止以大公羊配小母羊，避免胎儿过大。母羊分娩多在清晨和傍晚，应有专人值班，注意接产。

当发现难产时，首先应对难产羊进行全面检查，助产越早，效果越好。对于良种羊可考虑进行剖腹产手术。

人工助产术基本操作过程：

①术前准备：查明难产羊分娩起始时间，是初产还是经产，看胎衣是否破裂，有无胎水流出，检查全身状况。

②保定母羊：一般使母羊侧卧，保持安静，后躯稍高，以便于矫正胎位及减少腹腔内压、利于努责。

③消毒：助产者手臂、助产器械进行消毒；助产员必须戴上消毒过的乳胶手套。用0.1%聚维酮碘溶液或1:5000的新洁尔灭溶液对母羊阴唇、肛门、尾根进行清洗。

④产道检查：如产道有无水肿、损伤、感染；对胎水流失过多、产道表面干燥的，用石蜡油或菜油进行润滑。

⑤胎位与胎儿检查：手伸入产道检查胎位是否正常、胎儿是否存活。若摸到两前肢中间夹着胎儿的头部，则胎儿正位。以手指压迫胎儿，如有反应，表示胎儿存活。

⑥助产方法：对于胎位不正的，应施行矫正术，将露出的胎儿推回产道，通过多次推回拉出往复、纠正胎位。对于子宫颈口已完全开张，胎位正常，

但阵缩及努责微弱的，可皮下注射垂体后叶素、麦角碱注射液 1~2mL 进行催产，并实施牵引术，握住胎儿蹄子，随母羊努责，轻轻拉出。对于子宫颈口开张较小，应尽早施行剖腹产术。

湖羊一胎多羔，应注意母羊的怀羔数目。尤其是已产出一个或 2 个羔羊后继发阵缩和努责微弱的母羊，往往容易被误认为分娩结束。因而有时经过半天甚至两天，又产出死胎。因此，在助产中应进行产道检查或腹部触诊，以确定分娩是否已经结束。

发生难产的母羊往往继发子宫内膜炎等产科疾病，必要时用抗生素进行预防。

9. 胎衣不下

胎衣不下是指母羊分娩后超过 6h 胎衣仍不排出体外。湖羊排出胎衣的正常时间为 2h 以内。是湖羊常见的一种产科疾病。

（1）病因。多与饲养管理有关，常因饲料中钙磷、维生素等营养素供给不均衡或不足导致子宫弛缓引起胎衣不下。因多胎或胎水过多或胎儿过大以及分娩时间过长导致产后子宫收缩不足引起胎衣不下。因怀孕期间感染李氏杆菌、沙门氏菌、支原体、弓形虫等，发生子宫内膜炎、胎膜炎导致胎儿胎盘与母体胎盘粘连。

（2）症状及诊断。胎衣可能全部停滞于子宫内，也可能一部分不下而垂于阴门外。病羊背部拱起、频频努责；若胎衣滞留 1 天以上，尤其是夏天，胎衣会发生腐败，从阴门流出污浊而恶臭的液体及胎衣组织碎块。病羊精神委顿，食欲减少甚至废绝，泌乳量减少甚至停止。体温升高，呼吸、脉搏增快。严重时往往继发败血病、气肿疽，或造成子宫、阴道的慢性炎症。

（3）防治。妊娠期间在日粮中添加复合预混料，每只 40~50g/日，以确保母羊对矿物质、维生素的营养需要，可高效防止本病的发生。围产前期奶牛常用阴离子盐预防胎衣不下，效果良好，必要时产前母羊也可借用该方法。用 5%~10%氯化钠溶液 500~1000mL、胰蛋白酶 1~1.5g、洗泌泰 0.5~1g，经胶管沿胎衣与子宫壁黏膜之间 1 次注入子宫内。1~2h 后，耳后皮下注射 0.1%新斯的明 1~2mL，一般 1h 左右胎衣可自行排出。通过 1 次治疗，胎衣则可自行脱落排出，疗效高，且病程短，病羊恢复快。肌肉注射青霉素 40 万单位、链霉素 1 g，每天 2~3 次，防止继发感染。

10. 乳房炎

乳房炎是乳腺、乳池、乳头局部的炎症。多见于泌乳期母羊。常见有浆液性、卡他性、化脓性及出血性乳房炎。

（1）病因。因乳房不洁导致细菌从乳头管侵入乳腺组织引起。由链球菌、葡萄球菌、化脓杆菌、大肠杆菌、病毒、霉菌、支原体等微生物所致；乳房外伤，羔羊吸乳不充分、乳汁积存过多、感冒、口蹄疫、子宫炎等；母羊体质差、抵抗力弱也可引起乳房炎。

（2）症状及诊断。病初奶汁无大变化。严重时，由于高度发炎及浸润，乳房发肿发热，变为红色或紫红色。用手触摸，病羊因痛而躲避，乳量显著减少。乳中常有脓液或血液，呈黄色或红色。患出血性乳房炎时，乳汁呈淡红色或血色，内含小片絮状物，乳房剧烈肿胀、疼痛。因行走时后肢摩擦乳房而感疼痛，病羊表现为跛行或不能行走。患病母羊食欲不振、头部下垂，精神萎靡，体温增高。本病易使母羊乳房损坏，失去泌乳功能。

（3）防治。患病母羊往往泌乳量较大，供羔羊哺乳有余，导致奶汁在乳房内潴留。因此可适当减少精料饲喂量，少喂青贮料、根菜类、青草等饲料，多喂优质干草，以使母羊泌乳量降低，避免余奶潴留。保持羊栏清洁及母羊卫生、干净，防止乳房损伤，对乳头干裂的母羊可涂擦貂油或凡士林。药物治疗时可将乳房内乳汁挤净，用乳头管针头通过乳头一次性注入含青霉素 40万单位的 0.25%普鲁卡因 20mL，每天 2 次，并用 10%鱼石脂软膏外敷。对乳房极度肿胀、体温升高的病羊，肌肉注射庆大霉素 8 万单位或青霉素 40 万单位，每天 2 次。

第八章　湖羊饲养管理技术

无论哪个产业，均是在大浪淘沙中适者生存，优胜劣汰。对于规模湖羊场来讲，科学的管理是提升湖羊场经济效益的重要环节，体现羊场的竞争力，羊场自身要不断修炼内功，是各羊场间效益差异的关键点。科学的管理，使羊场在产业低谷时少亏或持平、待机而发，当产业景气时获得更高的经济回报。不断完善、提升羊场的管理水平，将在无形中产生显著的经济效益。

一、饲料的供给

俗话说，"兵马未动，粮草先行"。在饲料供给中，玉米、豆粕等在国内不同地区价格基本一致，而粗饲料种类多，因区域不同，其质、价存在悬殊差异，粗饲料的质、价对湖羊的养殖效益产生重大影响。因此，确保粗饲料的供给最为关键。在湖羊场确定养殖规模前，应该先考虑粗饲料的供给问题，说是简单的事，但在浙江，早前也曾有新建的规模湖羊场因未备足粗饲料，进入冬季后导致巨大经济损失的个例。

在湖羊养殖中，饲料成本约占总养殖成本的 60%~70%，在商品羊价格相同的情况下，降低饲料成本是提高湖羊养殖效益的最大潜力点，尤其是在羊价较低时期，是确保羊场生存的关键点。浙江湖羊产业正在发展时，但制约浙江湖羊产业发展的瓶颈是粗饲料的供给问题，目前，浙江规模湖羊场的常备粗饲料多为花生藤，黄豆秸也占一定的份额。但浙江基本不产花生藤和黄豆秸，浙江湖羊产业为其他省份农作物秸秆饲料化利用作出了一定贡献，但相应削弱了浙江湖羊产业的市场竞争力。

浙江规模湖羊场的粗饲料供给必须立足于本地，因地制宜地就地解决粗饲料的供给；其他省（区）发展湖羊产业也理应如此。浙江拥有种类繁多、数量巨大的废弃农作物秸秆资源，拥有比北方地区更为丰富、多样的粗饲料种类，但尚未建立一个有效利用的运作模式、进行开发利用。如浙江地区年拥有风干稻草 400 万 t、风干油菜秆 100 万 t、鲜玉米秸秆 150 万 t、鲜茭白叶

100万t、鲜蚕沙90万t等大宗废弃资源；还有一些如芦笋茎叶、菊花茎叶、甘薯藤、瓜果藤蔓、竹笋壳、西兰花茎叶等区域废弃资源。按每只湖羊日均提供1kg风干粗饲料，废弃作物秸秆利用率以50%计，仅以这些作物秸秆就可确保浙江年饲养800万只以上的湖羊。2016年浙江湖羊饲养量230万头左右。因此，浙江拥有丰沛的潜在粗饲料资源。湖羊业的发展也将成为浙江美丽乡村建设的贡献者。

保障饲料供给是规模湖羊养殖的首要任务，家中有粮、心中不慌，饲料的供给要有计划。在制订饲料供给计划时，应以饲料干物质供给总量为准，因此，应充分考虑不同青饲料、青贮料中的干物质含量，下表中青饲料、青贮料的干物质定以25%计，若青饲料、青贮料中干物质含量低，则应提高供给量，反之则少（表8-1）。

表8-1 精粗饲料供给测算基数

湖羊 生产阶段	精料 kg/(日·只)	粗饲料		
		干草 kg/(日·只)	或青饲料 kg/(日·只)	或青贮料 kg/(日·只)
成年羊	0.4~0.6	1.0~1.4	5	5
育成羊	0.2~0.4	0.8~1.2	4	4
羔羊	0.1~0.3	0.2~0.3	0.2	/

二、湖羊的饲养流程与饲养目标

1. 湖羊饲养流程

规模湖羊场的管理者理应熟悉湖羊的饲养流程，便于对不同生产阶段的湖羊进行分群，合理安排生产区舍，制订生产计划，提高饲养管理效率（图8-1）。

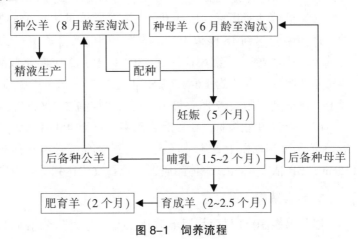

图8-1 饲养流程

2. 生产性能指标

不同生产阶段湖羊的生产性能指标是衡量规模湖羊场管理水平的具体表现。根据湖羊场的实际生产水平，制定切实可行的年度生产性能达标参数，并通过生产性能达标状况对员工进行绩效考核，优奖劣罚，使之成为所有员工努力的目标，以调动员工的工作责任性及积极性，逐年提升规模湖羊场的饲养管理水平。以下参数仅供参考（表8-2）。

表8-2 湖羊生长性能指标

阶段	性别	常规	优秀	特级
初生重（kg）	公	2.0~2.7	2.8~3.5	>3.5
	母	1.8~2.4	2.5~3.0	>3.0
45日龄体重（kg）	公	8.5~12.4	12.5~16	>16
	母	7.5~10.5	10.6~13.5	>13.5
6月龄体重（kg）	公	35~42	43~50	>50
	母	30~35	35~40	>40
成年体重（kg）	公	60~79	80~100	>100
	母	45~55	56~65	>65

（1）生长性能指标。基本目标是公羔初生重达到2.5kg以上，母羔2.2kg以上；45日龄断奶重，公羔达到13kg，母羔达到11kg；6月龄体重，公羔达到45kg，母羔38kg；成年公羊体重达到80kg，成年母羊体重达到50kg。其中，断奶前羔羊日增重公羔达到250g/天以上，母羔200g/天以上；断奶至6月龄，公羔日增重达到210g/天以上，母羔日增重达到180g/天以上。

（2）繁殖性能指标。后备母羊在6月龄体重达到35kg以上、进行首次配种，产羔率应达到180%以上。2~7胎次间经产母羊情期受胎率≥95%；经产母羊流产率≤2%；产羔率应达到230%以上；羔羊断奶成活率>95%；经产母羊每年产胎数争取达到1.6~1.7胎，但至少应达到2年3胎，年均供羔羊3只以上，母羊利用胎次>7胎；母羊年更新率控制在20%左右。

（3）产肉性能指标。6月龄公羔宰前活重45kg；胴体重达到23kg以上；屠宰率达到51%以上；胴体净肉率达到75%；骨肉比达到1∶4；眼肌面积15cm²；GR值1.15cm；胴体品质、大理石纹均达到优等级别等。

3. 羊群结构

以年出栏3000只商品湖羊举例说明。规模羊场商品肉羊的年出栏量取决于母羊群，在母羊群中后备母羊一般占20%左右，一个经产母羊群基本可保证年均供 3 只以上羔羊/母羊，预期母羊受胎率、流产、羔羊成活率损失 10%，因此，配置成年母羊群 1000 只，后备母羊群 200~220 只，基本能达到年 3000 只商品湖羊出栏量，若执行一母带三羔技术，则将超额。繁殖上若采用自然交配，公母比以 1:（25~30）配置，因此，成年公羊群 34~40 只，种公羊的年更新率控制在 20%以内，因此，年留后备种公羊 7~8 只，但从种质选育考虑，可多留几头以备选择。若繁殖上采用人工授精技术，公母比以 1:（100~200）配置。

规模湖羊场若能做到精细化管理，种公羊的配置量也可以按照当前湖羊母羊 1.5 胎次/年实际计算，年共计 1800~2000 胎次，平均每天 5~6 只的配种量；公羊按照 5 个血统配置，每个血统 2~3 只公羊，一般实际需要 10~15 只公羊即可，采用人工授精也是一样的比例，这也是浙江湖羊与北方其他绵羊品种在配种上的实际区别，湖羊一年四季均可发情配种，而北方大部分羊场以及绵羊品种基本集中于秋季配种，春天产羔的模式，母羊空怀期比较长，所需公羊更多，影响生产效率。

三、养殖生产区的划分与分群饲养

分群饲养是湖羊精细化养殖的重要措施，是提高管理效率，保持湖羊健康生产，实现饲料转化效益最大化的措施，也是实现全混合日粮（TMR）定量饲喂工艺的重要前提。分群的依据是将生产阶段或营养需要供给量相近的湖羊群体集中饲养。理论上讲，分群分的越细越好，对于存栏 1 万只以上规模的中、大型羊场是可以做到的，一般可分为 7 个组群，即哺乳羔羊群、生长育肥群、空怀配种母羊群、妊娠母羊群、后备母羊群、后备公羊群、种公羊群（刁其玉，2009）。另外，也可参考我国肉羊饲养标准（NY/T 816—2004）中的绵羊划分阶段为：4~20kg 羔羊、25~50kg 育成母羊、20~70kg 育成公羊、20~50kg 育肥羊、40~70kg 妊娠母羊、40~70kg 泌乳母羊 6 个组群。目前浙江地区羊场的规模均在 1 万头以下，考虑到生产实践操作的便利性以及频繁分群导致的应激问题。分群的数目主要视羊群的生产阶段、羊群大小和现有的设施设备而定，对于存栏规模在 300 只以下的羊场，可分 2 个组群，即将公羊和母羊分开。存栏规模在 300~1000 只的羊场，分 3 个组群，即生长肥育羊群、空怀母羊与妊娠前期母羊群、妊娠后期与哺乳期母羊群。存栏规模在 1000~3000 只的羊场，分 4 个组群，即育成羊群、肥育羊群、空怀母羊与妊娠前期母羊群、妊娠后期与哺乳期母羊群。存栏规模在 3000~10000 只的羊场，分 5 个组群，即育成羊群、肥育羊群、空怀母羊群、妊娠前期母羊群、妊娠后期与哺乳期母羊群。不同规模羊场以及各经营者的生产管理理念，可根据实际生产情况灵活调整。

四、种公羊饲养管理技术要点

在一个规模化湖羊养殖场，种公羊数量少，种用价值高。优良的种公羊担负着繁殖配种任务，种公羊也是提高湖羊场种质及生产性能的关键因素，俗话说："公羊好，好一坡，母羊好，好一窝。"种公羊的配种能力取决于健壮的体质、充沛的精力和旺盛的性欲。种公羊的繁殖力，除了其自身的遗传因素外，饲养管理是影响种公羊繁殖力的重要因素。品质优良的公羊，饲养管理不好也不能很好地发挥其种用价值。因此，种公羊的饲养要细致周到，使其既不过肥也不过瘦，种公羊的饲养目标应以常年保持中上等膘情、健壮活泼、精力充沛、性欲旺盛为原则，保证和提高种公羊的利用率。

1. 重视种公羊的选育

种公羊的选择，要求体型外貌符合种用要求、体质强壮、睾丸发育良好、雄性特征明显。尤其要优先利用体尺高大、睾丸大的种公羊。对种公羊的精液品质必须经常检查，及时发现和剔除不符合要求的公羊，同时应注重从繁殖力高的母羊后代中选择培育公羊。

种公羊的培育是将其种质中的优秀数量性状通过环境因素进行充分表达的过程。培育是一项长期的任务，需要坚持不懈地进行下去。选择重在遗传，培育重在环境。只有把两者结合起来，才能把种公羊的遗传潜力遗传下来。为此在选择过程中，必须在羔羊出生、断奶和周岁这三个环节进行严格选择和淘汰。选择时不仅要注重个体生长发育和有关性状，并要根据其亲代生产性能和主要性状进行综合考虑。培育是指在良好环境条件下，满足各种营养需要，使其后代的遗传潜能发挥出来。如果环境条件不具备，或者各种营养不能满足，其生产性能或性状表现很难判断是先天不足还是环境因素造成的，给选留带来一定困难。

2. 后备种公羊的饲养

我国在后备种公羊的饲养管理方面的技术研究相对薄弱，对于湖羊后备种公羊的饲养管理技术来讲，几乎是空白。因此，大多数规模湖羊场甚至是种羊场并未建立相应的后备种公羊的饲养规程，尤其是日粮营养常与肥育羊混养，这方面的工作需要投入大量的时间、人力和财力，进行科学设计、分析与总结。就目前的产业形势分析，困难重重，但从产业的长远发展来看，后备种公羊的培育是提升湖羊产业水平的核心环节。

湖羊后备种公羊的饲养管理总体原则是控制日增重在200~250g，日粮营养特点为低能高蛋白，即每千克日粮干物质的消化能控制在 10~11 兆焦，防止过肥而影响成年后的繁殖力；同时，提供相对高的钙磷、维生素 D 水平，确保其他微量成分铁、锌、锰、铜、碘、硒、钴，维生素 A、维生素 E 的常规均衡供给；培育出躯体高大的后备种公羊。饲养技术参数可借鉴《肉羊饲养标准》（NY/T 816—2004）中育成公绵羊营养需要量。

湖羊后备种公羊至 8 月龄开始可进行适度配种。

3. 种公羊的饲养

种公羊的精细化饲养可分为非配种期饲养和配种期饲养，种公羊在非配种期应实施小群专栏饲养，配种期应单圈饲养，以免发生角斗。浙江地区绝大多数湖羊场采用自然配种方式，配种期种公羊一般与母羊混养一栏，同吃同工；尽管各羊场在管理制度上有单列的种公羊饲养管理规程，但往往是形同虚设；优秀种公羊的潜在繁殖力未能体现，甚至有一头"优秀"种公羊全年仅仅配种 10 余只母羊的管理业绩。因此，属于粗放型生产状态。随着产业发展及养殖业者的观念转变，采用人工授精技术必然得到普及。

非配种期饲养。为完成配种任务，非配种期就要加强饲养，为配种期奠定基础。非配种期公羊没有生产任务，是休养生息的时期，除应供给足够的热能外，还应注意足够的蛋白质、矿物质和维生素的补充。建议精料 0.4~0.6 kg，干草等粗饲料自由采食，自由清洁饮水；或者在自由采食基础 TMR 日粮前提下再补饲精料 0.2~0.3kg。建议精料配方：玉米 56%、麸皮 14%、豆粕 25%、预混料 5%；确保每千克干物质日粮中含有 V_A 2000 IU、V_D 3200 IU、V_E 20 IU、铁 80mg、锌 80mg、锰 50mg、铜 15mg、碘 1.5mg、硒 0.2mg、钴 0.7mg、盐 5g、钙 4g、总磷 2.5g。通过非配种期的休养生息，使种公羊的体重比配种期结束时约有 15%的增加，但前提是健壮、不过肥。

配种期饲养。从精细化养殖来讲，配种期饲养又可分为配种预备期（配种前 1~1.5 月）和配种期两个阶段。由于精子的成熟周期一般为 50 天，因此，在配种预备期应采集种公羊的精液，检查精液品质，目的有二：一是掌握公羊精液品质情况，如发现问题，可及早采取措施，以确保配种工作的顺利进行；二是排除公羊生殖器中长期积存下来的衰老、死亡和解体的精子，促进种公羊的性机能活动，产生新精子。配种预备期应逐渐增加精料饲喂量，至配种期精料饲喂量占日粮干物质的 40%左右。配种期的公羊神经处于兴奋状态，经常心神不定，不安心采食，这个时期的管理要特别精心，要起早睡晚，少给勤添，多次饲喂，且饲料品质要好。其中蛋白质是否充足，对提高公羊性欲、增加精子密度和射精量具有决定性作用，因此，在配种期有给种公羊每日补饲 1~2 枚的鸡蛋或是补饲 50g 的鱼粉，如果是单栏饲养、操作到位，确实是行之有效的办法，但在种公羊与母羊一栏混养模式下，此法难以操作；再说补饲动物性蛋白质也有违国家禁令。建议在种公羊完成一栏母羊配种任务后牵至单栏饲养，进行 1~2 周的休养后再进入下一栏母羊配种，休养期中增加营养，有条件的可将粗饲料换成苜蓿干草。在配种期公羊日粮中增加豆粕比例，同时添加适量的硫酸钠，以提高瘤胃菌体蛋白的质量和生成量。日粮中确保维生素的足量供给也是提高精液品质的重要因素，当维生素缺乏时，可引起公羊睾丸萎缩，精子受精能力降低，畸形精子增加，射精量减少。建议精料配方：玉米 50%、麸皮 12%、豆粕 33%、预混料 5%；确保每千克干物质日粮中含有 V_A 3000 IU、V_D 330 IU、V_E 30 IU、复合 B 族维生素适量、铁 100mg、锌 100mg、锰 70mg、铜 18mg、碘 1.5mg、硒 0.3mg、钴 0.7mg、盐 5g、硫 3g、钙 5g、总磷 3g。在种公羊与母羊混养模式下，母羊采食此精料，也有利于促进母羊的排卵数，实现公母繁殖性能的共同提高。要经常观察种公羊食欲好坏，以便及时调整饲料，判别种公羊的健康状况。

种公羊饲养栏要远离母羊，不然母羊一叫，公羊就站在门口爬在墙上，东张西望影响采食。种公羊舍应选择通风、向阳、干燥的地方。每头公羊约需面积 4m²。夏季应注意防暑降温，高温、潮湿，对精液品质会产生不良影响。

种公羊的合理利用。在自然配种模式下，一般 1 只公羊即可承担 25~35 只母羊的配种任务；采用人工授精技术，1 只公羊即可承担 100~200 只母羊的配种任务，因此，人工授精技术的优点之一是可以减少种公羊的饲养量、同时发挥优秀种公羊快速提升群体种质的作用。种公羊配种采精要适度。种公羊在预备配种期开始时一周采精 1 次，而后增加到一周 2 次，配种前两天 1 次。到配种时每天可采 1~2 次，不要连续采精。后备种公羊 8 月龄开始用于配种，8~12 月龄公羊每周可以配种或采精 2~3 次；对 1.5 岁的种公羊，一天内采精不宜超过 1~2 次；成年种公羊每天可采精 3~4 次。多次采精者，两次采精间隔时间应在 2h 以上，使其有休息时间。连续配种或采精 2 天，应休息 1 天。采食和饮水前后半小时不要配种或采精，以免影响公羊健康。6~7 岁后的种公羊可以考虑淘汰。

五、种母羊饲养管理技术要点

(一) 后备母羊饲养管理技术要点

传统观念上成年湖母羊体重在 42kg 左右，认为湖羊早期生长快，这是相对于成年湖羊个体相对较小而言，但与优秀肉羊品种相比，其绝对生长速度并不快。但十几年来随着浙江湖羊品种选育的不断进展，一般种羊场的成年湖母羊体重均在 55kg 以上，优秀的可达到 65kg 以上。根据湖羊的生长特点，后备湖母羊在体重 20kg 以前，日增重可以控制在 200g 左右，20kg 以后至配种的日增重可控制在 150g 左右。在良好的饲养管理条件下，后备湖母羊于 6 月龄、体重达到 32~38kg 即可进行配种，达到"当年出生、周岁成母"，这也是湖羊与众不同的品种优势。但初配体重越大，后代成年时的个体趋于更大。在后备湖母羊的饲养管理上应确保日粮营养成分的均衡供给，在实际生产中，往往只注重钙、磷、盐等常量元素的供给，而不重视维生素 A、维生素 D、维生素 E 以及铁、锌、锰、铜、硒、碘、钴等微量元素的供给，既不利于湖羊健康，也影响饲料的利用效率，徒增养殖成本。尽管湖羊耐粗，但每日补饲适量、0.3kg 左右的精料是必需的，日粮粗蛋白含量是制约湖羊生长速度的最重要因素，精料中豆粕的比例可占 70%~80%。饲养过程中确保清洁饮水供给不间断。后备湖母羊育成过程中要注意保持正常膘情，防止过肥或过瘦。

（二）经产母羊饲养管理技术要点

经产母羊的饲养管理阶段可分为空怀期（配种期）、妊娠期（妊娠前期和妊娠后期）以及哺乳期，各阶段的生产目标各有侧重，营养需要也不相同，在饲养管理上应根据不同阶段的生产目标及相应的营养需要进行日粮的调配与供给。日粮配制所需的营养参数可参考国标《肉羊饲养标准》NY/T 816—2004 中妊娠母绵羊（怀双羔）的每日营养需要量，建议根据湖母羊实际体重比标准提高 5kg 的营养需要供给。

1. 空怀期

空怀期是母羊进入下一繁殖周期的开始，此阶段的母羊一般体况较差、消瘦。目前对于母羊的体况评定尚未有相应的标准或规程，对这方面进行一些探索具有较大的生产价值。

空怀期母羊的饲养管理目标是适度复膘，促使母羊正常发情、提高排卵数，确保受胎及提高双、仨羔率。因此，对于空怀期经产母羊要加强营养供给，在确保日粮干物质 1.5~2kg/日供给量的前提下，可适当多喂青绿多汁饲料，同时每头母羊补饲精料 0.25kg，在粗饲料干物质中的粗蛋白含量为 8% 的前提下，精料中的豆粕比例应占 60% 左右，若粗饲料中的粗蛋白含量低，则相应增加精料中的豆粕比例。日粮中蛋白质的供给是实现空怀期经产母羊饲养管理目标的首要环节。在日粮营养均衡供给中，这里强调补充维生素 E 和微量元素硒的重要性，在每千克日粮干物质中确保维生素 E 30 IU 和微量元素硒 0.3mg 有利于提高排卵数和卵子的品质，确保受胎及多羔性。

但在浙江的湖羊养殖实际生产中，断奶后 3~7 天内完成发情配种比例达到 90% 以上，实际生产中的空怀期非常短，可以忽略。空怀母羊可进行自然配种或同期发情人工授精技术配种。

同期发情人工授精技术是指通过激素等方法人为控制空怀母羊群发情进程，使母羊群集中于预定时间内同时发情、排卵，应用优良种公羊精液对同期发情母羊群进行集中人工输精，实现湖羊批量化生产的高效繁殖技术。应用该技术可使母羊配种、妊娠、分娩及羔羊哺乳与断奶后肥育过程实现规范化饲养管理，提高空怀母羊和优良种公羊配种效能，降低生产成本，实现湖羊科学化、规范化、标准生产，满足现代羊养殖业工厂化生产的要求，实现湖羊生产的高效益。

同期发情的基本原理，是通过控制卵泡的发生或黄体的形成，使湖羊同期发情并排卵。延长黄体期最常用的方法是进行孕激素处理。缩短黄体期的方法有注射前列腺激素，促性腺激素和促性腺激素释放激素等三种。孕激素和前列激素是诱导湖羊同期发情最常用的激素，前者通常用皮下埋植法或阴道栓法给药，后者一般以肌注方式给药。

（1）同期发情。

湖羊的选择：选择 7 月龄以上的后备母羊、断奶后未配种的空怀母羊、分娩后 40 d 以上的哺乳母羊以及长期不发情的母羊作为同期发情处理备用母羊。采集体质健康、符合种用标准、年龄在 2~5 岁的种公羊精液或引进外场优良种公羊精液作为人工授精用精液。

孕激素阴道海绵栓的放置：操作用器械和工具均提前消毒处理，工作人员穿戴工作服、一次性无菌手套和口罩，确保无菌操作。将同期发情处理备用母羊集中到配种栏舍，逐头保定，用 0.1% 新洁尔灭消毒剂喷洒母羊外阴部，再用无菌纸巾擦拭外阴及阴门裂内侧。用止血钳取出 CIDR 栓（阴道海绵栓，上海计生所生产），在导管前端涂上适量红霉素软膏或生理盐水，分开阴门，将导管插入阴门，左手固定导管，右手持止血钳夹住内管缓慢向前推送，使棉栓留于阴道内，拉线露出阴门外 3cm 左右，抽出导管。次日逐只检查是否脱栓，对脱栓母羊及时进行补放。

注射激素：以放置孕激素阴道海绵栓当天为第 1 天，于第 11 天下午开始至第 13 天每隔 12 h 左右递减肌注 FSH（猪促卵泡素，宁波第二激素厂生产）50、50、40、40 和 30 IU／只，第 13 天下午撤栓。或于第 11 天下午用连续注射器在母羊颈部后侧左右两面分别注射孕马血清促性腺激素注射液 250~400 IU／只和 D-氯前列烯醇注射液 0.05mg／只，同时撤栓。注射时，逐头保定母羊。撤栓时，技术人员拉住阴道栓外露拉线，缓慢用力撤出阴道栓；检查阴道栓是否干净，判定炎症发生情况，做好记录，若有炎症用抗厌氧菌药物冲洗，减少细菌感染。

发情鉴定：撤栓后，24~48h进行发情鉴定，母羊的发情鉴定以公羊试情为主，兼顾外部观察综合判定。用系带试情布的公羊试情，避免试情时试情公羊与母羊交配；试情公羊要求体质健康、性欲旺盛、年龄在2岁以上；公羊试情上午、下午各1次，每头公羊连续试情不超过1h，间隔6~10h进行第2次试情。当发现母羊阴门肿大，流出黏液，主动接近试情公羊、并不断摇尾，并接受试情公羊爬跨、站立不动，可判定为发情母羊，做好标记、及时牵出、适时输精。

提示：同期发情更适用于冷冻精液进行配种。如果使用新鲜精液配种，就不一定需要进行同期发情。在自然交配情况下，当公畜数量不足以承受同期发情母畜的配种能力，则不能进行同期发情处理。

(2) 人工授精技术。

采精：用常规假阴道法操作程序采集种公羊精液。将集精杯固定于假阴道一端，在假阴道外壳与内胎夹壁内注入适量55℃左右热水，装上气阀，取适量红霉素软膏或消毒的润滑剂（液体石蜡、凡士林）均匀涂抹于内胎至1/3至2/3处，连接双连球注入气体至内胎表面呈Y形合拢，确保采精时假阴道内的温度控制在38~40℃。采精用的台畜选用体格健壮的发情母羊或去势公羊。将台羊保定在通风安静场所，两名采精人员，其中一人手牵公羊以便控制爬跨速度，另一人半蹲于假台羊右后侧，手持假阴道贴在台羊臀部，入口朝下与地面成35°~45°角，当公羊爬跨时，轻托公羊阴茎包皮，顺势将阴茎导入假阴道内，保证假阴道与阴茎成一直线。公羊射精完毕后，采精人员随公羊后移、退出假阴道，并将集精瓶口朝上，排出空气后取下。取下集精杯，做精液品质检查。

精液品质检查项目：精液在进行输精前必须进行品质检查和评定，确认稀释倍数和能否用于输精。检查场舍环境要清洁、温度保持在18~25℃。一查精液外观。应为浓厚的乳白色或乳黄色混悬液体，无味或略带公羊膻味，若有其他颜色或有臭味的精液禁止使用。二查精液量。每次采精量应为0.5~1mL。三查精子畸形率。精液中畸形精子过多会降低受胎率，畸形精子通常表现为头部过大或过小，双头或双尾，断裂或弯尾等，精液精子畸形率不得高于15%。四查精子活力。用移液器取适量精液，滴于预热的37℃载玻片上并加盖盖玻片，置于400倍显微镜下观察精液中呈直线运动的精子占总精子数百分数，超过70%的精液才可用于输精。五查精子密度，即单位体积中的精子数，正常公羊精子密度为15亿~30亿/mL。常用的检查方法有显微镜观察法、计数法等，最好用精子密度测定仪法进行测定。根据结果可以将精液分成密、中、稀三个等级。经显微镜（放大 200~400 倍）观察，若精子间空隙不足 1 个精子长度，则为"密"级，常呈云雾状；若精子间空隙有 1~2 个精子长度，则为"中"级；若精子间空隙超过 2 个精子长度，则为"稀"级；"稀"级不可用于输精。

有研究表明，湖羊种公羊的最佳采精频率为 1 次/日，其精液量、精子活力、有效精子数等指标均较适宜。

精液稀释：精液稀释可以扩大精液量，提高优良种畜的配种效率，促进精子活力延长精子存活时间，并且能够保护精子在保存过程中避免受到各种理化因素的影响。只有密度检查为"密"级的精液方可稀释，湖羊的精液稀释一般在 2~3 倍。常用的精液稀释液有葡萄糖卵黄稀释液，将葡萄糖 3 g、柠檬酸钠 1.4 g 溶解在 100mL 蒸馏水中过滤灭菌，冷却至 30~37℃后，加入新鲜卵黄 20mL、充分混匀后即可使用。牛奶稀释液，将新鲜牛奶经过脱脂纱布过滤后煮沸 15min，冷却至 30~37℃，取中间部分使用。生理盐水稀释液，用 0.9% 的生理盐水稀释精液简单易行，但一般只能稀释 1~2 倍，且稀释后必须马上授精，不能保存。各种稀释液配制过程中，都应加入青霉素、链霉素500 国际单位 mL，并调整 pH 至 7。

稀释后要求精子活力在 60% 以上，没有条件保存精液的要立即输精。

精液保存：为扩大羊精液的利用效率以及利用的时间和空间，在人工授精技术中需要进行精液保存。常用的保存方法有常温保存，葡萄糖卵黄稀释液或牛奶稀释液稀释的精液在 20℃ 以下的室温，可保存 1~2 天。低温保存，在 0~5℃时，保存有效期为 2~3 天。常温或低温保存的稀释精液每 8~10h 需轻轻混合 1 次，避免精子沉集。冷冻保存，在 -196℃ 的液氮中的精液可以长期保存。

母羊的输精时间：适时输精是提高受胎和繁殖率的关键。经验证明在发情中期（即发情 10~15h）或中后期输精时，能获得较高的妊娠率。具体输精时间为早晨（8:00 前）发现母羊发情，当日午后输精 1 次、次日早晨再用同一公羊稀释精液输精 1 次；中午（9:00~14:00）发现母羊发情，当日晚输精 1 次、次日早晨再输精 1 次；下午（15:00 后）发现母羊发情，次日早晨输精 1 次、下午再输精 1 次，2 次输精间隔时间以 8~12h 为好。

输精前准备：输精器材要严格消毒，工作人员穿工作服，用 75% 的酒精消毒手，将输精母羊保定在输出精架内，或由工作人员提起两条后腿保定。将精液稀释液置于 30~37℃ 恒温水浴锅中预热或解冻。

输精方法：输精是人工授精技术的最后一个环节。为了提高母羊的受胎产羔率，要严格遵守操作规程，保证操作细致，掌握母羊授精时间，确保精液质量。将母羊固定在输精架中，呈头低尾高、约呈角45°左右的倾斜，将尾提起，用0.1%新洁尔灭消毒剂擦洗母羊外阴部，再用水擦净，或用生理盐水棉球擦洗干净。取适量生理盐水润洗阴道内窥镜和输精器。输精员左手用阴道开张器将阴道张开，将阴道内窥镜前端略向母羊背侧方向缓慢插入母羊阴道，借助阴道内窥镜光源找到母羊子宫颈口，右手将吸有精液的输精器插入子宫颈口，轻轻拨动、插入，直到受到阻力，稍退输精器（在子宫角附近），缓慢注入精液。输精完成后停留片刻、缓出，防止精液倒流，确保输精效果。一般每头母羊每次输精量0.2mL左右、有效精子数在7500万个以上。

配种14天后各配种母羊颈静脉采血，肝素钠抗凝，测定血浆孕酮浓度，统计妊娠（受胎）率。或用试情公羊对母羊查情1~2次/日、连续三天。或输精35天后用B超仪对母羊进行妊娠检查，间隔7天重复检查1次。对返情母羊进行输精或配种。

提示：人工授精技术提高了优秀公羊配种效能，成为迅速增殖良种羊的有效方法。减少了不孕母羊的数量，提高受胎率。可以克服公母羊体格相差过大造成的交配困难。冷冻精液的使用，可以极大地提高公羊使用的时间性和地域性。

2. 妊娠期

湖羊的妊娠期平均为150天左右，可分为妊娠前期和妊娠后期。

（1）妊娠前期。通常指配种受胎后的前3个月。此阶段的饲养管理目标侧重于保胎、避免流产。在配种受胎后的2~3周继续饲喂空怀期日粮，然后过渡至妊娠前期日粮，在母羊的一个繁殖周期中，妊娠前期日粮的能量、蛋白质供给量相对较低。但适量补饲精料也是必要的，每头母羊日补精料0.15~0.2kg，其中额外添加的钙、磷、盐、微量营养素等均可加在精料中，有利于母羊均衡采食营养素。在粗饲料干物质中的粗蛋白含量为8%的前提下，建议精料中的豆粕比例占35%左右，若粗饲料中的粗蛋白含量低，则相应增加精料中的豆粕比例。妊娠前期母羊可多喂青绿多汁饲料，青饲料应保持新鲜，有利于胚胎的健康生长。杜绝饲喂发霉、变质、霜冻、有露水的饲草以及霉变的玉米、糟渣等饲料，否则将引发流产或胎死腹中。同时要精心管理，羊舍内忌大声喧哗，避免拥挤、惊吓，禁止饮用冰水，防止流产。

（2）妊娠后期。一般指母羊妊娠的最后2个月，胎儿体重的2/3在此期间孕育。此阶段的饲养管理目标侧重于确保胚胎健康、快速生长，防止母羊妊娠毒血症、瘫痪等疾病的发生。因此，妊娠后期也是妊娠母羊饲养管理的关键阶段，在饲料营养上必须增加各种营养物质的均衡供给，补饲精料是必然的，建议每头母羊日补饲精料0.5kg（玉米40%、麸皮14%、豆粕40%、磷酸氢钙3%、盐2%、微量成分预混料1%）。妊娠后期母羊的干物质采食量在2kg左右，建议日粮组成为花生藤0.7kg、稻草0.5~0.7kg、豆腐渣或青绿饲料1.5kg、精料0.5kg。在营养素配置上应保持平衡，如钙磷的平衡，浙江地区绝大多数规模湖羊场的粗饲料常以花生藤为主，由于花生藤富含钙，钙磷比例不平衡，大量饲用花生藤将导致钙供给过量，尽管湖羊能耐受大的钙磷比例（5:1），但过量的钙增加妊娠母羊的代谢负担，因此，应控制日粮中花生藤的饲用量。日粮中的粗饲料需适度粉碎，既有利于TMR的加工，又可促进采食。TMR日粮的水分应控制在45%~50%，若水分超过50%将导致母羊干物质采食量的下降，不利于营养物质的供给。应用TMR饲喂技术，可有效预防母羊妊娠毒血症的发生。

经产母羊，尤其是高龄母羊易发产后瘫痪、胎衣不下等疾病，建议可在临产前2周开始至分娩，每天在日粮中添加氯化铵和硫酸镁，添加量分别为日粮干物质的0.6%，同时减少精料中豆粕的比例，并省去精料中的盐和小苏打。氯化铵和硫酸镁属阴离子盐，添加氯化铵和硫酸镁的作用是调节日粮中钾、钠的阳离子与氯、硫的阴离子的摩尔浓度差，使日粮阴离子的摩尔浓度高于阳离子的摩尔浓度，形成阴-阳离子差；母羊采食富含阴离子日粮后体液呈弱酸性，直观的特点是尿液pH呈弱酸性、6.0~6.5，正常的pH为7.0左右，有利于母羊对钙的代谢利用，显著减少产后瘫痪、胎衣不下、乳房炎等疾病的发生。

3. 哺乳期

指母羊分娩后至羔羊断奶。此阶段的饲养管理目标重在确保母羊顺产、促进康复、提高哺育力。

产前准备：母羊受胎一般经150天左右即行分娩。在临产前3~5天，应对产房和圈舍进行彻底清扫与消毒，清理好产圈，彻底打扫、消毒，保持产圈清洁、干燥。冬季产房和新生羔羊的圈舍温度应保持在10℃以上，并保持圈舍温度的相对稳定性，严防贼风侵袭。产床要铺垫清洁、柔软的干稻草，并保持床面干燥。夏季要通风。准备好接产用具，如药棉、碘酒、剪刀、秤等。当母羊出现临产征兆时，如举止不安，食欲突然下降，回头顾腹，腹部下沉，阴户红肿、有分娩物，乳头能挤出几滴初乳等现象，应用0.1%的高锰酸钾溶液清洗母羊的乳房、尾根、外阴部、肛门等。

接产：母羊产羔时，一般无须助产，如遇难产或母羊产羔无力时，则需要助产。方法：待羔羊头部出现时，一手托住羔羊头部，另一手握住前肢，在母羊腹部收缩时，顺势将羔羊轻轻拉出。羔羊产出后，用干净棉布将羔羊口鼻处黏液擦净，以防窒息，然后让母羊舔净羔羊身上的黏液。羔羊脐带常会自然拉断，如未拉断可用剪刀在离腹部 5cm 处剪断，并涂上 5% 碘酒。如有羔羊假死，可提起两后肢并拍击其背、胸部进行处理。产羔后，要定时清扫污物并保持舍内空气流通。

母羊产后康复：母羊完成分娩消耗大量体力、易发生内脏移位甚至损伤，体质虚弱。因此，做好产后护理，是提高母羊哺育力的重要环节。母羊产羔后 1h 左右喂给 30~40 ℃红糖麸皮盐水汤（红糖 100g、麸皮 100g、盐 8g、益母草或益母草膏 100g、水 1000g）有利于加速母羊体质的康复，减少产后疾病的发生，为提高母羊的哺育力打下基础；也是体现湖羊福利的重要举措。分娩结束后在羊栏内重新换上干净褥草，让母羊哺乳羔羊和休息。母羊胎衣排出后立即取走，若产羔后 6h 未见胎衣排出，须进行治疗。

母羊分娩后 1~3 天宜少喂精料，随后逐渐提高营养水平和增加饲料供给量。哺乳期母羊的营养需要接近于妊娠后期母羊的营养水平，从浙江地区规模湖羊场的羊群结构来讲，将哺乳期母羊与妊娠后期母羊的日粮配制合二为一是可行的，也便于管理、操作。在哺乳期母羊日粮中可多喂青绿饲料以及适量的啤酒糟，有利于提高母羊的泌乳性能。

湖羊具有强大的泌乳性能和哺育力，在康复措施到位、良好饲养管理条件下，哺乳期母湖羊平均日泌乳量可达 1.9kg，最高日泌乳量可达 4.8kg，且乳汁极浓稠，其中的粗蛋白、粗脂肪含量为牛奶的两倍，若将湖羊转型为奶用羊也绝不逊色。因此，从深层次讲，湖羊具有强大的饲料转化能力。也可见湖羊拥有惊人的哺育力，在羔羊 20 日龄前，一母带三羔也是可行的。

在精细化饲养管理下，羔羊于 45 日龄即可断奶。在传统饲养模式下，羔羊于 60~70 日龄断奶。断奶前 7 天开始逐渐减少母羊日粮中的精饲料及多汁饲料饲喂量。断奶母羊离开哺乳栏、移至空怀期羊舍。羔羊留原栏。

六、羔羊饲养管理技术要点

国内称为羔羊的阶段一般是指出生到断奶的羊。也有将初性期以前的羊叫作羔羊。羔羊饲养管理的目标是提高成活率，减少发病率，个体整齐、生长快速，缩短哺乳期，避免僵羊。

1. 新生期羔羊的护理

新生期羔羊，是指出生 15 天以内的羔羊。新生期羔羊的护理是提高羔羊成活率的关键时期，一定要做好以下几点：

（1）羔羊出生后要及时清除羔羊口、鼻黏液。让母羊尽快舔干羔羊身上的黏液，如果母羊不舔羔，可在羔羊身上撒些麸皮，诱导母羊舔，然后用干净布擦净。新生羔羊出生后，无论是自然断脐带，还是人工断脐带，都必须将羔羊的断端浸入碘酒中消毒，出生第一天用碘酒喷 2 次脐带部位。在脐带干化脱落前，注意观察脐带变化，如有滴血，及时结扎消毒。脐带在出生后 1 周左右可干缩脱落。

（2）江南地区因夏季高温、高湿，夏季出生的羔羊易出现僵羊。若羊舍有降温防暑设施，夏羔生长也无妨。但绝大多数湖羊场一般都安排在秋冬季和春季产羔，且母羊常在凌晨时段分娩，而初生羔羊御寒能力极差。浙江地区曾有羊场因寒潮突袭导致出生羔羊被冻成冰棍的惨状发生。因此，要注意新生羔羊的保温，保持羊舍温度在 10℃以上。保温是预防羔羊腹泻、感冒、提高成活率的最简单易行的高效措施。

（3）早喂初乳。母羊产后 1~3 天之内分泌的乳汁称为初乳，初乳内含有17%~23%的蛋白质、9%~16%的脂肪等丰富的营养物质外，还含有大量的免疫物质，是羔羊生长与健康的必需物质，具不可替代性。此外，初乳中的镁盐具有轻泻作用，有利于排出胎粪。羔羊出生后，就有吮乳的本能要求。应在羔羊出生后 1h 之内，必须让羔羊吃到初乳，时间越早越好，吮乳量越多越好。吃足初乳的羔羊好养，否则麻烦不断、累坏兽医。这一点非常关键。对于一胎 3 羔以上羔羊，可以挑选其中强壮的羔羊寄养出去，并要尽早找"奶妈"配奶，使母子确认，代哺羔羊，湖羊具有代哺非亲生羔羊的优秀母性。否则，要及时人工哺乳，保证羔羊吃奶，正常生长，以提高羔羊育成率和断奶羔羊个体重。

对于母性差的初产母羊可实施人工助奶，助奶的方法：用手轻轻地将羔羊的头慢慢推向母羊的乳房，一只手轻轻的抚摸羔羊的尾根，羔羊会不停地摇尾巴去找奶头，人为的用另一只手将母羊的乳房轻轻的挑起，送到羔羊的嘴边，羔羊就能慢慢的吃上初乳，反复几次羔羊就能自己吃母乳。助奶既有利于羔羊的成活，也有利于羔羊拱奶，刺激乳房进行放奶。母性差的后代不留种。

（4）其他管理措施。若是留种羔羊，应在出生吃奶前进行称重，记录初生重，同时在颈部挂上编号，记录相关信息。有些规模湖羊场在羔羊出生一周内实施结扎断尾，从理论上讲有一定道理。但浙江地区规模湖羊场普遍不对湖羊断尾，因为湖羊是短脂尾绵羊品种，尾扁圆短小，外形优美。保留尾部也便于出售时识别湖羊品种的纯度，在销售价格上有一定增值作用。

2. 羔羊的补饲

哺乳期母羊的泌乳高峰期一般出现在产后的第 14 天，若一母带双羔，至羔羊 20 日龄前，母乳的营养供给完全可以满足羔羊的生长需要，但考虑到后期生长速度，应在 10 日龄左右开始训练吃料，在羊圈内设置羔羊补饲栏，内置悬挂于栏墙上的饲槽，简称"隔栏补饲"，投入少量羔羊专用颗粒料，只让羔羊自由进出，训练其吃料能力，促进瘤胃发育。严防母羊偷食补饲料。羔羊开食后，每天应补饲专用颗粒料。实现早日断奶。

建议自制羔羊专用颗粒料配方：玉米 56%、豆粕 29%、草粉（稻草或玉米秸或花生藤等）10%、羔羊专用预混料 5%。自制羔羊专用颗粒料的常规营养指标（以原样计）达到粗蛋白≥18%，赖氨酸≥1.1%，蛋氨酸≥0.6%，钙0.9%~1.1%，磷≥0.5%。微量成分脂溶性维生素 A、维生素 D、维生素 E、维生素 K 及 B 族维生素，铁、锌、锰、铜、硒、碘、钴齐全、平衡。

羔羊专用颗粒料补饲试验（王雁坡等，2017）：选择同一公羊（或不同公羊、但公羊间体重接近）所产的羔羊、母羊群 12 栏，每栏母羊 4 头，留羔羊8 只。分为四组，每组三栏。对照 1 组按传统模式饲养，即不补饲颗粒料，以母乳为主、自由采食母羊日粮。对照 2 组补饲羊场商品颗粒料。试验 1 组补饲自制颗粒料，其中羔羊专用预混料购自浙江科盛饲料股份有限公司。试验 2组是在试验 1 组的颗粒料中加益生菌，添加量每百千克颗粒料中加 12g，益生菌由浙大研制。制粒工艺为先将玉米、豆粕、花生藤分别用粉碎机粉碎成细粉，按配方设计比例、将各种原料均匀混合，用平模制粒机制粒（平模孔径0.6cm）。若颗粒成形性差，可向混合粉料中喷入适量的水，但制粒后应晾干，以免贮存过程霉变。

饲养管理上各组母羊日粮、饲喂量均一致。每栏中的羔羊必须在各自栏圈内活动，不得出栏。颗粒料补饲采用隔栏补饲模式。初生羔羊脖子挂号。7日龄开始训饲颗粒料，自由采食。按常规免疫接种。试验记录母羊产羔数。羔羊编号，记录出生日期，初生重，性别。记录各栏颗粒料每日投喂量，剩余量，试验结束时统计各栏颗粒料消耗量。试验结束（45 日龄）时，记录每只羔羊体重。对体尺进行测定。记录各组羔羊健康状况。

羔羊预混料及颗粒料补饲功效：节约羔羊饲养成本；提高饲料转化效率；适口性好，提高干物质采食量，促进羔羊瘤胃早期发育，增加瘤胃容量；促进羔羊骨骼及肌肉发育、提高生长速度，实现早期断奶；降低球虫性腹泻；保护肠道正常微生物菌群，提高免疫力，减少有害毒素对肠道粘膜的刺激与损伤，促进羔羊健康发育；氨基酸、矿物质元素、维生素等营养物质平衡，有效防止羔羊异食癖的发生，提高羔羊成活率（表8-3）。

表8-3 补饲颗粒料对羔羊生产性能的影响

项 目		对照1组	对照2组	试验1组	试验2组	P值
始重（kg）	公羔	3.03ab	3.59a	2.86b	3.47a	<0.05
	母羔	2.68	2.66	3.02	3.24	
末重（kg）	公羔	8.32C	12.9B	14.2B	17.0A	<0.01
	母羔	7.61C	10.1B	11.7B	14.2A	<0.01
日增重（g）	公羔	117.6D	207.4C	251.1B	301.4A	<0.01
	母羔	109.7	165.5	193.4	242.6	
日采食量（kg）	公羔	—	2.77	2.98	2.62	>0.05
	母羔					
料重比	公羔	—	1.32A	1.23A	0.89B	<0.01
	母羔					
公羔羊	体高（cm）	52.8B	57.25A	58.0A	60.4A	<0.01
	体斜长（cm）	53.3A	55.5AB	57.3A	58.3A	<0.01
	管围（cm）	6.5a	7.0a	6.9a	6.9a	<0.05
母羔羊	体高（cm）	51.7B	53.7AB	57.3A	57.1A	<0.01
	体斜长（cm）	50.4	53.6	53.8	53.9	<0.01
	管围（cm）	6.4B	6.9A	6.9A	6.5AB	<0.01

注：不同小写字母间差异显著（$P<0.05$），不同大写字母间差异极显著（$P<0.01$）。

3. 断奶

湖羔羊适宜的断奶日龄或者是断奶体重并无统一标准，各个湖羊场根据各自的感觉确定断奶，一般认为羔羊长得大一些断奶较好，但问题是影响母羊的繁殖力。在传统饲养管理条件下，湖羔羊断奶日龄一般为60~70天，相应的断奶体重公羔在16~19kg，母羔在14~17kg，但断奶体重存在严重的个体差异、不整齐；有公羔体重14kg、母羔13kg断奶的，也有公羔体重21kg、母羔19kg断奶的；究其原因跟母羊的泌乳性能、一母带双羔或仨羔、初生羔羊的健康状况以及补饲措施等因素有关。

柴建明等（2014）研究了湖羊10日龄断奶，通过饲喂代乳品（干物质94.39%，干物质中总能20.25MJ/kg、粗蛋白25.35%、粗脂肪15.14%、粗灰分7.63%、钙0.81%、磷0.67%）和开食料（干物质86.04%，干物质中总能

18.03MJ/kg、粗蛋白 19.35%、粗脂肪 3.49%、粗灰分 8.68%、钙 1.08%、磷 0.71%），60 日龄公母羔羊均重 13.8kg。通过代乳品和开食料实现湖羊早期断奶是一项湖羔羊饲养技术上的创新，值得深入探索。

笔者认为湖羔羊的断奶时间不能以日龄或体重来判定，而以羔羊日采食补饲干物质饲料量来确定其是否可以断奶，是比较合理的，因为当羔羊离开母乳供给后，只能以采食饲料来确保个体的成长，因此，羔羊日采食干物质饲料量成为其独立生活的关键。建议当湖羔羊连续三天采食颗粒料 0.3kg/日以上即可断奶。实施羔羊补饲可以缩小个体间的差异，达到个体整齐。通过补饲颗粒料，湖羔羊完全可以在 45 日龄以前断奶。实现提早断奶，缩短母羊繁殖的间隔时间。

对羔羊来讲，断奶是一个较大的刺激，为减少断奶应激，在断奶的方法上以一次性断奶为好、简便。即将母羊牵离原羊栏、远离羔羊，让羔羊继续留在原栏 1~2 周，羔羊断奶不离圈、不离群、保持原来的环境和饲料，使羔羊安全渡过断奶关。

断奶时，要做好称重工作，并填写断奶记录。羔羊断奶后进入育肥阶段时应按公母、大小、强弱分群饲养，供给充足的优质干草、青绿饲料、羔羊颗粒料以及清洁饮水，让羔羔自由采食。并按要求进行免疫和驱虫等工作。

4. 羔羊防疫

妊娠母羊在产前 1 个月，要肌注"三联四防氢氧化铝菌苗"，进行羔羊痢疾、猝狙、肠毒血症及快疫免疫。羔羊出生后 12h 内每羔口服广谱抗菌素 0.125~0.25g，以提高抗菌能力和预防消化系统疾病。羔羊生后 7 日龄内注射肺炎疫苗，21 日龄进行肺炎苗的二免；30 日龄和 45 日龄分别进行三联四防疫苗首免和二免；30~45 日龄驱虫一次；50 日龄注射口蹄疫疫苗；3 月龄注射羊痘疫苗。

七、育肥羊高效饲养管理技术要点

对于商品肉羊场来讲，肥育是增加湖羊养殖效益的最重要措施。直观的肥育目的就是增加体重，获取更大的经济效益。肥育的内涵是增加湖羊体内的肌肉和脂肪。

由于浙江地区夏季是羊肉的消费淡季，而且因气候变化，夏季延长、春秋季压缩，浙江地区羊肉的消费旺季在当年的 10 月至来年的 3 月，高峰期在元旦至春节。因此，浙江地区肉羊肥育的时间一般在当年的 9 月至来年的 3 月。但是，随着羊肉产品的宣传、推广及消费观念的转变，浙江地区夏季消费烤全羊、烤羊肉串等羊肉制品的群体在不断增加，预期将来浙江地区的羊肉消费将趋于淡季不淡、旺季不旺。

湖羊的肥育方法可分为强度肥育和阶段性肥育工艺。强度肥育是指羔羊断奶后即给予较高的精料、促进快速生长，一般湖羔羊至 6 月龄、体重达到40kg 以上的饲养工艺。阶段性肥育是指育成的架子羊、高龄淘汰羊经 1~2 个月的高精料饲养、实现短期快速增膘的饲养工艺。

湖羊肥育所需要的营养可参考国标《肉羊饲养标准》 NY/T 816—2004中相对应的参数。但要强调的是要注意粗饲料原料的消化能值，由于饲料原料收获季节、成熟度等因素的影响，在设计肥育日粮配方时，往往会高估粗饲料原料的消化能值，因此，要注意对粗饲料原料消化能的正确评估。粗饲料的消化能是影响肥育日粮预期目标的主要因素。

适宜的肥育日粮精粗比。建议肥育日粮以粗饲料 60%、精饲料 40%较为适宜，如果将日粮调制成颗粒饲料可获得更快的肥育效果。由于湖羊养殖技术相对落后，配套供给不齐全，有些湖羊养殖户利用猪、禽用颗粒料进行肥育，尤其是阶段肥育中大量饲用猪、禽用颗粒料，把羊当作猪养，尽管可获得惊人的肥育效果，若操作不当，可能得不偿失，同时，影响羊肉的品质和风味。如羊肉黄脂症，其直接原因可能与日粮中铜含量严重超标有关。从传统的羊肉风味来讲，随着日粮精饲料的增加其风味可能会随之有所变化。因此，适宜的肥育日粮精粗比大有学问，值得深入探索。

适宜的肥育速度。即不同的日增重将产生不同的经济效益。一般来讲，日增重越高，单位增重饲料成本越低、养殖效益越好。如 25kg 体重的肥育羊日增重 100g，日饲喂花生藤（1 元/kg）0.6kg、喷浆玉米纤维（0.9 元/kg）0.4kg、豆粕（3.3 元/kg）50g、预混料（3.5 元/kg）25g，日饲料成本 1.213元，每千克增重饲料成本 12.13 元。若肥育羊日增重 200g，日饲喂花生藤0.6kg、喷浆玉米纤维 0.4kg、玉米（2.4 元/kg）50g、豆粕 180g、预混料 25g，日饲料成本 1.672 元，每千克增重饲料成本 8.36 元。肥育羊日增重 300g，日饲料成本 2.179 元，每千克增重饲料成本 7.26 元。粗略地看，随着日增重的提高，每日的饲料成本也大幅上升，因此，常被误解成"不合算"。从效益及湖羊健康等方面综合考虑，湖羊适宜的肥育日增重以200~300g 较好。因为更高的肥育日增重需增加日粮中的精料比例，对湖羊瘤胃健康产生负面影响，同时可能也影响羊肉的风味和肉品质。另外，如果将湖羊肉用于加工红烧羊肉等产品，将湖羊养殖至 7~8 月龄后屠宰，其熟肉率更高；即湖羊体重达到50kg 时，其平均日增重控制在 210g 左右为宜。因此，笔者认为，湖羊体重在35kg 之前，可将日增重控制在 250~300g，体重 35kg 以后的日增重可控制在

150g 左右，可能更符合湖羊的生长及肉质形成规律，业主也可主动掌控出栏时间。当然，最终应根据消费者对羊肉产品的要求，确定适宜的日增重，这也是体现湖羊优秀品质的一个方面。

关于肥育湖公羊的尿道结石。在公羊的肥育过程中会有个体偶发尿道结石，一旦发病，基本无药可救，而被淘汰，造成损失。造成公羊尿道结石，既有公羊泌尿道结构原因，而更大的原因是日粮原因，如日粮钙、磷、镁、钾、钠过高，霉变饲料等。预防公湖羊尿道结石的办法是在日粮中添加饲料级氯化铵，添加量为日粮干物质的 1%。氯化铵的粗蛋白含量为 163%，可以替代日粮中部分蛋白饲料，日粮中的盐可以少加或不加，不添加小苏打。在日粮中添加适量氯化铵可以提高饲料转化效率，获得较好的经济效益。

关于肥育羊日粮中饲用舔砖和复合预混合饲料。实际上舔砖也是一种复合预混合饲料，只是产品形式和饲用方法有别于一般复合预混合饲料，在湖羊养殖中饲用舔砖，操作简单，有效。吴阿团等（2011）进行了复合矿物质舔砖对未断奶湖羔羊以及断奶湖羔羊生长性能的影响试验，结果表明，未断奶羔羊对照组日均增重为 153.45g，试验组日均增重 175.09g，试验组日均增重比对照组提高 14.10 个百分点，差异显著（$P<0.05$）；断奶羔羊对照组日均增重 206.00g，试验组日均增重 218.89g，试验组比对照组提高 6.26 个百分点，差异不显著（$P>0.05$）。说明复合矿物质舔砖对哺乳期湖羔羊有显著作用，确切地说，是对母羊和羔羊有共同效果。笔者认为从精细化管理来讲，养殖业者应明确日粮中缺什么、需要补什么，舔砖中有效营养成分含量以及湖羊的实际舔食量，以便更好地发挥舔砖的饲用效果。

复合预混合饲料是畜禽养殖中补充日粮营养成分的一种常用饲料。根据湖羊高效养殖的营养需要，将微量矿物质元素、维生素、钙、磷、盐以及瘤胃发酵调控剂进行优化配制、用高精度混合机械加工成湖羊专用复合预混合饲料，便于湖羊养殖企业配制营养均衡的日粮。一般而论，复合预混合饲料的营养成分更齐全、成分有效性更稳定，应用效果更佳。汤志宏等（2016）以稻草颗粒料为基础，比较补饲舔砖与饲喂复合预混料日粮对湖羊生产性能的影响。试验选用体重 20kg 左右的公湖羊 30 只，按体重配对分为对照组和试验组，对照组补饲舔砖，试验组饲喂含复合预混料日粮，预试期 7 天，正试期 45 天。结果显示，试验组日增重比对照组提高 29.77g（$P<0.05$）；每千克增重耗料和日粮成本分别降低 0.92kg 和 3.46 元；试验组湖羊血清尿素氮浓度、谷草转氨酶活性分别极显著和显著低于对照组。结果表明，以稻草颗粒料日粮为基础，生长湖羊饲喂复合预混料的养殖效果优于补饲舔砖。

生产"雪花"肥羔羊肉技术。"雪花"肥羔羊肉是指羊肉肌肉纤维之间分布十分明显的脂肪组织，使肌肉切面呈清晰的红白相间的花纹，脂肪所占的面积达到30%以上，这种纹理酷似大理石，故通常也称它为"大理石状"。肥羔羊肉是欧洲国家羊肉消费中属高档次畜产品，深受消费者青睐。随着我国经济发展及消费者观念的更新，将来肥羔羊肉必定拥有较大的高端消费群体。

肥羔羊肉生产一般要求羔羊生长阶段在6月龄前达到商品规格。湖羊属早熟品种，其最佳脂肪沉积期在5月龄，是生产肥羔羊肉的最佳肉用绵羊品种，与其他肉用绵羊品种相比，具有无与伦比的优势。但肥羔羊肉生产必须了解消费市场，在确定可靠销路后，以销定产。

要获得"雪花"状优良而又嫩的羊肉，必须对羔羊进行强度肥育，4月龄以后在不影响育肥羔羊正常消化的基础上尽量提高日粮的能量水平，同时确保蛋白质、矿物质、微量元素和维生素的均衡供给。为了提高"雪花"雪白的视觉效果，还需注意草料的选择，如少喂或不喂含花青素、叶黄素、胡萝卜素多的饲料。日粮供给的形式为全价颗粒料，以下为羔羊各生长阶段日粮颗粒料配方，仅供参考（表8-4）。

表8-4 羔羊肥育颗粒料日粮配方

原料，%＼体重	20kg前	20~30kg	30~40kg	40~50kg
花生藤	10.0			
稻草		58.0	55.0	50.0
小麦		20.2		
玉米	56.0		26.2	38.2
豆粕	29.0	20.0	17.0	10.0
石粉		0.4	0.4	0.4
磷酸氢钙		0.5	0.5	0.5
盐		0.6	0.6	0.6
羔羊专用预混料	5.0			
微量成分预混料		0.3	0.3	0.3

肥育羊的日常管理。育肥前，对淘汰的高龄公羊可以考虑进行去势，但生长期公羔羊不应去势，否则影响其生长速度，降低养殖效益。羊群按年龄、性别、体况分群并进行驱虫，对高龄湖羊应注意修蹄。

进入夏季前应对所有生产阶段（除哺乳期羔羊外）的湖羊进行剪毛，有利于提高湖羊的生产性能。

八、湖羊场的生产经营管理

经营和管理湖羊养殖场的目标就是营利，直白地说就是赚钱，因此，普通管理人员必须要做到既懂技术又懂管理。技术是为赚钱服务的，管理也是为赚钱服务的，管理就是保证利润最多、质量最优、羊群最健康的措施，要做到这些，必须要保证实现各生产环节的高效率。

（一）湖羊场人力资源管理

养殖场成功的关键是要有工作踏实、忠诚的、有资质的、有能力的、有团队合作精神的人才队伍。如果湖羊场规模较大，必须配有一个懂动物营养的技术人员负责日粮设计、配制，因为饲料支出占养殖场经营成本的60%以上。

1. 健全的管理制度

制订一套较完整的管理制度，且管理制度切实可行，紧密结合自身羊场实际，人人遵守制度，按制度办事，尤其羊场经营者和管理者，对遵守规章制度好的人要充分肯定，表扬先进，对违章、违纪的人要批评，把执行规章制度和员工利益结合起来。

湖羊养殖场的规章制度主要包括疫病防治条例，湖羊饲养管理制度，饲料出入库登记制度，湖羊进出登记制度，财会、财产管理制度，湖羊疾病治疗登记制度，羊场消毒制度，门卫登记、防火管理制度，羊场精神文明规则，工作人员请假制度，安全、卫生规章制度，职工学习制度等。

2. 生产管理的人力设置

为了保证羊场生产有秩序、高效率地进行，对羊场生产、经营要统一进行组织、计划和调控。湖羊场一般可实行场长负责制，主要行使决策、指挥、监督等职能，及时把握市场行情，确保购、销渠道畅通。根据湖羊场规模的大小，还要相应设立其他管理人员，如羊舍（车间）管理人员、班组长等。一般规模较小的湖羊场可采用直线制的组织形式，即一切指挥和管理职能基本上都由场长自己执行，不设专门的职能机构，只有少数职能人员协助场长进行工作。对于较大规模的湖羊场，由于管理环节增多，工作复杂，因此，宜采用职能制的组织形式，即场长下设专门的职能部门和人员，把相应的职责和权力交给职能部门，各职能部门在其职能范围内有权直线指挥下级单位。

3. 实行生产责任制

建立生产责任制，对羊场的各个工种按性质不同，确定需要配备的人数和每个人员的生产任务，做到分工责任明了，奖惩兑现，合理利用劳力，不断提高劳动生产率的目的。人员配备和劳动分工要注意：①每个饲养员担负的工作任务必须与其技术水平、体力状况相适应，工作定额要合理，并保持相对稳定，以便逐步走向专业化，发挥其专长，不断提高业务技术水平。②在分清每个工种、饲养员的职责的同时要保证彼此间的密切联系和相互配合，在人员的配备上，有专人对每个羊群的主要饲养工作全面负责，其余人员则配合搞好其他各项工作。③一般湖羊养殖场的工种主要有饲养工，饲料加工(粗饲料、精饲料、糟渣料) 配合与运输工，清粪工，兽医等，同时要考虑临时用工，如制作青贮、装卸饲料、消毒、卫生清洁等，较大的湖羊还要设置门卫、仓库保管、后勤、饲料种植等人员。④羊场生产责任制的形式要因地制宜，可承包到羊舍（车间）、班组或个人，实行大包干；也可以实行定额管理，超产奖励，如确定要求达到日增重或耗料量，完成者实行奖励，劳动定额的制定要合理，并留有余地，如采用平均数或提前进行试验。

(1) 养殖场场长责任制度。

认真贯彻执行《中华人民共和国动物防疫法》的各项规定。

每日检查场里的各项工作完成情况，检查兽医、饲养员、饲料员的工作，发现问题及时解决。

对采购各种饲料要详细记录来源产地、数量、价格和主要营养成分指标。把好进出栏羊只的质量关，确保湖羊优质、无病。

做好员工的思想政治工作、关心员工的疾苦，使员工情绪饱满地投入工作。

提高警惕，做好防盗、防火工作。

(2) 养殖场兽医制度。

负责养殖场的日常卫生防疫工作，每天对进出场的人员、车辆进行消毒检查，监督并做好每周一次的羊场消毒工作。

对购进、销售活羊进行监卸监装，负责隔离观察进出场羊的健康状况、驱虫及加施耳牌号，填写活羊健康卡，建立羊只档案。

按规定做好活羊的传染病免疫接种，并做好记录，包括免疫接种日期、疫苗种类、免疫方式、剂量，负责记录接种人姓名等工作。

遵守国家的有关规定，不得使用任何明文规定禁用药品。将使用的药品名称、种类、使用时间、剂量，给药方式等填入监管手册。

负责出场活羊前 7~10d 向启运地检验检疫机构报检。

发现疫情立即报告有关人员，做好紧急防范工作。

(3) 养殖场饲养员责任制度。

遵守羊场的各项规章制度，对负责饲养的羊只每天必须全面、细致的观察，发现问题及时向场长报告并积极配合处理解决。

每日定时对羊只进行饲喂、饮水、清扫羊舍，入夏前对羊只剪毛。

定期用认可兽医配制的消毒液消毒羊舍、羊槽。饲喂前对所用的饲料严格检查，剔除饲料异物，对变质的饲料坚决不用。

（二）湖羊场生产技术管理

影响湖羊养殖场特别是规模化养殖场生产效益的关键是养殖、生产技术，在确定并且制定养殖场饲养与生产技术实施方案时必须吸取新技术、新工艺等先进技术。

1. 湖羊场的技术管理

技术管理是通过科学管理饲养湖羊的技术过程，提高湖羊养殖场的经济效益。

（1）建立养殖场生产技术管理数据库。

技术管理是湖羊场提高湖羊产品的产量、质量和经济效益的关键。湖羊场应不断应用现代养羊的先进技术，从饲养工艺与方法的改进、防疫体系的建立、技术规程管理等方面，确保各项目标的实现，不断提高生产水平和经济效益。

原始记录。在湖羊场的一切生产活动中，每天的各种生产记录和定额完成情况等都要做生产报表和进行数据统计。因此，要建立健全各项原始记录制度，要有专人登记填写各种原始情况，包括各生产阶段羊的数量变动和生产情况、饲料消耗情况、育肥羊的育肥情况，经济活动等。对各种原始记录按日、月、年进行统计分析、存档。

建立档案。成年公母羊档案，记载其谱系，性别，年龄，体重，体尺，配种，产羔，哺育等情况；羔羊档案，记载其谱系，性别、出生日期，出生重，断奶日龄，断奶重，疫苗接种等情况；育成种羊档案，记载其谱系，性别，2月龄、6月龄、周岁、成年各阶段的体重、体尺，疫苗接种，发情配种等情况。

（2）制定养殖场基本生产管理制度。

在日常技术管理中，制定基本管理制度，并严格执行是维持湖羊正常生产的关键。

饲养管理制度。根据不同生产阶段湖羊的生理特点和生长发育规律制定相应的饲养管理制度。抓住配种、妊娠、哺乳、育成、育肥等环节，制定具体的饲养管理制度，进行合理的饲养，科学地管理，充分发挥其生产潜力，以带来最大的经济效益和社会效益；具体有繁殖母羊饲养管理制度、育成羊饲养管理制度、育肥羊生产的饲养管理制度（包括羔羊强度育肥制度、阶段育肥制度）。

人工授精制度。人工授精技术是影响母羊受孕的重要环节之一，操作时必须按技术要领进行。仔细把握母羊适宜的输精时间；输精前必须检查精液中有效精子数；规范操作发情母羊输精、输精器械消毒、母羊外阴消毒等方法，借助内窥镜将精液输到子宫的适当部位。做好记录，检查受孕情况。

疫病防治管理制度。贯彻"防重于治，防治结合"的方针，建立严格的防疫措施和消毒制度，建立疫病报告制度，传染病的日常预防措施等。

2. 生产计划管理

为了提高效益，做好饲料贮备，加快羊群周转，湖羊养殖场均应有生产计划。制订生产计划是湖羊养殖场生产技术管理的主要工作。是贯彻科学养羊方案的主要支柱。湖羊场的计划相对比较简单，主要有以下几项。

（1）制订羊群周转计划。

湖羊养殖场生产羊群因购、销、淘汰、病死等原因，在一定时间内，羊群结构有增减变化，称为羊群周转。羊群周转计划是湖羊养殖场生产的最主要计划，直接反映年终羊群结构状况，表明生产任务完成情况；它是产品计划的基础，也是制订饲料计划、建筑计划、劳力计划的依据。通过羊群周转计划的实施，使羊群结构更合理，增长投入产出比，提高经济效益。依据市场（销售）计划或销售合同、生产目标，确定羊群周转方式，实行全进全出制或流水循环制，编制出进出羊的批次、数量和时间，写出书面计划和羊群周转表如表8-5所示。

表8-5　某湖羊养殖场某年羊群周转计划

日期	年初头数	本年增加			本年减少			年末头数
		繁殖	购进	转入	出售	转出	淘汰或死亡	

（2）制订湖羊养殖场饲料供应计划。

为了使养羊生产有可靠的饲料基础，每个湖羊场都要制订饲料供应计划。编制饲料供应计划时，要根据羊群周转计划，按全年羊群的年饲养日数乘以各种饲料的日消耗量定额，再增加10%~15%的损耗量，确定为全年各种饲料的总需要量，在编制饲料供应计划时，要考虑羊场的发展、增加羊数量时所需量，对于粗饲料要考虑一年的供应计划，对于精料、糟渣料要留足一个月的量或保证相应的流动资金，精饲料中各种饲料的供应是在确定精料的基础上可按能量饲料（玉米）、蛋白质补充料、副料（麸皮）、矿物质料之比为60:30:20:8考虑，其中矿物质料包括食盐、石粉、小苏打、磷酸氢钙、微量元素和维生素预混料等可按等同比例考虑（表8-6）。

表8-6　某湖羊场某年饲料计划（kg/头）

羊群	羊群数量	粗饲料			蛋白质补充料			副料	矿物质料					
		秸秆	干草	青贮料	能量饲料	饼粕类	副产物	其他饲料		食盐	石粉	小苏打	磷酸氢钙	微量元素维生素预混料	其他

（3）确定并制订生产饲养技术实施方案。

采用现实可行、可操作的先进技术，并对职工进行技术培训，确保本场用新技术指导生产、促进生产。教育本场员工注意学习经营管理知识，学会从市场需求、竞争对手、市场价格和发展趋势等方面分析运筹羊群的动态平衡，加速周转，利用市场经济规律搞好产销，提高经济效益。

羊场生产饲养技术方案的实行要保持一定时间内的相对稳定性，生产饲养技术方案主要包括各羊舍技术实施要点、饲草和饲料配合加工调制、饲养管理方法与规程、卫生防疫制度落实措施与实施办法、技术人员工作要点、职工技术培训计划、定期进行技术经济效果分析、新技术应用效果检查总结等。

3. 湖羊养殖场生产管理

生产管理是按照实现生产目标的要求，对生产活动进行计划、组织、指挥、协调和控制等一系列工作，保证生产顺利进行，并取得好的效益。

（1）湖羊场的主要生产活动管理。

合理组织湖羊场的生产活动的目标是用尽可能少的劳动占有和劳动消耗、饲料消耗使湖羊养殖获得更多的利润。主要生产活动有成年羊的繁殖、羔羊的哺育、育成羊的培育，商品羊的肥育，包括饲料的配比、饲喂、防疫、驱虫、分群以及环境卫生管理等；湖羊饲料的加工，包括粗饲料的加工（青贮料）和精料的加工。

（2）湖羊场生产管理内容。

在湖羊场生产管理操作中，要合理安排各项作业的次序和时间，主要安排好每天的饲料调制、饲喂、羊舍卫生等的次数和起止时间。其中饲料调制、饲喂次数和时间间隔要符合技术要求，要规定好每次具体操作内容和先后程序，以便工人做到规范化操作，使湖羊饲养过程做到科学有序。具体包括：

饲养方式的选择，有离地平养、软地饲养、小栏饲养、大栏群养、分料饲喂、TMR 饲喂以及不同的育肥模式和方法。

饲料加工方式的选择，有 TMR 加工工艺、颗粒料加工工艺以及饲料发放计划等。

生产过程组织即选择适当的饲养周期，饲养作业控制和饲养成本控制，饲养工作质量和进度的控制，控制饲料成本，采用定量发放精饲料等。

物资的保管和发放，对湖羊场饲养活动所需的各种物资的供应、保管和合理使用，主要包括物资供应计划的编制，物资订货和采购，物资消耗定额的制定和管理，物资储备量的控制，仓库管理，物资的节约和综合利用等工作。

4. 湖羊养殖场定额管理

对湖羊养殖场进行定额管理，是加强湖羊场经营管理，提高生产水平，调动劳动生产积极性的有效措施。定额管理就是对湖羊场工作人员明确分工，责任到人，以达到充分合理地利用劳动力，不断提高劳动生产率的目的。对主要生产实行定额管理，包括人员及主要劳动定额、饲料消耗定额和成本定额。

湖羊场以羊舍和班组为单位，按不同工种和技术环节核定劳动用工量，进行定员，在核定劳动量时要充分考虑湖羊生产的特点，不同阶段的特点，生产条件和机械化程度等，也要考虑员工的实践经验和技术水平，综合分析作出合理的劳动定额，以鼓励员工充分发挥劳动积极性。做到"四定一奖"，定饲养湖羊量；定湖羊产量，确定母羊的配种率、受胎率、流产率、产羔率以及淘汰率，羔羊的成活率，育成羊的育成率，育肥羊的日增重等指标；定饲料，根据湖羊不同阶段的生产情况和增产指标，确定饲料定额；定报酬；"一奖"是超额完成指标要奖励，完不成要惩罚。

饲料消耗定额是根据湖羊不同生产阶段的营养需要供给的合理日粮，在制订饲料消耗定额时，要考虑湖羊的性别、年龄、生长发育阶段、体重或日增重、饲料种类和日粮组成等因素。全价合理的饲养是节约饲料和取得经济效益的基础。

对班组或定员进行成本定额是计算生产作业时所消耗的生产数据和付出劳动报酬的总和。湖羊生产成本的主要衡量指标有饲养成本 、增重成本等。

5. 湖羊场的成本管理

成本管理是湖羊场产品成本方面一切管理工作的总称，是对湖羊养殖整个生产、销售全过程中，所有费用发生和产品成本形成所进行的组织、计划、核算和分析等一系列的管理工作，成本核算是对湖羊场生产费用支出和产品成本形成的会计核算。

（1）湖羊场生产费用。

湖羊养殖场生产费用是场内在一定时期进行生产经营活动所花费的货币总额。生产费用是构成本期产品成本的基础。生产费用多种多样，按经济性质有直接从事养羊生产人员的工资和福利；饲养羊群消耗饲草、饲料的饲料费；羊群饲养中消耗的燃料和动力费；医药费是防治羊群疫病消耗的药品和医疗费；种公、母羊折旧费（种公羊从参加配种开始计算，种母羊从产羔羊开始计算）；固定资产基本折旧费（包括羊舍折旧和专用饲养机械折旧费）；固定资产修理费（羊舍和专用饲养机械修理费）；低值消耗品费用（饲养羊群使用的低值工具、器具和劳保品）；用于羊群饲养的其他直接费用；共同生产费（分摊到羊群的间接生产费用）；分摊到羊群的管理费用等。

（2）湖羊增重成本计算。

羊的活重是羊场的生产成果，羊群的主、副产品或活重是反映产品和饲养费用的综合经济指针，如在湖羊生产中可计算饲养日成本、增重成本等，计算公式如下：

饲养日成本：指一头湖羊饲养一天的费用，反映饲养水平的高低。饲养日成本＝本期饲养费用/本期饲养头日数。

增重单位成本，羔羊或育肥羊增重体重的平均单位成本。增重单位成本＝（本期饲养费用−副产品价值）/本期增重量。

（3）降低增重成本的管理途径。

湖羊增重成本是养殖各个环节中物化劳动的综合反映，降低成本途径是多方面的。在材料采购、储备、饲料消耗、劳动用工、劳动生产率、技术水平、产量、质量等方面都要斤斤计较。

增加产量，提高质量，做到增产增收。持续开展湖羊种质选育，并在饲养过程中采用先进的技术措施，提高增重，降低增重成本。

提高劳动生产率，培训职工，提高技术水平。按劳取酬，充分发挥职工的劳动积极性，合理安排劳动力，采用先进技术。

节约各种材料、燃料和动力，改进采购、保管工作，降低成本，在饲养中做到合理全价饲养。

提高设备利用率，抓好设备管理，充分利用机械设备，及时维修保养和技术改造。贯彻岗位责任制，实行专人专机，专管专用，健全设备管理制度，降低折旧费和维修费。

节约管理费用，管理费属于非生产性支出，开支越少，成本负担越低。

因此，要减少非生产人员，以减少不必要的开支。

（三）湖羊场经营管理

规模化的湖羊场离不开科学的经营管理，这是一个技术性强、管理复杂的系统工程，需要将科学养殖理论和企业经营管理理论应用于湖羊养殖场的生产实践中，合理地将羊、人、设备等资源有效结合起来，获得利润。羊场的经营管理是处理好生产、经营的各个环节，减少支出，降低成本，追求最好经济效益的综合。

1. 湖羊养殖场经营管理的一般原则

湖羊养殖场是一个经营经济实体，考察湖羊场经营的好坏，纯利润的取得是一项综合指标。要取得较理想的经济效果，完成经营的目标，取决于一系列正确的经营决策，经营中经济核算是贯彻生产全过程的活动。

（1）投入与产出。

湖羊生产的主要目的，是组织各种资源产出一定数量合格的商品羊，并利用商品羊价格创造价值。为产品的产出而花费的资源价值称为投入；而生产的产品所创造的价值称为产值，即产出。经营得体，一年或一个生产周期其产出应大于投入，即从所得的产值中扣除成本后，应获得较多的盈余。只有这样生产才得以维持并不断扩大再生产。

（2）成本。

成本是指组织和开展生产过程所带来的各种经费支出。各项经费开支分现金开支和非现金开支。现金开支是成本的一部分，它是为进行生产购买资源投入时发生的，如购入种羊、饲料、药品等所支付的现金。成本的另一方面，还包括非现金或隐含的开支项目，如原有的畜舍、不计报酬的家庭劳力、利息、折旧费等，它们也是生产开支，实行成本核算也是应记入成本账目。现金开支和非现金开支的总和，构成湖羊养殖场经营的总成本，也只有包括这两类开支，才能充分如实地表达从事养殖湖羊经营所投入的成本。

（3）盈利。

盈利是对湖羊养殖场的生产投入、技术的经营管理的一种报偿，是销售收入减去生产成本之后的余额，销售收入的计算原则是实际销售的种羊或肉羊，是销售收入的主体，其他如羊粪出售也应计入销售收入。而对存栏中的湖羊不能计入本年度的销售收入，也不能作价计算收入，应按实际成本结转至下年度。

一个湖羊场的盈利可能是正值，也可能是零甚至负值。盈利是正值，说明所投入的生产要素得到了报偿，若能获得令人满意的收入，反映了湖羊场在技术、经济和经营方面具有不凡的能力。

（4）建立湖羊养殖场的经营核算账目。

湖羊养殖场的经营核算是经常持久的经营管理活动，它是提高经营管理水平、正确执行国家有关财经政策和纪律、获取盈利、进行扩大再生产必不可少的重要环节。不仅应认识其重要性，而且应求其准确性和经常性。为此，湖羊养殖场都应建立必要账目。一般有一定规模的湖羊养殖场都有会计人员，并建立相应的会计业务和经营核算体系，但许多湖羊养殖场多无专职会计员，有的账目不全或不准确，甚至经营管理者不重视，这都不利于经营核算。

根据湖羊养殖场的经营活动，其会计科目大体内容可分支出类（包括"固定资产"和"原材料"）、收入类（主要是"销售"）等作为设置账目的依据。

所谓"固定资产"，一般分为生产用与非生产用固定资产。前者包括畜舍、仓库等建筑物，拖拉机、粉碎机、混合机、撒料车、水电设备等，种畜、手拉板车、农具等，即直接参加或服务于生产经营的固定资产。后者指不是直接用于生产或其他经营活动的固定资产，如住房等。

所谓"原材料"，是指用于湖羊养殖的各种原料和材料。如饲料、疫苗、药品以及燃料、维修材料、各种器具、低值易耗的生产工具等。

湖羊养殖场的账户可设下列主要科目：收入类，包括种羊收入、肉羊收入、淘汰羊收入、羔羊收入、粪肥收入、固定资产收入、折旧收入、其他收入、贷款、暂收款等。支出类，包括饲料支出、购入种羊支出、羊死亡支出、医疗费支出、配种支出、人工支出、运费支出、用具支出、其他支出、暂付款、集体提留及公益支出。结存类，包括现金、银行（信用社）存款、固定资产、库存、其他物资等。

2. 湖羊养殖企业经营活动分析

湖羊养殖场的经营活动分析是不同时期研究其经营效果的一种好办法，其目的是通过分析影响效益的各种因素，找出差距、提出措施，巩固成绩，克服缺点。使经济效益更上一层楼。分析主要内容有对生产实值（产量、质量、产值）、劳力（劳力分配和使用、技术业务水平）、物质（原材料、动力、燃料等供应和消耗）、设备（设备完好率、利用、检修和更新）、成本（消耗费用升降情况）、利润和财务（对固定资产和流动资金的占用、专项资金的使用、财务收支情况等）的分析。

开展经营活动分析，首先要收集各种核算的资料，包括各种台账及有关记录数据，并加以综合处理，以计划指标为基础，用实绩与计划对比、与上一年同期对比、与本场历史最好水平对比、与同行业对比进行分析。至于开展经营活动分析的形式，可分为场级分析、车间（羊舍）分析、班组（饲养员）分析。在分析中，要从实际出发，充分考虑市场动态、场内生产情况以及人为、自然因素的影响，从而提出具体措施，巩固成绩，改进薄弱环节，达到提高经济效益的目的。

依据经营分析和主客观情况，做好计划调整与调度，安排与调整生产计划。首先要关注市场变化，尽可能做到以销定产，在考虑国内市场时，要特别注意安排季节性生产，尽可能在重大节日的市场需求旺盛期多出肉羊，以获得更好的效益；其次是要考虑饲料供给，做到增产节约、产供协调。再次是依据本场的现有条件和可能变化的情况（如资金、场地、劳力）挖潜增效。最后要用文字形式写出分析报告，包括基本情况、生产经营实绩、问题以及建议等，以利于进一步提高业务管理水平、经营水平和企业综合决策水平，不断增长单位效益。

湖羊养殖场经济效益评价。

湖羊养殖场经济效益评价是对养殖场的技术、管理、资金三项关键要素即具体表现的六项基本要素进行分析。

人。人是生产力三要素中最活跃、最基本、最重要的因素。湖羊养殖场经济效益的高低与养殖场的员工（包括饲养人员和管理人员）素质高低是密不可分的。具有现代管理知识、科学饲养技术的人，是养殖场取得较高经济效益的最基本的要素。

物资。主要指饲料、能源、设备、建筑物、生产工具等。这是湖羊养殖场进行经营活动的物质基础。

湖羊。湖羊是养殖场生产加工的对象。湖羊的种质和健康状况直接影响产出的数量和质量。

资金。资金是养殖场从价值形态上占用与支配的财产和物资。没有资金，湖羊养殖场就无法购买设备、燃料、饲料等生产资料，无法支付员工的工资，也无法生存和发展。因此，资金是养殖场进行经营活动必不可少的条件。

任务。销售任务，以及养殖场同其他单位签订的合同等。

信息。主要包括数据资料、情报、技术等。在湖羊养殖场系统中，信息要及时沟通，以便做出正确的决策。

3. 规模化湖羊场的经营措施

湖羊养殖业正趋于由传统散户养殖向规模化、集中化、科学化、标准化、商品化方向发展，在市场经济条件下，有规模才有效益，有规模才有市场，规模化养殖既可以增加经济效益和抵抗市场风险的能力，还是实施标准化生产、提高畜产品质量的必要基础。

（1）规模化湖羊场的经营风险。

近几年来，由于国内各地区已大量引入湖羊，浙江湖羊的供种市场萎缩，使之湖羊养殖成为了国内肉羊市场中的一分子。同时，在大市场竞争环境下，成为了微利甚至亏损产业，且面临原材料、疫病、环保、消费市场等方面的风险。

原材料风险。湖羊养殖场的的主要原料为饲料，饲料的产量和价格受到地区环境条件、自然灾害、季节性变化以及市场价格波动的影响。尤其浙江地区湖羊养殖场的粗饲料未能实现就地解决。

疫病风险。湖羊与其他家畜一样，也可能发生传染病及其他疾病。特别是规模化工厂式大群体饲养模式下，发生疫病的可能比分栏小群体或小规模分散饲养要大得多。疫病的发生对湖羊养殖场的影响是巨大的，必须引起湖羊场经营者的高度重视。

销售市场风险。湖羊养成后能否销售出去是关系到整个湖羊生产过程的价值能否体现的关键环节，及时确定销售市场及确定售价较高的市场至关重要。湖羊的畜产品销售是湖羊养殖产业链中最薄弱的环节。

环保风险。随着美丽乡村建设的推进，对湖羊养殖的环保要求也是水涨船高。在离地平养湖羊模式下，羊床下积粪可有效解决粪尿污染问题，但新型的机械括粪模式，应注意羊粪的环保问题。

（2）经营风险的防范策略。

湖羊产业是从产地到餐桌，从生产到消费，从研发到市场的产业，各个环节紧密衔接、环环相扣。湖羊养殖场经营者要掌握市场动态，化解养殖场可能遇到的生产和经营风险，增强养殖场抗风险能力。

开拓市场。建立供应和销售网络管理机构，走产业融合发展道路，加强宣传，扩大销路，树立风险管理意识，加强风险管理。

加强管理。加强养殖场内部管理，保证质量，打造品牌，建立信誉，加强服务。在严格执行无公害湖羊生产要求的前提下，应用先进的肉羊生产技术，提高产品质量。

技术培训。职工应具有较高的文化素质和专业技能，对职工应进行相应的业务和技术培训。对管理和技术人员的录用要求应更高，有管理和技术专长。对被聘用人员，除经常考察其实际工作表现和业绩外，还要定期进行业务和技术考核，实行优胜劣汰的用人机制。湖羊养殖场在投入运行之前，应组织管理人员到国内外管理和技术先进的湖羊养殖场进行参观、实习，或进行1~3个月的技术培训，以便成为湖羊养殖场的业务、技术骨干。另外，要经常请教学、研究机构的专家到湖羊场，对养殖中各生产环节的技术进行全体职工培训，不断提高职工的专业技术水平。

（四）计算机及物联网技术在湖羊场经营管理中的应用

计算机及物联网技术在湖羊养殖场的经营管理中已初具雏形，是湖羊养殖场实现精细化经营管理的必然发展方向。通过计算机技术及互联网，经营管理人员可以实现计算机信息管理、分析以及从网络中获取、发布各种信息；物联网技术是以互联网为基础，通过计算机与信息传感设备相结合，将养殖场内任何物品与互联网相连接，进行即时信息交换和通讯，实现智能化识别、定位、追踪、监控和管理。该技术具体应用有湖羊场生产信息管理、物联网管理以及育种信息管理等。

1. 生产信息管理

在浙江的湖羊养殖中已有较多规模场利用计算机技术将饲养、管理等信息以数据库的形式进行登记、分析，成为湖羊养殖场经营管理的重要技术措施。其主要内容包括个体基本信息库、繁殖信息库、生产信息库、疫病防治信息库、饲养信息库以及从相关产业平台的信息查询、产品销售等。

个体基本信息库：记录羊号，性别，出生日期，父号，母号，初生重，同胞数，等级，断奶日龄，断奶体重，2 月龄、6 月龄、周岁、成年体重与体尺，所在栏舍及变动情况，淘汰、出售或死亡等信息。

繁殖信息库：记录种公母羊号，公羊年龄，母羊胎次，发情配种日期，受胎，预产期，流产，产羔数，个体羔羊重，育羔性能等信息。

生产信息库：记录羊群日记，各羊舍存栏羊群情况，年出栏羊数，年出栏商品羊重、价格、价值，年总受胎率、总繁殖率（分娩率）、流产率，初产及经产母产胎数，年总育成率，年总淘汰率、死亡率，饲料消耗等信息。

疫病防治信息库：记录疫苗接种时间、羊群，疾病发生种类、时间、发病个体、用药及次数、治疗效果，驱虫时间、药品及剂量等信息。

饲养信息库：记录不同生产阶段典型日粮配方、饲养操作规程与规范等信息。

通过对信息数据建立函数模型进行数据统计、生产消长趋势图形分析，判断生产中存在的问题，明确整改的方向及相应的技术措施，不断提升湖羊养殖技术及经营管理水平。

信息查询：通过互联网可以随时查询饲料生产、供应及价格，肉羊生产、销售及价格，各级政府对行业管理的政策与法规，疫病通报，饲养管理技术等信息。为湖羊场的经营管理提供决策支持。

湖羊产品销售：通过互联网、电子商务平台等途径，建立湖羊养殖企业产品宣传、销售窗口，既提高企业知名度，又拓展企业产品的销售渠道。

2. 物联网管理

物联网技术是近几年兴起的一种网络化管理、销售技术，已在农业生产中得到迅速应用，如湖羊场通过摄像探头监控羊场内实景就是一种简单的物联网技术。物联网管理技术在湖羊养殖场具有巨大的拓展空间、前景无法估量。湖羊养殖过程中的所有环节只要有相应的传感设备采集数据，都能进行物联网管理，实现人和物的高度整合，实施实时远程分析、控制与管理，可以以更加精细和动态的方式管理生产，达到"智慧"状态，提高资源利用率和生产力水平。如将来有一天湖羊场管理者的手机频频响起羊舍里的母羊高呼"我发情啦""我要生啦"的图景是完全可能的。

随着智慧手机与电子商务相结合的销售模式兴起，将来湖羊养殖场通过物联网技术，可以让消费者与湖羊养殖进行便捷的互动交流，随时随地体验湖羊养殖过程、畜产品加工过程，传播分享信息，缔造一种全新的零接触、高透明、无风险的市场销售模式。

3. 育种信息管理

育种信息管理一般用于种羊场的育种信息分析管理，市场上已有多款育种管理软件，对于公母羊繁殖群体较大的规模化商品湖羊养殖场也可考虑应用该软件来提高群体种质、生产性能。育种信息管理包括登记育种群体中每个种羊个体基本档案，如系谱档案、公羊采精、体尺外貌、生长性能、屠宰性能、抗病性能，繁殖性能（发情、配种、妊检、流产、产羔、断奶）等数据库；信息数据的统计、分析，指导个体的选种和选配、优化育种措施；实现种羊生长繁育全生命周期及日常经营管理的规范化和科学化。

九、提高湖羊养殖效益的措施

随着物流业的快速发展，湖羊养殖业已置身于国内甚至国际肉羊大市场环境下的激烈的竞争，区域湖羊养殖业如何生存、发展，获得较好的经济效益，是经营管理者最为关注的问题。笔者在此提出以下几个建议，供参考。

（一）饲养观念

提高湖羊养殖的措施中，饲养观念最为关键，也可以说是对企业、产业发展的理念，不同的理念体现不同的饲养措施。没有理念的更新，再好的新技术也是白搭。如从湖羊养殖规模或模式来讲，有传统散户养殖模式，其饲养措施就是有啥吃啥，实际上谈不上是什么措施，作为家庭副业，也有较好的效益，但随着社会、湖羊产业的发展，这种模式将逐渐退出市场。在有些新建的规模湖羊养殖场，聘用地方上曾养过湖羊的农民来饲养湖羊或管理湖羊场，尽管有规模，但饲养措施也类同于有啥吃啥，由于湖羊好养，企业也能正常运作。但这是一种湖羊规模化、养殖粗放型的生产理念，在此理念引导下的饲养员、管理人员一般对新技术、新工艺的应用兴趣不高。在市场趋于激烈竞争下，必然会遇到更大的生存压力。规模湖羊场精细化饲养管理的生产理念是必然的发展方向，是提高企业竞争力的最关键措施，在此理念下，经营管理者就会千方百计引入、尝试新技术、新工艺，培训饲养员、技术人员，不断提高湖羊养殖场的饲养管理水平，以获得湖羊养殖的高效益。

（二）技术创新及新技术、新工艺的引用

在浙江民间，各行各业均拥有强大的创新原动力，在湖羊养殖业中也不乏出色的创新案例，如湖羊离地平养技术，在漏粪羊床中应用木材、竹材、钢丝网、塑钢材等，在羊舍建筑中采用网格式墙壁等原创性技术和工艺。就地取材芦笋茎叶、茭白鞘叶、竹叶、笋壳等用作湖羊粗饲料的创新。将来必定也会有更多的创造、发明。

对于一般规模湖羊场来讲，原创新技术、新工艺相对较难，但是引用新技术、新工艺，进行技术集成创新相对容易，只要投入时间和一定财力、安排人员仔细执行，就可筛选出符合各自湖羊养殖场实际、切实有效的新技术、新工艺，因地制宜地建立饲养管理规程，形成独门功夫。具体的措施可以从以下几方面进行探索。

1. 饲养试验

饲养试验又称为饲养对比试验，是在生产（或模拟生产）条件下，探索与畜禽饲养有关的因子对畜禽健康、生长发育和生产性能等的影响或因子本身作用的一种研究手段。饲养试验因子有多种，如某一饲料、药物和饲养工艺等。

饲养试验是评定新技术、新工艺最有效、直观的基本方法，也是将畜牧生产技术和成果转化为畜禽生产力和效益的重要环节。饲养试验广泛应用于饲料资源开发及饲料营养价值评定；日粮优化配制筛选；免疫程序优化；比较不同药物治疗效果；比较各种饲养工艺、技术措施的优劣；不同品种、品系以及杂交组合生产性能的比较等。湖羊养殖中涉及的所有技术都可以通过饲养试验得到验证，为管理决策提供支持。

（1）饲养试验设计的原则与要求。

要有严谨的科学态度和高度的负责精神，实事求是地从事试验。试验前往往会设定一个预期结果，如果试验方案设计合理，操作过程严谨，即使未能达到预期结果甚至出现与预期完全相反的结果，也应以科学态度加以对待。并且对一结果的判定一般应重复三次同样的试验。如果为某种特殊目的而伪造或篡改数据，则是科学上的大忌，也是一种卑劣行为；既折损个人及企业的社会诚信度，也势必酿成更大的经济损失。

试验目的要明确，计划要周密，试验要有实际意义。试验目的一般是针对养殖中存在的问题，选择适当的技术途径进行解决，提高经济效益。根据设定的目标，制订试验计划与方案，明确试验操作步骤，避免盲目性与随意性，使试验有条不紊地进行。

（2）饲养试验的准备。

饲养试验开始前应起草计划书，必要时也可组织专家进行论证、咨询。计划书的编写涉及以下几个方面。

①试验项目的目的意义及必要性：在广泛调查研究的基础上，明确生产中迫切需要解决的关键问题及其对生产的负面作用，提出解决问题的基本技术思路，体现解决问题后对生产的促进作用，使之开展饲养试验具有实际意义。

②了解试验项目相关技术领域的研究进展：围绕关键词查阅相关资料，对已有的相关研究成果进行综合分析，为本次试验提供技术依据，使试验设计更趋合理、可行。既避免简单重复别人的劳动，又可少走弯路，体现试验的创新性。

③明确试验的研究内容及关键技术：提出要开展的一项或多项研究技术，如某一添加剂对羔羊生产性能与健康的影响、对母羊繁殖率的影响、对育肥羊生产性能的影响等，并提出最重要的实施技术，如营养优化技术。

④提出详细的实施方案和技术路线：由于不同研究对象的生产目标、衡量指标各有特点，因此，各项目技术实施的操作方法要符合研究对象的生产实际、并制订详细的实施方案。根据各项技术的关联层次，形成一个简单明了的流程图，即技术路线。

⑤提出项目达到的技术经济指标：如提高饲料转化效率、日增重、成活率、繁殖率的幅度，减少发病率、淘汰率幅度，增加经济效益量，项目实施期间该项目技术应用湖羊的数量等。

⑥预期的成果类型、推广应用前景、社会与经济效益：预期有成果类型，如技术报告、技术总结、论文、专利等；技术研发成功后计划用于湖羊数量，获得可新增的产值、利润，新增就业数、减少污染量等社会生态经济效益。

⑦试验的组织形式、实施地点、进度安排、经费预算和人员分工：组织形式有企业独家完成或与院校联合实施，是否采用主持人负责制或其他形式等。明确各项技术的具体实施地点。明确每一时间段的技术研发重点及实施进度、完成时间。提出试验所需的设备费、材料费、测试化验费、燃料动力费、差旅费、协作费、技术咨询费、人工激励费、管理费等，并明确经费的来源渠道，如企业自筹、政府资助等。对各项技术研发的具体工作需明确负责人、实施人员，责任到位，协同工作。

（3）饲养试验的实施。

①实验动物的选择：用于饲料方面试验的实验动物要求健康无病，品系、月（或年）龄、体重、性别以及遗传因素等尽可能一致，且在群体中要具有代表性。供试动物数量越多、试验结果的可信度越高，但工作量增大、费用增高。湖羊的饲养试验以每组 12 头为宜，也可再细化为每 4 头一个饲养单位、成为 3 个重复，使试验结果更具统计学价值。

②实验材料的准备：准备试验用的所有器具设备（羊栏、料槽和饮水器等），备齐和备足试验期所需的各种饲料，在试验前按各组饲粮配方进行配制、分装和存放。

③试验方案设计：又称为试验设计。有单因子试验设计以及多因子正交（或组合）试验设计之分。单因子试验是指各处理组之间只有一个因子不同，相对简单、易实施。对于目前湖羊场所具备的技术力量，能正常开展一些单因子试验已是非常可喜的进步了。多因子试验是指各处理组之间有二个以上因子不同，其目的是筛选出不同因子的最佳组合比例及互作效果。有条件的湖羊场也可开展多因子试验。如果试验分为两组，要求供试动物两两配对，即 2 头同胎、同性别、同体重的湖羊配对、再随机分入两个组中，保持供试动物的一致性，使组间无显著差异（$P < 0.05$），避免组间差异影响试验结果。

④试验动物饲养管理：对所选动物进行编号，驱虫，免疫等常规管理。试验时间设预试期和正试期。预试期一般 7~15 天，期间供试日粮由少到多、逐日替换试验前日粮，使各组动物逐渐适应各自的试验日粮。正试验期一般 30~60 天。定量饲喂或自由采食。日粮投喂分早、晚二次，早晨投喂日总量的 45%、傍晚 55%。试验期间仔细观察各组动物的健康、采食等情况，根据需要、酌情增减。注意饲料等样本的收集、保存，测定。

⑤试验指标的设定及方法：试验指标是衡量结果的标尺，根据试验目的设定相应指标。如某一添加剂对羔羊生产性能的影响，可设日增重、料重比（饲料转化效率）等。

日增重：试验前连续两天早晨空腹称重供试羔羊，取平均数作为初始体重，试验结束时再连续两天早晨空腹称重供试羔羊，取平均数作为试验末体重。日增重=（试验末体重-初始体重）/试验天数。

料重比：每日记录各组日粮投喂量，扣除剩量，并收集日粮样本、测定干物质含量，累计试验期间各组羔羊的干物质采食总量。料重比=干物质采食总量/（试验末体重-初始体重）。

⑥试验结果统计与分析：简单的结果统计可用百分比表示。一般可用SAS 9.1.3 单因素方差分析对生产性能指标进行统计分析，$P < 0.05$ 表示差异显著，$P < 0.01$ 表示差异极显著。得出科学结论或小结，撰写研究报告，提出改进方案和下一步的研究思路。

2. 饲料优化利用技术

饲料既是规模湖羊场生产中的主要支出科目，但又是提高养殖效益的最大潜力点。有些规模湖羊场的日粮配制带有较大的盲目性，不清楚日粮营养供给是否均衡，其特征性的表现如母羊产后瘫痪、羔羊死亡、白肌病、啃毛等，至于不易察觉的羔羊增重、母羊怀胎、初生羔重如何，只能凭着感觉走了。由于饲料配比的优化程度不同，同样的饲料原料在不同湖羊场饲用其饲养效果会有一定差异，因此，精细化湖羊养殖倡导应用饲料优化利用技术。

研究饲料优化利用技术的经典方法是评价不同饲料间的组合效应。卢德勋(2000) 对组合效应做了明确的定义，日粮的组合效应实质上是指来自不同饲料源的营养性物质、非营养性物质以及抗营养物质之间互作的整体效应。根据饲料间互作关系的不同性质，饲料间组合效应可分为三种类型：（1）当饲料间的整体互作使日粮内某种养分的利用率或采食量指标高于各个饲料原来数值的加权值时，为"正组合效应"；（2）日粮的整体指标低于各个饲料原料相应指标的加权值时，为"负组合效应"；（3）二者相等，则为"零组合效应"。如在低质粗饲料（如稻草、豆秸等）为主的日粮中补饲少量青绿禾本科牧草时，可显著改善纤维物质的消化率；获得正组合效应。而大量饲喂富含可溶性碳水化合物饲料会使日粮纤维物质降解率下降，如采食青贮料的绵羊，大麦补饲水平由 0g/kg DM 提高到 550g/kg DM 时，青贮料的消化率从 66.5 %下降到 61.5%（Boe, 1989）。

目前用于衡量组合效应的指标，主要是包括各种营养物质的利用率和消化率，动物对日粮或日粮中某种饲料的采食量以及动物的生产性能。

研究组合效应的方法，主要分为动物试验、体内消化代谢试验和体外试验三种。

应用动物饲养试验，测定动物对饲料的采食量和动物的生产性能，可以直观地反映饲料间的组合效应。只要设计好饲料组合方案，按一般饲养试验操作要求，即可开展饲料间组合效应评定。是湖羊养殖场研究饲料优化利用技术的有效方法。如严冰（2000）发现在氨化稻草基础日粮中，当菜籽饼与桑叶同时补饲时，湖羊的日增重比单独补饲菜籽饼时降低 19%~31%，比单独补饲桑叶时降低 15%~20%（$P < 0.05$），表明当菜籽饼与桑叶组合应用时产生负组合效应；进一步研究发现桑叶与各种饼粕类饲料间均存在负的组合效应（苏海涯，2002）。在稻草日粮中补饲桑叶或少量黑麦草可以提高稻草的消化利用率，获得正组合效应，是一种高效的饲料配制模式。

通过运动饲养试验评定组合效应的不足是：消耗大量的人力、财力和物力，且因试验动物个体间差异较大，试验结果的可重复性较差，不利于饲料组合效应的整体评定。

体内消化代谢试验常用尼龙袋法或指示剂法，测定饲料有机物的消化率，以评估组合效应。但尼龙袋法由于未经咀嚼和反刍，存在一定程度的失真问题，而且受瘘管动物的瘤胃微生物区系及微生态环境影响甚大，不易标准化；而指示剂法在重复性上也存在一定程度的偏差。

体外试验主要是人工瘤胃产气法，即体外产气法。体外产气法通过产气量同有机物消化率呈高度相关性、评定反刍动物饲料间组合效应。该方法具有容易操作、易于标准化、简单方便等优点，被广泛用于饲料间组合效应的评定。

对于湖羊养殖场来讲，通过动物饲养试验评价饲料间的组合效应，实现饲料的优化利用是可行的办法。而体内消化代谢试验及体外试验需要增加瘘管羊、体外产气设备以及具备较高技能的人员等条件，不易开展。

3. 强化疫病预防措施

对于规模湖羊场来说，疫病防控工作至关重要，通过有效预防措施，减少疾病发生，降低兽医成本，是提升湖羊养殖效益的重要途径。

（1）加强饲养管理。合理的湖羊饲养管理、尤其是日粮营养的均衡供给是确保羊群健康、减少疾病发生的基础，在良好的饲养管理条件下，羊体质健壮，抗病性强，可有效减少羊群常见病的发病率，同时也可降低传染病的流行风险。保持羊舍环境清洁卫生，及时清理粪便等污物，减少对环境的污染，降低因发酵和腐败产生的有害气体含量。确保供给的饲草无霉变、败坏及清洁饮水。切实做好蝇虫鼠害的防治工作。干净卫生的环境有利于羊的健康。

（2）优化免疫计划，做好疫苗接种工作。免疫计划的好坏可根据湖羊的生产力和疫病发生情况来评价，科学地制订一个免疫计划必须以抗体监测为参考依据。应根据当地疫情、动物机体状况（主要是指母源及后天获得的抗体消长情况）以及现有疫（菌）苗的性能，对疫苗类型、接种方法、顺序、时间、次数、方法、时间间隔等进行优化实施，使动物机体获得稳定的免疫力。有效预防传染病的发生。

（3）定期进行检疫。检疫是了解本养羊场主要疾病流行情况的重要途径。养羊场可根据需要进行定期的口蹄疫、衣原体、布氏杆菌病、结核病等疾病检测和检疫。对检测患有疾病的养只进行彻底的清除，场地、圈舍及用具应进行彻底消毒，以确保羊群的健康。

（4）加强寄生虫病的防控。对体内寄生虫应定期进行驱虫，对体外螨、虱、蜱、苍蝇等虫害应及时杀灭，控制寄生虫病的发生，可有效减少寄生虫带来的危害，提高养羊效益。

（5）做好常见病的防治工作。在良好的饲养管理条件下，湖羊病少，但在管理上也应勤巡查、细观察，尤其是羔羊易发的痢疾、肺炎等疾病应早发现、早治疗。做好常见病的预防与治疗工作，是确保羊群健康成长不可缺少的环节。

（6）规范卫生消毒工作。消毒必须做到定期化，制度化，定期交替使用广谱，高效，低毒的消毒剂；科学制定消毒程序，定期对羊圈的周围环境进行消毒，饲养阶段每周进行 1 次消毒，根据条件许可，进行带羊消毒。根据预防的需要，应建立更衣室消毒，兽医室，隔离舍，产房等。病死羊只应严格按照无害化处置要求进行处理。羊场内道路布局合理，进料（净道）和出粪（污道）道严格分开，防止交叉感染。规模羊场门、生产区入口处应设置与门同宽，长半轮的水泥结构车辆消毒池。

（7）合理规范用药。规模养羊场要严格落实兽药处方制度，定期采集一些常发疾病的病料进行细菌分离培养和药敏试验。根据实验结果，选择一些对疾病比较敏感的药物进行预 防、治疗。以防耐药菌株的产生。

第九章 湖羊产业链发展模式

一、湖羊产业定位

1. 湖羊畜产品的市场定位

随着时代的进步，目前我国绵羊按其畜产品的主要用途分为肉用绵羊和绒毛用绵羊，这是我国绵羊养殖业的主导产品，受到国家政策的大力扶持。湖羊是绵羊家属中一个集众多优秀性状的稀有地方品种，但在现代农业产业体系中既不属于肉用绵羊，也不属于绒毛用羊。国内养羊产业界及政府管理部门依然是根据绵羊的生产性能、其产品的类型和产品的用途，将湖羊划定为羔皮羊。湖羊羔皮亮丽、独具丰采，是其优秀种质特点之一，应该大力保护这一种质资源，无可非议。但是从湖羊养殖历史来讲，湖羊用作羔皮生产的时间极短，也就是二三十年时间；而且自 20 世纪 80 年代以来，湖羔皮早已有名而无市场、成为历史；还不如按湖羊种质特性来定位，把湖羊定为多羔绵羊或耐湿热绵羊，更有市场价值、也名副其实。

历史上湖羊的产品用途一直是个肉用绵羊，用作羔皮只是湖羊历史长河中的一个短小插曲。因此，从历史及发展的观点出发，将湖羊的市场定位于羔皮羊是值得商榷的。荣威恒、张子军先生在《中国肉用型羊》（2014）一书中将湖羊定位于地方肉用型绵羊，还原了湖羊的历史定位，体现了当前湖羊产业的市场价值。

2. 湖羊畜产品在消费市场中的作用

湖羊具有众多的优异种质特点，每一特点在羊肉的市场供给中均可起到重要作用。

（1）利用早熟特性，生产肥羔羊肉。6 月龄湖羔羊体重可达到 40kg 以上，正是体脂沉积丰盛时，是生产肥羔羊肉的最佳绵羊品种，也是将来羊肉消费市场潜在的增长点，符合国际羊肉消费潮流。

一直以来产业界认为湖羊产肉性状是其种质的不足之处，但这是一种相对的误解，是对湖羊种质特性以及养殖、育种技术进步了解或掌握不足的偏见。譬如拿周岁湖羊与其他肉用绵羊比较产肉性状，湖羊因个体略小、处于劣势，且这时的湖羊也有些"老"了。但如果拿 6 月龄湖羊与其他肉用绵羊比较产肉性状，那么国内众多的肉用绵羊可能只是一付骨架，而湖羊的产肉率、肉质性状可以让屠宰加工企业、消费者喜笑颜开。

（2）利用耐湿热特性，丰富南方地区羊肉就地供给途径。我国的肉羊主产区在北方，是北方地区畜牧业中的主导畜种，也有传统的消费市场。在我国所有的绵羊品种中，唯有湖羊能适应南方地区高湿、高温的自然环境，传说中浙江是我国绵羊养殖区域的最南端，现实中湖羊在福建、江西也能养得很好。因此，笔者认为将湖羊拓展到海南岛养殖也是可以尝试的。

随着生活水平的提高、消费观念的转变，目前南方羊肉消费市场呈蓬勃发展态势。我国现行的将北方活羊长途运往南方的销售模式存在非常大的生物安全风险，不会是长久之计。将屠宰后的羊肉、通过冷冻运往南方的模式正在兴起，但烹饪后的羊肉风味需要有相对专业的技术，传统消费者的观念也需要更新。笔者认为南方的羊肉消费市场可能是将来促进我国养羊业发展的潜在增长点。而湖羊是实现羊肉就地供给的重要途径。

（3）利用多羔特性，增速羊肉产量。母羊繁殖力是制约羊肉生产的天然因素，在世界范围内，拥有多羔性状的绵羊品种极为稀少，湖羊是拥有多羔性状的稀有绵羊品种。四季发情，2 年 3 胎、一胎 2~4 羔为常态，母性好、泌乳性能强，育羔能力无与伦比。利用湖羊的多羔特性，可以实现羊肉供给侧的快速调剂。

3. 湖羊在农业生产中的定位

随着养殖模式、养殖技术的进步，湖羊在养殖过程中基本不产生污液，也少有异味，在距规模湖羊场 50m 外就不会感受到如禽、猪养殖场那种污浊空气。因此，现有畜牧法规的某些条款以及传统畜牧业对区域环境污染的观点并不符合于湖羊养殖实际。

离地平养模式收集的湖羊粪是优质、高效的有机肥，广为果蔬种植业者所认可，用湖羊粪栽培的果蔬不但产量高、且口感质地深受消费者青睐。因此，浙江规模湖羊场的羊粪收入基本可抵去饲养员的工资，这在我国畜牧业中独一无二。

湖羊耐粗，不挑食，适用饲料来源广，吃啥都能长，给点精料长更快。农作物生产过程中往往产生大量的废弃秸秆，如稻草、油菜秆、玉米秸、麦秸等，焚烧，污染大气，被政府禁止；自然腐烂或加腐熟剂催烂，实际上是将明烧改为"暗烧"，而南方多雨，腐烂后的秸秆若不能深入土壤，又可能成为污染地表水的源头。另外，秸秆还田可能存在作物病害风险、影响作物生产。湖羊能利用废弃作物秸秆，实现废弃秸秆的就地消纳。因此，湖羊产业是解决废弃农作物秸秆污染的人类帮手，青山绿水，美丽乡村建设的高效"清洁工"，种、养产业融合，生态循环农业中最高效途径，在畜牧业中，湖羊产业是与"种"不同的畜产业。

二、以湖羊为中心的大农业循环发展模式

1. 建设的必要性和意义

湖羊是国家级重点保护的地方品种，具有生长快、肉质鲜嫩、膻味轻淡及四季发情、一胎多羔的高繁殖性能。2016 年浙江湖羊存栏量 125.7 万只、出栏 120 万只，实现产值 11.5 亿元。在各级政府政策引导下，湖羊生产呈现快速增长态势，养殖模式由散养方式逐渐向规模化养殖方向的转变，农牧结合、发展生态牧业已有较多案例，千只以上规模养殖场已成为发展主体，社会资本投资湖羊养殖热情高涨。羊肉屠宰加工企业正在兴建，产业链不断伸展。湖羊养殖产业化发展形势喜人。

湖羊养殖业已成为浙江农业中发展最快的产业，但与产业可持续发展相配套的设施、技术、模式等方面尚未同步共进，产业发展所需的饲料供给体系不健全，而农田抛荒、废弃作物秸秆遍地开"花"现象普遍存在，养殖技术研发滞后，产业链尚不健全、无地方优势品牌，可持续发展模式不清晰等方面问题迫切需要解决。针对浙江湖羊养殖产业可持续发展面临的问题，建议建设以湖羊为中心的大农业循环经济发展模式。

传统农业经济发展消耗了大量资源，在生产畜产品的同时，也产生了大量的粪尿和废水，对环境造成了极大的污染；种植业大量使用化肥，导致土壤退化、氮磷等面源污染。并且随着规模的不断发展，这种污染和破坏越来越大，将制约农业的可持续发展。以湖羊为中心的大农业循环经济将构建"资源—产品—再生资源—再生产品"的多级循环产业模式，是优化农业产业结构，合理利用资源、保护生态环境，推进农业可持续发展的一种新的、具鲜明区域特色的经济形态。

循环经济的减量化原则要求在农业生产过程中减少废弃物的产生量，如将种植业产生的废弃秸秆通过饲料化利用技术，成为湖羊饲料，减少秸秆的污染；通过湖羊日粮营养优化技术，减少湖羊养殖过程中的有害物质排放，

保护生态环境。再循环原则要求把湖羊养殖中产生的废弃物无害化、资源化、生态化而循环利用。如羊粪作为作物的优质有机肥，用于绿色果蔬生产，既达到肥田的效果，又避免了因随意排放污染环境。该模式按照生态系统内部物种共生、物质循环、能量多层次利用的生物链原理，以农业资源消耗最小化、污染排放最小化与废弃物利用最大化为原则，达到农业生产环境的控制、废弃物综合循环利用目的同时，又生产出优质的农产品，使资源、环境、人口、技术等因素与农业的发展相协调，以确保当代人和后代人对农产品的需求得以满足，实现区域农业经济的可持续发展。

2. 建设的总体目标

综合开发土地资源，在保障粮食生产的基础上，适度发展饲草生产，建立适用于不同区域"饲、经、粮"高效农业种植模式及相应的种植技术，实现亩产牧草 10t 以上；大力开发废弃作物秸秆饲料化利用技术、牧草青贮技术，建立饲料周年均衡供给体系；建立"低碳氮减排型"高效湖羊健康饲养模式及管理技术；开创性地形成饲草（经济作物）种植、秸秆加工，湖羊养殖，粪尿利用、改良土壤的规模化生态平衡型农牧产业技术体系；组建羊肉加工、销售体系，培育地方品牌。建立相应的示范基地。

3. 建设内容

（1）组建以湖羊为核心的大农业循环经济模式。

① 以区域资源再生利用为主线，建设小区域资源循环工程模式（小循环）：形成太阳能→作物→饲料→湖羊养殖→羊粪→作物。构建废弃物减量化循环产业模式（图 9-1）。

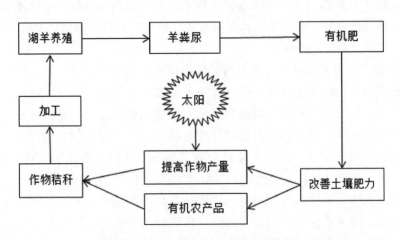

图 9-1　湖羊养殖业与种植业废弃物减量化循环利用模式

② 以现代概念的食物链为主线，建设全产业链循环模式（大循环）：以作物、湖羊、人类（消费者）、腐植生物肥、土壤生态等环节为核心，构建"资源—产品—再生资源—再生产品"的多级循环产业模式（图 9-2）。

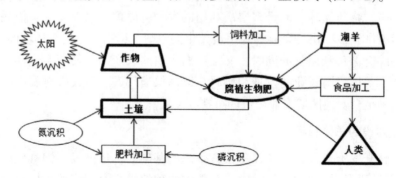

图 9-2　湖羊的全产业链循环基本模式

（2）重点支撑技术研发。

① 饲草周年均衡供给及种植模式关键技术研究。

研究目标是湖羊养殖业要实现高效、持续发展，必须依托饲草业的强力支撑。开展以研发生态保护型饲料生产为核心，构建高产、高效、生态"饲、经、粮"三元种植模式，建立牧草高产栽培技术及加工调制技术，实现亩产饲草 10t 以上，实现优质牧草的常年均衡供给。

研究内容：以丰富和增加不同来源和性质的饲草资源为目标，引种禾本科、豆科等优质、高产牧草，筛选适应当地生产的优质、高产、抗病虫牧草品种；探索粮经饲（如玉米、经济作物、豆科牧草兼作套种）"三元"结构种植新模式及其超高产配套栽培管理技术体系，提高土地综合生产能力和利用率。建立优良牧草种源基地；开展牧草（作物废弃物）调制加工技术研究，实现青绿饲草周年均衡供给。

② 作物秸秆及食品加工副产物饲料化利用关键技术。

研究目标是就地取材解决湖羊养殖业所需的饲料供给，是实现湖羊养殖高效、可持续发展之根本。因地制宜地开展区域种植业、食品工业产生的废弃物资源化利用技术，创新作物秸秆收集模式，实现废弃物就地消纳，又丰富湖羊饲料供给途径。体现湖羊产业在美丽城乡建设中的作用，达到农业、作物、畜牧业、食品加工业生产的多赢，生态、经济、社会效益的统一。

研究内容：不同区域因经济作物栽培品种各具特色，要因地制宜地开展相应研究。研究不同秸秆的营养特性、预处理加工技术、贮存技术，通过组合效应评价，建立秸秆优化利用技术。开展食品加工业、甚至中药加工业产生的糟渣类废弃物的饲料化利用技术。

③ 湖羊健康高效养殖与低碳氮减排关键技术研究。

研究目标是以提高当地饲料资源利用效率，减少湖羊疾病，保障湖羊高效健康生产为目标，建立离地平养模式的日粮高效饲喂技术及管理体系、繁殖母羊养殖技术、羔羊早期断奶技术，生长肥育技术等，湖羊日增重达到250g以上，母羊年均供羔数4.5只以上。

研究内容：针对不同来源和性质的潜在饲料资源，通过青粗饲料高效利用技术、能量饲料的节约替代技术、蛋白饲料优化利用技术以及日粮优化调控减排技术等关键技术研究与示范，显著减少湖羊疾病的发生；并形成青绿饲料、农作物秸秆、各类饼粕、各类糟渣等饲料资源高效利用配套技术体系，显著降低瘤胃发酵的甲烷产生量，大幅度提高区域饲料资源利用效率，发展农村循环经济，加快建立低碳氮减排型湖羊生产提供技术支撑。

④利用湖羊粪改良土壤、栽培作物关键技术研究。

研究目标是通过再生资源羊粪的合理利用，提高土壤肥力、改善土壤生态、减量化肥施用，获取高产、优质再生产品作物。建立湖羊养殖废弃物资源化、无害化、生态化循环高效利用技术；优质农作物生产可持续发展、高效栽培技术。

研究内容：针对作物栽培过程中因大量施用化肥导致的氮、磷面源污染、土壤退化等状况，研究湖羊粪在土壤中的转化过程、产物、控制因子及其对提高土壤有机质含量和潜在饱和容量的作用效果，并结合当地主要粮食、经济作物和牧草生产，研究湖羊粪施用与农田养分循环、农产品和牧草品质之间的定量关系，形成湖羊粪资源再循环与地力提升技术体系。实现湖羊粪生态循环利用和区域消纳，化肥减量、地力提升、作物栽培持续发展。

4. 建设的保障措施

（1）完善以湖羊为核心的大农业循环经济的保障体系。

发展以湖羊为核心的大农业循环经济，坚持政府引导和市场机制相结合，完善项目相关保障体系是关键。畜牧业循环经济的保障体系包括政策保障体系、法律保障体系、组织保障体系、环境管理保障体系和绿色技术支撑体系等。政府要树立发展循环经济的新理念，加强领导，推进制度创新，建立激励机制，充分发挥协调和服务职能，切实做好发展以湖羊为核心的大农业循环经济的组织、引导、服务和推力工作。财政部门应增加对循环型农业的财政投入。环保部门应大力加强农业环境管理，制定适合发展以湖羊为核心的大农业循环经济的相关规章制度，保证以湖羊为核心的大农业循环经济的健康发展。

（2）加强发展以湖羊为核心的大农业循环经济的舆论宣传。

发展以湖羊为核心的大农业循环经济对节约资源、保护环境、实现农业可持续发展等方面具有重要意义。但目前人们普遍对以湖羊为核心的大农业循环经济的重要性不甚明了。只有让广大农民明白以湖羊为核心的大农业循环经济的科学道理和综合效益，才能促进区域农业可持续发展。因此，政府必须采取有力措施，通过报刊、广播、电视等各种媒体大力宣传以湖羊为核心的大农业循环经济的知识，迅速增强民众的绿色消费和环保意识，激发民众发展循环农业的热情，培育和提高民众的参与能力，只有这样，循环农业才能得到真正的推广和普及，才能使区域农业真正走上经济效益、生态效益和社会效益相协调的发展道路。

（3）加快以湖羊为核心的大农业循环经济高新技术研发。

发展以湖羊为核心的大农业循环经济，涉及环节众多，技术要求较高，必须改变现有生产方式，实现从注重数量和规模的粗放式外延发展，向数质并举的集约型发展转变。因此，需要加强以湖羊为核心的大农业循环经济技术研究。应充分利用科研资源，加强科研单位、大专院校和龙头企业的合作，积极争取项目、技术和资金支持，加快高新技术的研究开发，改造传统畜牧业的发展模式，把养殖、种植、加工和服务业等有机结合起来，并在农村建立模式试点示范基地，以点带面，加速科技成果的推广，用科技支撑以湖羊为核心的大农业循环经济的持续稳步发展。

（4）积极推进湖羊养殖产业化发展。

畜牧业产业化是我国畜牧业发展的根本方向，也是发展畜牧业循环经济的重要途径。畜牧业产业化把农户经营有组织地引入市场，有利于提高循环畜牧业的比较效益，实现循环畜牧业的持续发展。以湖羊为核心的大农业循环经济是经济再生产过程与自然再生产过程的有机交织，涉及养殖业、种植业、加工业、服务业等与发展循环经济相配套的产业，只有调整优化产业内部和彼此之间的结构，建立"资源—产品—再生资源—再生产品"的多级循环产业模式，才能保证以湖羊为核心的大农业循环经济的持续健康发展，实现湖羊养殖业的产业化。

三、合理布局，学科联动创新、促进产业融合

（一）合理布局新建湖羊场

对于标准化畜禽养殖场的建设，国家规定畜禽养殖场所处位置应与生活

饮用水源地、居民区和主要交通干线、其他畜禽养殖场及畜禽屠宰加工、交易场所保持一定距离，建在地势高，排水好，通风干燥之处。对于新建规模湖羊场的选址来讲，除满足以上条件外，最好应了解建设区周边农作物栽培的情况，将羊场建在农作物秸秆资源丰富的区域，既确保湖羊养殖所需的粗饲料供给，又可以减少农作物秸秆的运输费用。由于作物秸秆一般体积蓬松，运输费用是制约作物秸秆饲料化利用的主要影响因素，建议作物秸秆的适宜运输距离以 50 公里以内为好。因此，根据农作物生产情况，合理布局新建湖羊场，既可以实现秸秆的就地消纳，又可降低湖羊养殖成本。为农业产业间的融合创造条件。

（二）学科联动创新、促进产业融合

湖羊养殖业是大农业中的一个子产业，在传统的经济技术条件和生产方式下，湖羊养殖业与第二产业、第三产业相对分立，从事湖羊养殖业者无法从第二产业、第三产业中分享到利润，在湖羊全产业链的利润分配中，养殖者所分到的利润一般只有 5%、甚至更低，这也是我国传统农业生产的通病，而在第二产业——湖羊畜产品加工业等、第三产业——销售服务业等分别能获得 20%左右的利润，因此，经营者仅仅养殖湖羊，难。推进湖羊产业融合就是要求湖羊养殖企业跨行业经营，如"养羊、宰羊、吃羊、喝羊汤、种葡萄、酿葡萄酒、建葡萄酒庄"，就是对三产融合的形象比喻。通过经营二、三产业，延长湖羊养殖企业的产业链，扩充价值链，逐步淡化与二、三产业的边界，选择合适的商业模式促进其发展，分享产业链环节的增值利益，实现增产、增值、增效、增收有机结合，拓展湖羊养殖业的多种功能，提高湖羊养殖的综合效益。

为此，中央 2015 年"一号文件"首次提出，大力发展农业产业化，要把产业链、价值链等现代产业组织方式引入农业，促进一、二、三产业融合互动。中共十八届五中全会关于"十三五"规划纲要的建议中，也强调要推动一、二、三产业融合发展。产业融合已经是农业发展的一大趋势，也是当前我国农业产业创新、转型升级的新方向。

农业产业融合是指在技术和制度环境的创新、推动下，促进传统农业与第二产业、第三产业或农业的子产业之间相互渗透、相互交叉，使资源配置趋于优化、最终融为一体，逐步形成新产业的动态发展过程。湖羊养殖业与种植业的融合由来已久，如图 9-1 所示，是农业不同子产业之间按照生物链系统循环的内在逻辑进行融合，使系统内各生态环节的投入与产出紧密衔接，进而提高系统内能量转换率和资源利用率，形成现代农业发展的新业态——

生态农业，从而达到保护生态环境的效果。

湖羊养殖企业涉足湖羊畜产品加工、餐饮、通过电商销售等的产业融合模式已在浙江地区初具雏形。如桐乡运北秸秆利用合作社年饲养湖羊5000只以上，通过委托食品加工企业生产袋装红烧羊肉，电子商务平台以及依托乌镇旅游景区实体店销售羊肉制品。又如临海闾山岙湖羊场，年饲养湖羊3000只以上，养殖场结合区域山水特色，投资建设以烤全羊为招牌的休闲、餐饮服务业。这些模式都是湖羊养殖业与二、三产业融合的基本业态。产业融合必将是浙江湖羊养殖业的发展方向。

湖羊产业融合发展任重而道远，尚需从各个方面不断探索、创新。

1. 产业融合下的湖羊产业化建设内涵

在产业融合下的现代湖羊养殖业应该是集规模化、集约化、生态化、融合化、可持续化的发展模式，湖羊养殖业不仅仅是提供人类生活的安全畜产品，还应体现其巨大的经济功能、文化功能、社会功能和生态功能等，挖掘其潜在的巨大附加值。目前浙江的湖羊养殖业已在规模化、集约化、生态化方面取得显著成果，在产业融合方面也有个别湖羊养殖企业开始探索，并初见成效，但湖羊养殖业的多功能性体现不足。而绝大多数的浙江湖羊养殖企业在产业融合方面仍处于观望阶段，因此，在浙江湖羊产业界呼声最高的还是湖羊养殖"难"，无利可图。

根据现代湖羊养殖的产业发展趋势分析，如果湖羊养殖企业不能实现有效的产业融合，那么其生存空间将会越来越小，由此，也不可能实现可持续发展；产业融合的程度也将成为湖羊养殖企业生存、发展的标尺。

在产业融合要求下，浙江湖羊养殖业尚处于产业化初期阶段，要实现湖羊养殖业的产业化还需走很长的路。

2. 技术创新与应用，驱动湖羊产业融合

由于湖羊养殖业与技术创新和应用尚未能与实际生产充分融合，已成为制约湖羊养殖产业化发展的主要瓶颈。如科研投入较少、技术创新资源配置不合理，研发投入效率低下，技术研究与现实生产脱节，新技术鱼目混珠；湖羊养殖从业者受教育水平限制、科技素质偏低，技术创新推广、应用不足；使湖羊养殖技术发展缓慢，普及和应用水平总体不高。导致湖羊养殖业的产业融合基础薄弱。

学科交叉、融合已成为技术创新、人才培养的重要途径。同样，不同产业融合涉及交叉学科的技术创新及科技成果转化，技术的创新与应用是产业融合的基础，也是湖羊养殖产业融合发展的催化剂。如动物营养技术、生物

技术、饲料加工机械等是饲料工业发展的基础之一，将饲料工业中的某些技术成果融合到湖羊养殖产业之中，可以改变传统湖羊的养殖工艺，提升湖羊的养殖技术。废弃作物秸秆饲料化利用技术，促进湖羊养殖业与种植业的融合。食品加工技术的融合，丰富湖羊畜产品的市场供给方式。互联网技术的融合，改变湖羊畜产品的销售模式。餐饮、休闲旅游服务业的融合，创新湖羊养殖产业的社会功能。多学科联动促进科技创新与成果应用，加速"技术革新—产品融合—市场融合—产业融合"的进程，提升湖羊养殖产业综合竞争力。

在技术创新与应用工作中应着重于高端羊肉生产及精深加工技术的创新，形成系列产品，大力宣传与众不同的羊肉营养价值，拓展消费群体。又如融入中医的保健理念，提升羊肉产品的产业层次。

3. 建立利益联结机制，培育融合型的经营主体，推进湖羊产业融合发展

近几年来，浙江湖羊养殖业获得了快速发展，出现了家庭农场、龙头企业、美丽牧场等经营主体，但绝大多数湖羊养殖主体尤如一叶小帆在浊浪滔天的大海中奋勇搏击，仍然没有跳出传统农业经营模式下的苦海，湖羊养殖效益提升有限。由此，尽管有行业主管部门推出了湖羊协会这类的产业组织，但因无利益上的联结，无法整合各个经营主体、形成合力，产业融合无路可走。为此，政府应该扶持、构建以家庭农场、龙头企业为基础，与饲料加工业、畜产品加工业、餐饮旅游服务业等上下游产业的合作与联合为纽带，科研、产业互联网等社会化公共服务为支撑，打通全产业链条、促进要素融合，培育融合型的经营主体，推进湖羊产业融合发展，使湖羊养殖者享受产业链经营的多重利润。

4. 利用互联网优化湖羊产业融合链

随着互联网技术迅猛发展，移动互联网、大数据、云计算以及智能终端等技术正在不断地融入农业生产和经营领域，以互联网技术为基础的物联网、电商平台、产业互联网等新兴产业形态不断涌现。其中产业互联网是围绕某一产业的经营、发展，利用计算机网络和通信工具，打破单一产业价值链及地域限制，以生产和经营过程及技术、产品、要素和服务为中心，将有能力、有意愿参与产业经营、发展的政府、金融、企业、科研院所、消费者等连接起来，形成虚拟产业集群以及全产业链的资源聚集，强化机构之间的协作，实现系统软硬件、人、财、物等资源的互利、共享而形成的动态网络。互联网技术已成为产业融合、实现产业链优化的高科技手段，将产生巨大的经济效益。

互联网技术优化生产管理环节：在规范化管理的湖羊种羊场利用计算机技术对种羊的系谱、个体生产性能测定等结果进行管理、分析，应用种羊育种软件系统等技术提高育种效率；通过摄像头组成初级物联网，监控养殖过程等技术已在湖羊养殖中得到应用，跨出了信息化管理的第一步，但至今尚未建立完整的湖羊产业互联网。我国在其他畜牧生产中已有相对完整的互联网技术优化生产管理环节的案例，如政府创建的奶牛 DHI（奶牛生产性能测定）系统，将测定的产奶量、乳脂率、乳蛋白率、乳糖、干物质、体细胞数等结果登记在云端，建立奶牛个体档案，对奶牛生产进行系统化的管理，同时通过生产数据对奶牛的整体情况进行分析、评估，为牛场管理牛群提供科学的方法和手段，同时为育种工作提供完整而准确的数据资料。又如大北农集团创建的"猪联网"，搭建虚拟产业集群平台，为养猪户提供饲料、疫苗、动保、技术培训、专家指导等全方位的综合服务。

互联网技术优化交易环节：在传统的畜产品交易环节中，由于信息的不对称性，往往导致养殖者处于被动状态，极易造成交易成本的增加。产业互联网的融入，使集群内部的成员实现无缝对接，通过线上的交流带动线下的互动，既拓宽产品的交易渠道，又节省交易成本。同时通过虚拟产业集群中的大数据、及时估算产品的市场价格，避免讨价还价环节。在产业互联网中，买卖双方的资金交易以电子方式实行第三方支付、结算，以确保买卖双方的利益，同时成为集群内部的成员信用及金融机构贷款的重要依据。因此，通过产业互联网这一平台，实现要素快速整合、交换，实现产地、流通、市场等的无缝对接。如果说湖羊是"身体"，那么互联网就是"翅膀"，借助互联网，现代湖羊养殖业可以养得更好、飞得更高更远。

5. 湖羊文化建设提升产业融合层次

在市场和全球化的压力下，现代农业的发展越来越缺乏地域特色，多样性下降。湖羊是南方地区唯一的绵羊品种，极具特色和文化底蕴，体现多样性价值的独特景观。湖羊从北方来到浙江大地的演变、生生不息的历史就是宝贵的文化遗产，是人类通过与自然长期协调发展、适应区域自然环境，创造出的特色农业系统。在浙江湖州，湖羊是国家地理标志保护产品，共同打造地标畜产品品牌，将提升湖羊产业融合层次。

发掘湖羊产业的文化功能，可以延伸产业链，加快其产业融合，使湖羊种质、产品不仅仅具有单纯的物质产品的特性，而且具有满足精神需求的文化属性，使人们通过观赏或直接参与农事活动，不仅可以得到休闲，还可以获取审美和教育的效果，使人们在得到身心健康的同时建立与自然和谐发展的价值观。在湖羊产业链中，融入文化创意元素，可实现湖羊产业链的外延增长和内涵发展，提升区域湖羊养殖业的吸引力和影响力，拉动产业转型升级，大幅提升湖羊产品的附加值。

开发湖羊肉营养文化，赋予羊肉保健功能。羊肉蛋白质的含量高于猪肉，而低于牛肉；脂肪的含量，介于猪肉和牛肉之间；羊肉含有的钙和铁高于牛肉和猪肉。湖羊肉肉质细嫩，膻味轻淡，味道鲜美，容易消化吸收，营养丰富，每 100g 羊肉中内含有水分 74.3g，蛋白质 20.8g，脂肪 4.8g；维生素 A 22μg，硫胺素 0.05mg，核黄素 0.14mg，尼克酸 4.5mg；钾 232mg，钠 80.6mg，钙 11mg，镁 20mg，铁 2.3mg，锰 0.02mg，锌 3.22mg，铜 0.75mg，磷 146mg，硒 32.2μg。具有蛋白质含量高，脂肪含量少，胆固醇含量则是肉类中最低的，热量高的营养特点。羊肉可制成许多种风味独特、醇香无比的佳肴。红烧羊肉，白烧羊肉，烤全羊，涮羊肉，羊肉汤煲，羊杂汤，烤、炸羊肉串，葱爆羊肉，秘制酱羊肉等，是老少皆喜食的美味食品（图 9-3）。

图 9-3　羊肉佳肴示例

祖国医学对羊肉疗疾有众多记载。中医认为，羊肉味甘性热，有补肾壮阳、暖中祛寒、温补气血、开胃健脾之功效。如《本草纲目》曰，羊肉能"暖中补虚、补中益气、开胃健身，治虚劳寒冷……"。《本草从新》曰，羊肉"补虚劳，益气力，壮阳道，开胃健力"。《罗氏会约医镜》曰，"人参补气，羊肉补形"。《名医别录》曰，羊肉能"安心止惊"。金代李杲曰，"羊肉有形之物，能补有形肌肉之气。故曰补可去弱。人参、羊肉之属。人参补气，羊肉补形。风味同羊肉者，皆补血虚，盖阳生则阴长也"。因此，羊肉可用于治疗气血不足，产后腹中冷痛，虚劳羸瘦，脾胃虚冷，腹痛反胃，肾虚阳衰，腰膝酸软，尿频阳痿之疾。历来被当作秋冬御寒和进补的重要食品之一，多吃羊肉有助于提高身体免疫力，可补体之阳虚，补血益肾填精，抵御寒邪。另外羊肉消脂，因其含大量左旋肉碱，可促进脂肪代谢，有利于减肥，尤其是虚胖人士多食羊肉有益健康。

利用中医药理论开发羊肉新产品，突破南方居民夏季不吃羊肉之民俗。古有"当归生姜羊肉汤"，治带通乳，有益产妇之创举。现也可将中医药文化融入羊肉产品中。由于羊肉性热，南方居民夏季食之担心易发热疮，用阴阳理论析之，发热疮者多为阳盛阴虚之体质，导致阳更盛阴更虚，发之，因此，阳盛阴虚体质之群体应少食。而阳弱阴盛体质的群体可多吃羊肉，冬疾夏疗即合时宜，因此，女性群体多食羊肉健体美貌。对于阴阳平衡体质的群体，可以通过加入寒性中药烹饪，去其热缓其性。

因此，开发湖羊肉营养、保健文化，给产业、产品赋予丰富的文化内涵，尤如人的灵魂，必将拥有更强大的生命力。促进湖羊产业与消费服务业融合。

6. 推进横向产业融合，实现区域产业联动，壮大休闲农业规模

农业与制造业、旅游业的融合，催生了休闲农业，其发展经历了观光农业、体验农业和旅游农业三个阶段。旅游农业集成了观赏、采摘、垂钓、休闲、娱乐、餐饮、度假、体验、学习、健康等内涵。其本质是利用农村自然环境与人文资源，开发各种形态休闲产品以适应人们娱乐消遣并达到身心放松和自我发展的一种新型产业形态。休闲农业因其促进城乡一体化发展、改善农业产业结构，增加农民收入和解决农村劳动力等方面的显著作用而获得快速发展。

在一定区域（村、或镇）内以湖羊养殖业与种植业融合为主体，同时整合食住行游购娱六大要素资源，形成横跨多个子产业的融合性经营主体。一是促进农业子产业间联动，发展循环农业、绿色农业、有机农业，降低各子产业的交易成本，提高农业经济效益；二是解决农村环境污染问题，实现美丽乡村建设；三是丰富休闲农业内涵及多样性、拓展新型产业规模，让旅游者通过学习、体验获得更好的自我发展；四是通过精心设计与策划形成各具特色和内涵的一村（或镇）一品牌。

根据区域产业特色，整合各类资源，实现产业联动。通过创新创意开发湖羊养殖与油菜、菊花、芦笋、茭白等种植业的融合，与竹笋、茶叶、果树等经济林种植的融合，与蚕桑业、水产养殖业的融合等模式。同时开发生态型特色餐饮系列产品，打造传统民居，创意娱乐羊车，开发羊骨、羊皮、羊

毛工艺品及系列优质农产品，发掘特色民俗技艺娱乐项目等。打造让游客来了不想回，回了还想再来的高端休闲农业品牌。

7. 加强政策联动，促进资源整合，服务产业融合

浙江省各级政府高度重视湖羊产业的发展，出台了"湖羊振兴计划""美丽牧场""循环农业"等多项扶持政策及专项扶持资金，有力地促进了湖羊产业的发展。但是在产业融合趋势下，湖羊产业依然处于产业化初级阶段，产业结构相对割裂、产业链短而不健全，技术创新不足、普及和应用水平总体不高，公共服务及保障水平偏低、涉及湖羊生产的产前、产中、产后的一系列服务基础设施和体系薄弱，产业主体实力普遍不强、整合不足等一系列问题制约了湖羊产业融合的进程。根据目前浙江湖羊养殖的主体实力，仅靠市场调节推进湖羊产业融合将呈龟速前进，需要政府、市场、社会的共同作用，而完全依靠市场作用将制约现代湖羊养殖业的发展速度。政府扶持和社会支持是推进湖羊养殖产业融合发展的重要手段。

根据现代湖羊养殖业规模化、集约化、融合化、生态化、可持续化的发展模式，进行因地、因业制宜的科学规划和设计，只有通过精心设计，才能形成新的湖羊产业形态，这是实现产业融合的前提。集中政策和资源着力构建以家庭经营、龙头企业为基础、合作与联合为纽带、社会化服务为支撑的"立体式融合型现代湖羊养殖业经营主体"，促进家庭经营、龙头企业、合作经营主体的一体化集群集聚发展。政府组织创建湖羊产业互联网，实现多层次、多环节和跨空间的组织创新，开创社会化服务新体系，引领现代湖羊养殖业一、二、三产业的融合发展。以新型主体为载体，实现政策联动、技术集成、服务集成，积极探索以湖羊养殖企业为主体的科技创新与产业融合发展之路。

四、浙江省产业融合建设示例

例一：湖州咩咩羊牧业有限公司

湖州咩咩羊牧业有限公司位于吴兴区埭溪镇联山村，公司周边都是山林，间有毛竹林、白茶园、果园、苗木等产业基地，一年四季满目苍翠一片绿，空气清新怡人心。周围2km范围内没有村庄和农户，距离德清县城武康镇5km，距离G25高速公路入口8km，距离104国道3km，距离杭州40km。优越的自然环境和便利的交通，成为公司打造湖羊产业园中园的首要条件，占据天时、地利，加上公司经营者的开拓进取精神，成就了区域农牧旅商产业的融合发展。

　　湖州咩咩羊牧业有限公司成立于 2007 年冬，从最初的 58 只湖羊起步，经过十年的发展，现有湖羊标准化养殖场 2 个，存栏湖羊 4000 余头。是国家标准化养殖示范基地，浙江省首批美丽生态牧场，国家湖羊保护区（吴兴区）核心保种场，浙江省一级种羊场。

　　公司从最初的单一养羊，发展到现在的湖羊养殖，羊肥加工、观光休闲、农家餐饮、山居民宿、垂钓娱乐，亲子体验等三产融合经营。与其说是主动发展，不如说是被市场逼出来的。2012 年和 2013 年，湖羊种羊供不应求，北方客户排着队要羊，最高时每 500g 卖到 32 元。但好景不长，2014 年初的小反刍兽疫彻底打败了"杨贵妃"，羊价一落千丈。这时候市场倒逼公司走转型升级、提质增效的供给侧改革。2014 年公司逆势而上，上马新羊场的建设，打造一个一、二、三产业融合的湖羊产业园中园。建造了一幢独立的民国风情的青砖结构民宿小楼，结合周边的毛竹林、白茶园、果园、苗木等产业资源，开展山居民宿、餐饮旅游服务。

　　公司利用互联网平台，实现羊肥网络销售。以存栏 2000 只羊计算，每年每只羊的羊肥可产生 100 元的经济效益，每年羊肥的收入可以抵扣全场工人工资。

　　民宿餐饮协同增效。住宿的利润相当可观，客房基本属于一次性投资而长期收益，餐饮虽然利润也比较可观，但属于周末经济，用工量比较集中，平均后利润就要比客房差。但住和吃、玩是一个统一而又独立的整体，本身就是互相补充，互相提高，互相作用的一个过程。

　　发现短板，努力丰富产业内涵。目前，公司的短板主要是亲子体验区和相关旅游消费品的深度开发。如相关的玩具和休闲食品，要抓住孩子的心。垂钓区以及周围配套设施的完善，又如在白茶园和毛竹林中铺设人行步道，在周围山林和白茶园的山岗上修建休息凉亭，甚至于为女士开辟专门的亲近自然的瑜伽健身场所，要抓住女人的心。还有就是要进一步扩大种植园的面积，让一年四季果树飘香，瓜果满园，这样客人就有事可做，乐不思蜀。

　　肉羊产品自产自销创品牌、减少流通环节增效益。公司所有肉羊产品均通过直销模式出售，杀白的羊腔子直接送饭店和山庄、农家乐；烧好的羊肉装盒子（带礼盒），直接送客户，或者网络快递；还有分割后真空包装、快递的生鲜肉。举一个简单的例子，一只 46kg 重的公羊，如果直接活羊出售，最多每 500g 14 元，合计 1288 元；而屠宰后，有 31.3kg 的洋腔子直销到农庄、餐饮店，每 500g 27 元，合计 1687.5 元，羊下水抵扣屠宰费，可多赚 400 元。现在的消费者把农产品的质量和食品安全，放在第一位，由此，公司将自己的羊肉品质当作"命根子"、放在自己的心里，创出品牌，让消费者绝对放心。因此，尽管价格略贵，但消费者愿意接受。而对湖羊养殖企业来讲，小账不可不算，公司若以每年出售 500 只肉羊计算，活羊销售和屠宰后销售就要相差 20 万元。

湖州咩咩羊牧业有限公司的经验是，为养羊而养羊，养再多的羊也是替流通业者打工。养殖企业只有规范、落实各项制度，有了过硬的质量为前提，走好产业融合之路，才是养羊的根本出路（图 9-4）。

图 9-4　湖州咩咩咩牧业有限公司区域农牧旅商融合发展实景

例二：长兴永盛牧业有限公司

长兴永盛牧业有限公司位于"中国湖羊之乡"——浙江湖州长兴县吕山乡，公司养有 5000 只驰名中外誉为"软宝石"的湖羊，公司养殖基地充分利用场周边丰富的 5000 亩芦笋、稻草等秸秆资源，构建"芦笋秸秆→湖羊→肥"生态循环体系，通过秸秆生态循环利用，既为养殖场节约了饲料成本，又解决了秸秆焚烧带来的环境污染（图 9-5）。

实施产业融合发展战略，产生了显著的经济、生态和社会效益。

1. 经济效益

公司常年存栏湖羊 2000 只，年出栏 3600 只以上。由于采用了"秸秆—湖羊—肥"循环养殖模式，利用当地的芦笋秸秆等资源，大大节约了湖羊饲料成本，湖羊生产水平得到提高，经济效益明显。存栏 2000 只湖羊养殖基地每只可节约饲料成本 200 元，节本增效 40 万元，产生羊粪 1200t，为种植基地节约肥料成本 25 万元，带动周边 2 万只湖羊示范应用，节本增效 800 万元。

2. 社会效益

通过实施循环养殖模式，羊场湖羊综合生产能力明显提高，年新增商品肉羊 1500 只以上，年出栏达到 3600 只以上，利用"秸秆—湖羊—肥"循环生态养殖，解决了湖羊的饲料瓶颈，这种生态养殖模式得到很大的推广。有效增加养殖户的养殖收入，对规模化养殖起到示范引导作用，带动周边养羊户 200 户。实现农民增收 100 万元，带领广大农民走上致富的道路，奔上小康生活，进而维护社会稳定，促进社会和谐和经济发展。

3. 生态效益

养殖场进一步加强生态化建设，配套 200 亩蔬菜种植基地，羊粪撬出来后用于蔬菜种植基地，农产品质量达到无公害农产品生产要求，又减少了对环境的污染。利用羊场周围的芦笋秸秆青贮后喂羊，既解决了羊的饲料来源，又减少了秸秆焚烧、腐烂造成的环境污染。发展种养业一体化，提升了生态化水平，不仅可以就地解决羊场排泄物出路，并进行了资源化综合利用，促进了生态循环农业发展；同时，可以辐射带动周边养殖场户进行标准化养殖，推进养殖方式转变。

4. 三产融合发展，巨增湖羊养殖附加值

2013 年全国小反刍疫病，农业部禁止羊只全国调运，多种因素影响，湖羊产业遭遇了三年的低谷期，永盛牧业在困境中积极思变、开掘（图 9-5），在做好湖羊保种的基础上，发掘、丰富、宣传推广湖羊产品文化，创新湖羊

图 9-5　长兴永盛牧业有限公司湖羊产业融合发展故事集景

畜产品加工技法，拓展餐饮、旅游市场，形成特色湖羊美食文化，创立"吕蒙烤全羊"品牌，大幅提升了湖羊的经济附加值，成为抵御湖羊产业市场风险的"防波堤"。

永盛牧业是浙江地区第一个把湖羊烤着吃的弄潮儿，在湖羊产品如何做出差异化上下功夫。根据湖羊羔羊前期生长速度快、肉质鲜嫩、无膻味的特点，肥羔湖羊肉成为了烤全羊的最佳原料，结合烤制技法创新成果，形成了"一生必吃烤全羊"的市场消费共识。CCTV-7对"吕蒙烤全羊"进行了宣传和报道，获得了消费者的青睐，2016年公司在基地烤制湖羊985只，按每只880元销售加上其他羊产品销售，销售额120万元，因地制宜利用基地区域环境经营，利润高达84万元，大大提高了湖羊的附加值。公司"吕蒙烤全羊"已成功注册国家商标局的第43类商标。公司将不断奋进，在湖羊保种的基础上，着力拓展湖羊产业向二、三产业延伸，以基地为核心，健全烤羊标准化工艺，发展烤羊品牌连锁餐饮，引导湖羊产品消费市场，进一步夯实一、二、三产业融合发展基础。

例三：桐乡运北秸秆利用专业合作社（桐乡湖羊庄园）

1. 企业概况

桐乡运北秸秆利用专业合作社组建于2012年9月，在此基础上，于2015年6月创立桐乡湖羊庄园。企业位于浙江嘉兴桐乡市龙翔街道南王村，嘉湖一级公路南侧、莲都公路西侧，交通十分便捷。龙翔街道是桐乡市的新市区，东界濮院镇，南枕京杭大运河与梧桐街道相望，西接石门镇，北依江南水乡古镇——乌镇，街道距上海120km、杭州60km、苏州90km，距沪杭高速公路屠甸出口处和高桥出口处各为18km，距申嘉湖高速乌镇出口处6km，地理位置优越。

桐乡运北秸秆利用专业合作社（桐乡湖羊庄园）占地面积106.23亩，着力打造以湖羊为主导的产业融合模式建设。利用董家万亩茭白基地内充足的茭白秸秆资源开展湖羊养殖，探索茭白秸秆综合利用循环模式试验示范，取得了较大的社会经济效益。湖羊产品经精深加工，提高养殖效益，并较好地实现了种、养业的互惠互利、生态循环发展及农旅的有机融合。发掘区域湖羊养殖800多年的历史文化，将庄园定位于"宏扬800年湖羊文化，做大做强精品庄园"为目标，在产品特色上重点打响"吃羊肉、找红飞"的区域服务品牌，为将桐乡市建成中国"庄园之乡"添砖加瓦（图9-6）。

图 9-6　桐乡运北秸秆利用合作社湖羊产业融合模式——湖羊庄园集景

桐乡运北秸秆利用专业合作社（湖羊庄园）建有标准化湖羊棚舍 6800m²，湖羊存栏 4000 余只。合作社周边种植茭白面积 13500 亩，年产生秸秆约 10 万 t，一直以来只有少部分充当了"催烟生火"和湖羊饲料，其他多被弃在田间、地头、路边，有的甚至漂到河里或被路边焚烧。既污染环境，又造成资源的浪费。为此，合作社围绕周边丰富的茭白秸秆资源，致力于"秸秆—湖羊"循环模式的示范与推广。经过多方调查研究秸秆的处理方式：反刍动物饲料、燃料、肥料、造纸原料、复合板、食用菌、秸秆产气……，最终采用"三料"（饲料、燃料、肥料）的方法处理茭白秸秆。简单、实用、附加值高、处理完善彻底；而且解决了规模养羊场秸秆饲料的制约瓶颈。在合作社的示范带动下，区域湖羊场通过新鲜饲喂、青贮加工保存等年消纳约 5 万 t 茭白秸秆用作湖羊饲料；不能用作饲料部分的秸秆，加工成为燃料棒，作工业锅炉燃料；最后不能作燃料部分的秸秆，通过堆积、灭菌、腐熟后加工成为水稻、茭白等植物种植的有机肥料。

合作社与浙江大学开展技术开发合作，进行《茭白叶（鞘）作为湖羊饲料的开发研究》。进行茭白叶（鞘）常规营养成分分析；开展茭白叶（鞘）青贮技术研究；进行茭白叶（鞘）瘤胃消化试验、秸秆农残检测等；建立了新鲜、青贮、干燥茭白叶（鞘）应用于不同生长阶段湖羊的饲料配方。取得了显著成效，茭白秸秆青贮技术获国家发明专利，应用成果获桐乡市科技进步奖二等奖、嘉兴市科技进步奖三等奖。

2015 年，合作社创立了 "香当赞" 品牌，并与本土优秀食品加工企业建立合作，开发了香当赞系列产品——真空袋装红烧羊肉、砂锅羊肉等，实行线上、线下同步销售。2016 年荣获嘉兴市农产品展销会优质产品奖、桐乡市首届旅游商品网络人气奖、嘉兴市市民最喜爱年货。

此外，合作社将畜牧休闲化，围绕桐乡市委、市政府 "打造中国庄园之乡" 的目标，结合湖羊养殖基地发展特色，大力打造 "桐乡湖羊农庄"。建造了湖羊文化博物馆、湖羊文化长廊、野炊烧烤休闲区及观赏羊区，推出烤全羊、羊肉串等野炊文化产品，吸引了大量游客前来体验。同年，合作社被评为桐乡市星级现代农业庄园。合作社呈现了一个内容丰富、寓教于乐、好吃好玩的 "湖羊农庄"。

自成立以来，合作社先后被评为国家级肉羊标准化示范场、浙江省现代农业科技示范基地、嘉兴市科技进步二等奖、桐乡市农业科技企业等称号，得到省、市级领导的广泛认可。

2. 湖羊产业融合发展模式特点

（1）区域产业融合发展的策略与目标。

近年来，桐乡市委、市政府作出了打造中国旅游第一大县的决策部署，看准了城市发展中大量人群需要 "走出来"，回归原生态，享受田原野趣，在引领都市人回归自然中蕴藏的巨大市场。提出了 "庄园经济" 这一全新的概念，庄园经济不是普通的民宿，也不同于一般的农家乐，它是一个现代农业综合体和旅游休闲的度假村，也是产业融合发展的一块试验田，定位于旅游差异化发展道路，目标游客瞄准为中高档消费群体，形成与古镇游互补的新业态。

借着打造全国旅游第一大县和 "一业一网" 重大利好政策的东风，桐乡湖羊庄园于 2015 年 6 月应运而生，再铸于 2012 年 9 月成立的桐乡运北秸秆利用专业合作社辉煌，合作社起步于工商资本反哺现代农业产业项目，有着较强的经济实力，从湖羊的养殖、茭白秸秆及稻草利用开发为起点，发展羊肉产品的深度加工与开发，组建一支产品营销队伍，借助实体店及互联网平台，拓展线上线下销售渠道，延伸产业链条，向市场要效益。湖羊产业融合发展过程中，坚持 "八个有" 标准开展规划和组织实施，建立湖羊产业融合发展模式——湖羊庄园经济。

（2）湖羊庄园特点。

一是有主体。桐乡湖羊庄园实施主体为桐乡运北秸秆利用专业合作社，合作社租赁南王村南石桥、南王门组土地面积 106.23 亩，并签订规范的浙江省农村土地承包经营权转包（出租）合同，于 2012 年 9 月注册成立合作社，合作社先后建立了健全的财务管理制度、知识产权管理制度、技术研发管理制度、科研经费内控管理制度、科普馆管理办法及湖羊养殖管理办法等一系列管理制度。

二是有产业。湖羊庄园列入一类现代农业庄园建设点，湖羊主导产业突出，由桐乡市级部门统一制定规划，并结合湖羊产业特点，庄园再细化制定发展规划书，明确新增投入。2016年湖羊庄园总收入397.4万元，亩均年产出3.74万元，其中农业生产经营收入362.9万元，占总收入的91.32%。

三是有加工。庄园内建有农产品初级整理场地，可进行湖羊分级分批及产品的传统加工。同时与具有湖羊屠宰资质的企业签订屠宰协议，实行湖羊定点屠宰。2015年庄园内还新建保鲜库1座，投资4.6万元，面积44m²，用于湖羊产品的储藏、保鲜等。产品精深加工委托食品有限公司代为加工，产品外包装标注合作社品牌。产品积极参加省农博会和推介会，努力提高知名度，采用线上线下同步销售的方法，提高销售量，合作社已与浙江中驿超市连锁有限公司和乌镇相关超市签订销售协议，并建立微店、淘宝店等网上销售平台，产品热销。通过产品的精深加工，提高附加值，向市场要效益。

四是有品牌。合作社现有农产品注册商标2个，分别为：香当赞和龙馐，2015年完成了无公害农产品内检员培训，组织申报无公害农产品基地认定。庄园所有经营活动围绕湖羊主产业展开，常年存栏湖羊4000余只，饲养过程严格执行桐乡市畜牧局统一的《桐乡市畜禽养殖场（小区）养殖档案》管理办法，规范养殖档案记载，做到饲养全过程有据可查，确保农产品质量安全和产品质量可追溯，2015年合作社委托国家加工食品及食品添加剂质量监督检验中心（南京）、南京市产品质量监督检验院对羊肉产品进行检测，各项指标均符合国家相关标准，2016年委托权威检测机构——谱尼检测对合作社生产的羊肉进行检测，检测结果表明合作社的羊肉达到绿色标准。由此合作社先后获得了农业部2015年肉羊标准化示范场、2015年省科技特派员示范基地、桐乡野炊休闲基地称号，技术上获得嘉兴市科学技术进步奖三等奖、桐乡市科学技术进步奖二等奖，桐乡市农业科技企业和生态养殖场；香当赞乌镇羊肉2016年获得"嘉兴市农产品展销会优质产品奖""桐乡市十大特色产品"，2017年获得"市民最喜爱年货""桐乡首届旅游商品创意大赛网络人气奖"等荣誉。

2016年香当赞乌镇羊肉面馆以连锁的形式入驻嘉兴市区，分别位于景宜路、越秀北路、友谊街，不但将桐乡羊肉面这一传统美食弘扬出去，更是将绿色无公害产品带向大众。经过近一年的努力，三家面馆效益良好，每家面馆日平均销售额能达到4000余元，嘉兴市民对香当赞好评如潮。

五是有景观。庄园休闲区、生产区、旅游区功能划分明确，休闲区植被以绿化为主，高低错落，农业景观优美，另外基地内还种了油菜、黑麦草、蚕豌豆、榨菜、观赏树种等农作物品种，作物品种搭配和茬口安排合理。庄园建筑采用江南水乡风格，构造为瓦顶、空斗墙、观音兜山脊或马头墙，形成高低错落、粉墙黛瓦、庭院深邃的建筑群体风貌，在艺术风格上别具一番纯朴、敦厚的乡土气息，并与周围环境、周边景区风格相协调。同时，庄园还树立于规范和醒目的旅游标志标牌，2016 年湖羊庄园接待游客、参观人员约 15000 人（次）。

六是有展示。庄园内观光、休闲区建设有羊文化博物馆、文化长廊、湖羊历史展示区、草棚等传统农作方式体验区。通过生态产业链建设，形成独特的一望无际大草原感觉，吸引更多的国内外游客前来观光、体验。庄园内建有约 100m 的文化长廊、羊文化博物馆，用图片资料、实物等形式，展示区域特色浓厚的湖羊文化底蕴和乡土气息。开辟专门的湖羊产品展示区，展览出湖羊出生、饲养、屠宰、加工、包装全过程，让消费者全程了解合作社湖羊产品与众不同的特点。提供餐饮和住宿服务，配置约 100 个停车位。建设网络营销平台，注册、开通微店和淘宝各 1 家，落实专门人员负责管理，实现每周网上销售和交易额 5000 元以上。

七是有文化。庄园共聘用农业科技人员 13 人，其中聘请高级技术职称人员 2 名，大专以上学历的农业科技人员 8 人，占管理人员比例达 61.5%。庄园内建有桐乡湖羊科普馆、农事体验、自然生态体验、农村文化体验、现代农业科技体验等项目，丰富了庄园的服务、展示功能，并逐步实现吃农家饭、住农家屋、看农家景的目标。体验区围绕湖羊产业，建设湖羊饲养体验区、湖羊观赏区（透明羊舍），让广大游客可亲自体验种草养羊文化，全程观赏从羔羊起到成年湖羊的成长过程。结合茭白秸秆利用模式的展示，让参观者体会到农业生产循环可持续发展的理念，看到庄园与众不同的湖羊养殖方式。

八是有带动。湖羊庄园通过茭白—湖羊—茭白、茭白—有机肥料的农—牧结合、农—果结合生态模式展开，服务范围覆盖 13500 亩董家茭白基地，经过几年来的努力，带动基地内茭白叶收集利用率达 90% 以上，实现了基地内主要道路、重点区域基本看不到茭白叶随意丢弃、焚烧现象；并且带动当地种植户年增收 120 万元。庄园雇用人工全部为当地周边农民，人数达 55 人，当地农民在获得土地租金的同时，还获得工资性收入，比周边同类产业增收 30% 左右。

参考文献

白惠琴，姜俊芳，吴建良，等.2010.湖羊保种性选育初报 [J].中国草食动物，30（4）：71-74.

陈家振，周瑞娟，李达.2014.钢构式养羊车间的建造工艺及优点 [J].养殖技术顾问，（1）：213.

丁鼎立，方永飞主编.2010.湖羊产业化指南 [M].上海科学技术出版社.

付寅生，陆离，汪巩邦，等.1964.小尾寒羊生物学特性研究（第一报）[J].畜牧兽医学报，7（2）：109-118.

郭永立，徐旺生，顾凭，等.1998.湖羊历史渊源的生态学研究 [J].农业考古，（3）：306-312.

郭海明.2016.青贮芦笋茎叶调制及其对湖羊生产性能的影响 [O].杭州：浙江大学硕士学位论文.

郭海明，夏天婵，朱雯，等.2017.青贮添加剂对稻草青贮品质和有氧稳定性的影响 [J].草业学报，（2）：190-196.

郭元，李博.2008.小尾寒羊不同部位羊肉理化特性及肉用品质的比较 [J].食品科学，29（10）：143-147.

何锡昌.1959.湖羊泌乳性能测定 [J].中国畜牧杂志，（1）：76-78.

黄治国，熊俐，刘振山，等.2006.绵羊肌肉 H-FABP 和 PPARγ 基因表达的发育性变化及其对肌内脂肪含量的影响 [J].遗传学报：英文版，33（6）：507-514.

黄华榕，刘桂琼，姜勋平，等.2014.杜泊羊与湖羊的杂交效果 [J].中国草食动物科学，专辑：160-162.

计成.2007.动物营养学 [M].北京：高等教育出版社.

吕宝铨，李正秋.2013.湖羊与杂交羊的区别鉴定 [J].中国畜禽种业，（1）：53-54.

刘建新，杨振海，叶均安，等.1999.青贮饲料的合理调制与质量评定标准 [J].饲料工业，20（3）：4-7，20（3）：3-5.

刘娟，龚晶，张晓华.2014.北京农科城驱动产业融合发展实践与成效分析 [J].北京农学院学报，29（1）：20-22.

林昌俊，姜俊芳，宋雪梅，等.2014.湖羊与杜泊×湖羊 F1 代羊肌肉脂肪酸组成的比较

[J]．畜牧与兽医，46（4）：58-61.

刘守仁，邵长发，张凤林，等. 1994. 中国美利奴羊（新疆军垦型）多胎品系的选育研究
[J]．新疆农业科学，（5）：227-230.

李俊岭. 2009. 我国多功能农业发展研究——基于产业融合的研究[J]．农业经济问题（月
刊），（3）：4-7.

梁志峰，辛彩霞，嵇道仿，等. 2007. 杜泊绵羊和湖羊杂交一代的生产性能研究[J]．新疆
农垦科技，（5）：38-39.

莫放. 2010. 养牛生产学[M]．北京：中国农业大学出版社.

孟晓哲. 2014. 现代农业产业融合问题及对策研究[J]．中国农机化学报，35（6）：318-
321，325.

彭永佳，王佳堃，林嘉，等. 2013. 不同羊种及部位对脂肪源挥发性物质组成的影响[J]．
中国食品学报，（7）：229-235.

乔永，李齐发，郝称莉，等. 2006. 湖羊公羔不同部位肌内脂肪的发育性变化[J]．畜牧与
兽医，38（12）：1-3.

荣威恒，张子军. 2014. 中国肉用羊[M]．北京：中国农业出版社.

孙伟，程华平，马月辉，等. 2011. 湖羊背最长肌组织学特性分析及其与陶赛特羊的初步比
较. 中国畜牧杂志，47（11）：12-14，78.

孙杰，惠文巧，袁文涛，等. 2008. 绵羊肉品质性状的测定与分析[J]．安徽农业科学，36
（28）：12 275 -12 276，12 329.

汤志宏，郭海明，张勇，等. 2016. 舔砖和预混料对湖羊生产性能的影响试验[J]．浙江畜
牧兽医，（2）：1-3.

汤志宏，夏天婵，王雁坡，等. 2017. 发酵蚕沙对湖羊生产性能的影响[J]．2017 年全国养
羊生产与学术研讨会论文集.

屠炳江，郑明亮，吴明良，等. 2011. 湖羊种用核心群的选育研究[J]．浙江畜牧兽医，
（4）：1-3.

王宝理，陈正生. 1991. 罗姆尼羊及湖羊耐热性能的测定[J]．江西农业大学学报，13
（6）：383-386.

王公金，聂晓伟，花卫华，等. 2007. 肉用杜泊绵羊与湖羊和小尾寒羊杂交对比试验[J]．
江苏农业学报，23（4）：317-321.

王元兴，杨若飞，张有法，等. 2003. 肉用绵羊与湖羊杂交产羔性能的研究[J]．畜牧与兽
医，35（12）：18-19.

王建辰，曹光荣. 2002. 羊病学. 中国农业出版社.

王昕坤. 2007. 产业融合——农业产业化的新内涵[J]．农业现代化研究，28（3）：303-
306，321.

王献伟，吉进卿，李凯，等. 2017. 肉羊同期发情人工授精技术[J]．黑龙江畜牧兽医，
（02 下）：93-94.

王仲荣，吕方，费中华. 2007. 湖羊人工授精技术[J]．湖北畜牧兽医，（7）：14-15.

王宝理，陈正生. 1991. 罗姆尼羊及湖羊耐热性能的测定 [J]. 江西农业大学学报，13 (6)：383-386.

王晓霞，王侃，吴晨晖，等. 2012. 无患子皂甙对瘤胃发酵及甲烷产量的影响 [J]. 中国畜牧杂志，48 (17)：55-58.

王雁坡，曹凯，汤志宏，等. 2017. 补饲对哺乳期湖羔羊生产性能的影响 [C]. 2017 年全国养羊生产与学术研讨会论文集.

王宝理，陈正生. 1991. 罗姆尼羊及湖羊耐热性能的测定 [J]. 江西农业大学学报，13 (6)：383-386.

卫广森主编. 2009. 兽医全攻略——羊病 [M]. 北京：中国农业出版社.

徐子伟，张来福，戴旭明，等. 1991. 湖羊多羔肥育性能及其羊肉品质的研究 [J]. 中国畜牧杂志，27 (5)：12-13, 18.

叶均安，板桥久雄，刘建新，等. 2001. 茶皂素对瘤胃培养物发酵的影响 [J]. 中国畜牧杂志，37 (5)：29-30.

叶均安. 2001. 茶皂素对湖羊生产性能的影响 [J]. 饲料研究，(6)：33.

叶均安，刘建新，板桥久雄. 2001. 茶皂素对瘤胃的抑制效果 [J]. 中国饲料，(2)：30, 32.

俞坚群. 2006. 湖羊肉用性能测定 [J]. 浙江畜牧兽医，(5)：1-2.

殷光田，刘丽. 2009. 湖羊不同出生类型中羔羊部分体尺性状的研究 [J]. 中国畜牧兽医，36 (8)：181-185.

杨永林，王建华，卢守亮，等. 2005. 萨福克和湖羊的杂交试验 [J]. 草食家畜，126 (1)：29-31.

杨永林，杨华，张云生，等. 2014. 多胎萨福克羊新品系的选育 [J]. 中国草食动物科学，专辑：162-166.

赵有璋. 2013. 中国养羊学 [M]. 北京：中国农业出版社.

曾勇庆，王慧，储明星. 2000. 小尾寒羊肉品理化性状及食用品质的研究 [J]. 中国畜牧杂志，36 (3)：6-8.

张高振，姜俊芳，宋雪梅，等. 2009. 湖羊早期生长曲线的拟合 [J]. 畜牧与兽医，41 (12)：31-34.

周卫东，姜俊芳，宋雪梅，等. 2010. 湖羊和杜湖杂交一代羊肉用性能比较研究 [J]. 黑龙江畜牧兽医，(4) 61-62.

张力，潘林阳，杨诗兴，等. 1988. 哺乳单羔、双羔母湖羊泌乳量及泌乳曲线研究 [J]. 中国畜牧杂志，(6)：22-23.

张力，潘林阳，杨诗兴，等. 1988. 哺乳单羔、双羔母湖羊的泌乳量及其泌乳曲线的研究 [J]. 中国畜牧杂志，(6)：22-23.

张佳慧，杨彪，张光景，等. 2013. 采精频率对湖羊精液品质的影响 [J]. 上海畜牧兽医通讯，6：20-21.

张克山，高娃，菅复春. 2013. 羊常见疾病诊断图谱与防治技术 [M]. 北京：中国农业科学技术出版社.

张庆坤，王玉田，李红光，等. 2006. 夏、寒杂交羔羊肉品质的分析研究［J］. 黑龙江畜牧兽医，（3）：89-90.

张勇. 2016. 油菜秆与玉米/豆粕的组合效应研究及其对湖羊瘤胃发酵和生产性能的影响［D］. 杭州：浙江大学硕士学位论文.

朱雯，郭海明，张勇，等. 2015. 添加乳酸菌和米糠对茭白鞘叶青贮品质的影响［J］. 中国畜牧杂志，51（1）：54-59.

附 录

附录一：浙江省部分湖羊种羊场名录

浙江省部分湖羊种羊场名录 （按提供信息先后排序）

序号	单位	种质等级	地址	联系人及电话
1	浙江赛诺生态农业有限公司	原种场	杭州临安区於潜镇逸逸村	洪　巍 13506711136
2	湖州南浔世荣湖羊养殖家庭农场	二级	湖州南浔区双林镇西阳村	谢莹荣 15067265886
3	湖州练市年丰生态湖羊养殖场	一级	湖州南浔区练市镇新华村	潘坤泉 15088328981
4	湖州南浔郑氏家庭农场	二级	湖州南浔区双林镇显洪村	郑奇炜 13754218650
5	湖州咩咩羊牧业有限公司	一级	湖州吴兴区埭溪镇山背村	项继忠 13905729634
6	南浔石淙天顺湖羊养殖场	二级	湖州南浔区石淙镇石淙村	薛丽婕 13757284660
7	杭州正兴牧业有限公司	一级	杭州临安区太湖源镇众社村	叶　峰 13750867888
8	长兴昌达湖羊养殖场	二级	湖州长兴县水口乡龙山村	李正秋 18967277102
9	杭州庞大农业开发有限公司	原种场	杭州萧山区义桥镇昇光村	庞加忠 13967150007
10	浙江华丽牧业有限公司	原种场	杭州余杭区径山镇漕桥湖羊场	白惠琴 13819157757
11	绍兴县北山牧业有限公司	二级	绍兴柯桥区富盛镇义峰村	唐淼梁 13306759233
12	桐乡市湖羊种业有限公司	一级	嘉兴桐乡市乌镇镇南王村	杜坤兴 13505833796
13	南浔喜洋洋家庭农场	二级	湖州南浔区石淙镇花园湾村	吴建江 13957286099
14	海宁嘉海湖羊繁育有限公司	一级	嘉兴海宁县许村镇红旗村	李灵晓 13706516851
15	长兴永盛牧业有限公司	原种场	湖州长兴县吕山乡龙溪村	胡志宏 13567227965
16	长兴辉煌牧业有限公司	一级	湖州长兴县吕山乡胥仓村	钱伟峰 13665726668
17	长兴德睿生态农业开发有限公司	二级	湖州长兴县吕山乡胥仓村	沈卫权 15336957276
18	浙江长兴一龙农业科技有限公司	一级	湖州长兴县林城镇北汤村	丁文琴 15957351042
19	长兴山岗牧业有限公司	二级	湖州长兴县林城镇午山冈村	孙海峰 13735135255
20	湖州怡辉生态农业有限公司	一级	湖州吴兴区高新区塘红村	张洪江 13906720787

附录二：肉羊用复合预混合饲料企业标准

Q/ZJKS

浙江科盛饲料股份有限公司企业标准

Q/ZJKS 006-2015

替代 Q/ZJKS 006-2014

肉羊用复合预混合饲料

2015-12-31 发布　　　　　　　　　　2016-1-10 实施

浙江科盛饲料股份有限公司　发布

前　言

本标准中内容如与国家标准相悖时，则按国家标准规定执行。

本标准按标准 GB/T 1.1-2009 最新格式编写。

本标准附录 A 是规范性附录。

本标准于 2016 年 1 月 10 日起实施。

本标准由浙江科盛饲料股份有限公司提出并归口。

本标准由本公司质量管理部负责起草。

本标准主要起草人：叶均安、徐欢根、黄志梅。

本标准于 2015 年 12 月第 1 次修订。

本标准与 Q/ZJKS 006-2014 相比较有如下变化：

————标准中增加了"哺乳期羔羊"用复合预混合饲料的营养成分分析保证值；

————标准中 VD_3、铁、铜、锌、碘、硒、钴、总磷、氯化钠的成分分析保证值作了调整；

————标准编号由"Q/ZJKS 006-2014"变更为"Q/ZJKS 006-2015"。

本标准所代替标准版本的历次情况为：

————Q/ZJKS 006-2014。

肉羊用复合预混合饲料

1. 范围

本标准规定了肉羊用复合预混合饲料的产品分类、要求、试验方法、检验规则、标志、标签、包装、运输和贮存的要求。

本标准适用于本公司生产、销售的肉羊用复合预混合饲料。

2. 规范性引用文件

下列文件对于本文件的应用是必不可少的。凡是注日期的引用文件，仅所注日期的版本适用于本文件。凡是不注日期的引用文件，其最新版本（包括所有的修改单）适用于本文件。

GB/T 191　包装储运图示标志
NY/T 816　肉羊饲养标准
GB/T 5917.1　饲料粉碎粒度测定　两层筛筛分法
GB/T 6435　饲料中水分和其他挥发性物质含量的测定
GB/T 6436　饲料中钙的测定
GB/T 6437　饲料中总磷的测定　分光光度法
GB/T 6439　饲料中水溶性氯化物的测定
GB 10648　饲料标签
GB/T 10649　微量元素预混合饲料均匀度测定方法
GB 13078　饲料卫生标准
GB/T 13079　饲料中总砷的测定方法
GB/T 13080　饲料中铅的测定方法　原子吸收光谱法
GB/T 13882　饲料中碘的测定方法 硫氰酸铁――亚硝酸催化动力学法
GB/T 13883　饲料中硒的测定方法
GB/T 13884　饲料中钴的测定方法　原子吸收光谱法
GB/T 13885　动物饲料中钙、铜、铁、镁、锰、钾、钠和锌的测定　原子吸收光谱法
GB/T 17812　饲料中维生素 E 的测定　高效液相色谱法
GB/T 17817　饲料中维生素 A 的测定　高效液相色谱法
GB/T 17818　饲料中维生素 D_3 的测定　高效液相色谱法
GB/T 18823　饲料检测结果判定的允许误差
JJF 1070　定量包装商品净含量检验规则
《定量包装商品计量监督管理办法》（国家质量监督检验检疫总局令）

3. 产品分类

表格 1 中给出了肉羊用复合预混合饲料的产品名称、适用范围、添加量。

表格 1　产品分类

产品名称	适用范围	添加量
肉羊用复合预混合饲料	哺乳期羔羊	占精料补充料的 5%
	断奶后肉羊	占精料补充料的 5%

要求

4.1 感官要求

色泽一致，无发霉变质、结块及异味、异嗅。

4.2 水分

不高于 10%。

4.3 加工质量指标

4.3.1 粉碎粒度

全部通过孔径 1.19mm（16 目）分析筛，孔径 0.59mm（30 目）分析筛筛上物不得大于 10%。

4.3.2 混合均匀度

均匀度变异系数不得大于 5%。

4.4 卫生指标

每千克产品中铅含量不高于 40mg，总砷含量不高于 10mg，其它卫生指标符合 GB 13078 的规定。

4.5 有效成分

4.5.1 营养成分

本肉羊用复合预混合饲料产品营养成分分析保证值见附录 A（规范性附录）。

4.5.2 药物饲料添加剂

药物饲料添加剂的添加、使用、标示符合国家有关规定。

4.6 载体

本产品以沸石粉为载体。

5. 试验方法

5.1 感官要求

取样品适量，进行感官检验。

5.2 粉碎粒度

按 GB/T 5917.1 执行。

5.3 水分

按 GB/T 6435 执行。

5.4 混合均匀度

按 GB/T 10649 执行。

5.5 碘

按 GB/T 13882 执行。

5.6 硒

按 GB/T 13883 执行。

5.7 钙、铁、铜、锰、锌

按 GB/T 13885 执行。

5.8 VA

按 GB/T 17817 执行。

5.9 VD$_3$

按 GB/T 17818 执行。

5.10 VE

按 GB/T 17812 执行。

5.11 铅

按 GB/T 13080 执行。

5.12 总砷

按 GB/T 13079 执行。

5.13 总磷

按 GB/T 6437 执行。

5.14 氯化钠

按 GB/T 6439 执行。

5.15 钴

按 GB/T 13884 执行。

5.16 净含量

按 JJF 1070 执行。

6. 检验规则

6.1 检验分类

分为出厂检验、定期检验和型式检验。

6.1.1 出厂检验

感官要求、水分、粉碎粒度、净含量为出厂检验项目，由公司质检部门进行检验。

6.1.2 定期检验

6.1.2.1 每周从公司生产的复合预混合饲料产品中抽取5个批次的产品自行检验两种以上维生素和两种以上微量元素。

6.1.2.2 定期更换主成分项目。

6.1.3 型式检验

有下列情况之一时，进行型式检验。

　　a) 当本产品的原料、工艺、设备有大的改变，可能影响产品质量时；

　　b) 产品停产 6 个月后，恢复生产时；

　　c) 批量生产时，每 6 个月周期性进行一次；

　　d) 出厂检验结果与上次型式检验有较大差异时；

　　e) 当用户对产品质量有较大异议时；

　　f) 当国家产品质量监督管理机构提出要求时。

6.2 组批与取样方法

6.2.1 组批

同一班生产，包装完好的产品为一个批次。

6.2.2 取样方法

取样需备有清洁、干燥、具有密闭性的样品袋，附上标签，说明生产厂名、产品名称、批号及取样日期。取样时，应用清洁适用的抽样器，进行随机取样，用四分法缩至2份。每份样品量不少于200g，装入样品袋中，一份送化验室检验，另一份应密封保存，以备仲裁分析用。

6.3 判定规则

6.3.1 饲料营养指标检测结果判定的允许误差按 GB/T 18823 执行。

6.3.2 按标准规定进行检验，检验项目全部合格，判为合格，检验中如有一项卫生指标不符合规定或有霉变、腐败等现象时，则判定该产品不合格。其他指标若有一项指标不符合标准，可重新加倍取样进行复检，复检结果中仍有一项不合格者即判为不合格。

6.3.3 当供需双方对产品质量发生争议时，由双方协商解决或商请法定的产品质量仲裁机构仲裁。

标志、标签

7.1 标志

包装标志应有厂址、厂名、净含量、产品名称、生产许可证号、批准文号、商标、防潮、 防晒等，并符合 GB/T 191 的规定。

7.2 标签

按 GB 10648 执行。

8. 包装、运输、贮存

8.1 包装

包装应符合运输和贮藏的要求，包装完整，标签等资料齐全。

8.1.1 包装规格

每包 25kg。也可根据用户需要而定。

8.1.2 包装材料

内塑料薄膜袋外纸塑复合袋。

8.1.3 净含量允差

按国家质量监督检验检疫总局令第 75 号《定量包装商品计量监督管理办法》执行。

8.2 运输

运输工具必须清洁、干燥，有防雨、防晒设施，不得与有毒有害及其它污染物混载。

8.3 贮存

8.3.1 贮存条件

贮存应严格按照分类的要求，各品种依次堆放， 不得与有毒有害等污染物混贮。仓库保持干燥、避光、通风、阴凉，地面有防潮设施，堆放应离墙 40cm。

8.3.2 保质期

在本标准规定的条件下，本产品保质期为 3 个月。

附　录　A

（规范性附录）

肉羊用复合预混合饲料产品营养成分分析保证值（标示量）

A1 肉羊用复合预混合饲料产品营养成分分析保证值见表格A1。

表格A1　产品营养成分分析保证值(标示量)

营养成分	产品营养成分分析保证值	
	哺乳期羔羊	断奶后肉羊
VA（万 IU/kg，≥）	8.0	10.0
VD₃（万 IU/kg）	2.0～6.0	2.0～6.0
VE（ IU/kg，≥）	500	700
铁（ g/kg ）	0.5～2.5	1.0～3.0
铜（ g/kg ）	0.15～0.50	0.15～0.50
锰（ g/kg ）	1.0～3.0	1.0～3.0
锌（ g/kg ）	1.0～3.0	1.0～3.0
钴（ mg/kg ）	10～40	10～40
碘（ mg/kg ）	15～45	30～90
硒（ mg/kg ）	3～10	3～10
钙（ % ）	7.0～15.0	8.5～20.0
总磷（ %，≥ ）	2.5	2.5
氯化钠（ %， ）	3.5～7.0	12～24
沸石粉	加至 1000g	加至 1000g

附录三：羊精料补充料企业标准

Q/ZKS

浙江科盛饲料股份有限公司企业标准

Q/ZKS 009-2017

羊精料补充料

2017-09-25 发布　　　　　　　　　　2017-09-28 实施

浙江科盛饲料股份有限公司　发布

前　言

本标准中内容如与国家标准相悖时，则按国家标准规定执行。

本标准按标准 GB/T 1.1-2009 最新格式编写。

本标准于 2017 年 9 月 28 日起实施。

本标准由浙江科盛饲料股份有限公司提出并归口。

本标准由公司研发中心负责起草。

本标准主要起草人：徐欢根、冯磊、叶均安。

羊精料补充料

1 范围

本标准规定了羊精料补充料的技术要求及分类、试验方法、检验规则、判定规则、标签、包装、运输、贮存及保质期的要求。

本标准适用于本公司加工、销售的羊用精料补充料。

2 规范性引用文件

下列文件对于本文件的应用是必不可少的。凡是注日期的引用文件，仅注日期的版本适用于本文件。凡是不注日期的引用文件，其最新版本（包括所有的修改单）适用于本文件。

GB/T 5917.1	饲料粉碎粒度测定 两层筛筛分法
GB/T 5918	饲料产品混合均匀度的测定
GB/T 6432	饲料中粗蛋白测定方法
GB/T 6433	饲料中粗脂肪的测定
GB/T 6434	饲料中粗纤维的含量测定 过滤法
GB/T 6435	饲料中水分的测定
GB/T 6436	饲料中钙的测定
GB/T 6437	饲料中总磷的测定 分光光度法
GB/T 6438	饲料中粗灰分的测定
GB/T 6439	饲料中水溶性氯化物的测定
GB/T 28642	饲料中沙门氏菌的快速检测 聚合酶链式反应（PCR）法
GB/T 8381	饲料中黄曲霉毒素B1的测定 半定量薄层色谱法
GB 10648	饲料标签
GB 13078	饲料卫生标准
GB/T 13079	饲料中总砷的测定
GB/T 13080	饲料中铅的测定 离子选择性电极法
GB/T 14699.1	饲料 采样
GB/T 16764	配合饲料企业卫生规范
GB/T 18246	饲料中氨基酸的测定
GB/T 18823	饲料检测结果判定的允许误差
GB/T 18868	饲料中水分、粗蛋白质、粗纤维、粗脂肪、赖氨酸、蛋氨酸快速测定 近红外光谱法
NY/T 816	肉羊饲养标准

3

JJF 1070   定量包装商品净含量计量检测规则

《饲料药物添加剂使用规范》【农业部公告第 168 号】

《禁止在饲料和动物饮用水中使用的药物品种目录》【农业部公告第 176 号】

《饲料添加剂安全使用规范》【农业部公告第 1224 号】

《饲料添加剂品种（2013）目录》【农业部公告第 1773 号】

《动物源性饲料产品安全卫生管理办法》【农业部公告第 2045 号】

《定量包装商品计量监督规定》【国家质量监督检验检疫总局（2005）第 75 号令】

3 要求

3.1 产品分类：见表 1。

表 1 分类与命名

品　　种	型式	使用阶段	使用量
羔羊精料补充料	颗粒	体重 5～20kg	0.1～0.5kg/只·天
肉羊肥育前期精料补充料	颗粒或粉状	体重 20～30kg	0.7～1.4kg/只·天
肉羊肥育后期精料补充料	颗粒或粉状	体重 30kg～上市	0.9～1.7kg/只·天
母羊精料补充料	粉状	妊娠后期及哺乳期	0.6～0.7kg/只·天

3.2 要求

3.2.1 感官要求

色泽一致，无发酵霉变、结块及异味、异臭。

3.2.2 水分

不高于 13.5%。

3.3 加工质量

3.3.1 成品粒度

99%通过 2.80 mm编织筛，1.40 mm编织筛筛上物应不大于 15%。

3.3.2 混合均匀度

混合均匀，其变异系数（CV）应不大于 7%。

3.3.3 营养成分

主要营养成分指标见表 2。

表 2 主要营养成分指标（%）

品　　种　＼　指标	粗蛋白质 ≥	粗脂肪 ≥	粗纤维 ≤	粗灰分 ≤	钙	总磷 ≥	氯化钠	赖氨酸 ≥
羔羊精料补充料	18.0	1.5	8.0	10.0	0.60-1.20	0.40	0.30-0.60	1.10

4

肥育前期精料补充料	16.0	1.5	12.0	10.0	0.50-1.00	0.30	0.60-1.20	0.50
肉羊肥育后期精料补充料	12.0	1.5	12.0	10.0	0.50-1.00	0.30	0.60-1.20	0.45
母羊精料补充料	17.0	1.5	8.0	10.0	0.60-1.20	0.40	1.00-2.00	0.50

3.4 卫生指标

　　应符合 GB 13078 的规定。

3.5 净含量

　　按国家质量监督检验检疫总局令第 75 号《定量包装商品计量监督管理办法》执行。

3.6 饲料添加剂

　　饲料中添加药物饲料添加剂时，应符合《饲料药物添加剂使用规范》的规定，不应使用《禁止在饲料和动物饮用水中使用的药物品种目录》中的药品。

3.7 其他要求及其他强制性要求：

　　应符合国家相关标准规定执行。

4　试验方法

4.1　水分

　　按 GB/T 6435 执行。

4.2　成品粒度

　　按 GB/T 5917 执行。

4.3　混合均匀度

　　按 GB/T 5918 执行。

4.4　粗蛋白质

　　按 GB/T 6432 执行。

4.5　粗纤维

　　按 GB/T 6434 执行。

4.6　粗灰分

　　按 GB/T 6438 执行。

4.7　钙

　　按 GB/T 6436 执行。

4.8　总磷

　　按 GB/T 6437 执行。

4.9　氯化钠

　　按 GB/T 6439 执行。

4.10　氨基酸

　　按 GB/T 18246 进行。